探索科技之路

主　编　刘军根　陈年根　罗凌欣

北京交通大学出版社
·北京·

内 容 简 介

本书系统介绍了自然科学技术的主要领域和前沿动态，包括数学、物理学、化学、生物学、天文学、地理学以及交叉学科等方面的知识，还介绍了航空航天技术、新能源技术、新材料技术、现代生物技术、电子信息技术、海洋技术等现代高新技术。通过本书的学习，读者可以全面了解现代科学技术的整体面貌和发展趋势。本书是以“互联网+”思维打造的新型融媒体教材（纸质教材+数字资源），也是“课程思政建设”创新教材。针对书中的重点、难点，全书制作了30余个微课小视频，以二维码形式呈现。

图书在版编目（CIP）数据
探索科技之路 / 刘军根，陈年根，罗凌欣主编. -- 北京 ：北京交通大学出版社，2024. 8. -- ISBN 978-7-5121-5324-0
Ⅰ. G301
中国国家版本馆 CIP 数据核字第 2024SD4646 号

探索科技之路
TANSUO KEJI ZHI LU

责任编辑：郭东青
出版发行：北京交通大学出版社　邮编：100044　电话：010-51686414　http://www.bjtup.com.cn
地　　址：北京市海淀区高梁桥斜街44号　邮编：100044
印 刷 者：北京虎彩文化传播有限公司
经　　销：全国新华书店
开　　本：185 mm×260 mm　印张：11.625　字数：307千字
版 印 次：2024年8月第1版　2024年8月第1次印刷
印　　数：1—500册　定价：49.00元

本书如有质量问题，请向北京交通大学出版社质监组反映。对您的意见和批评，我们表示欢迎和感谢。
投诉电话：010-51686043，51686008；传真：010-62225406；E-mail：press@bjtu.edu.cn。

前言 FOREWORD

一、引言

党的二十大报告强调了创新作为引领发展第一动力的核心地位，并将科技自立自强视为国家发展的战略支撑。这体现了党对科技创新驱动经济社会发展的深刻洞察与坚定决心。首先，报告指出要加强原创性、颠覆性技术研发，提升核心竞争力。其次，报告明确要推动产学研深度融合，完善科技创新体系。最后，报告提出加强国际科技合作，积极参与全球创新治理。在这样的背景下，《探索科技之路》这本书应运而生，旨在为广大学子提供一个了解现代科学技术的窗口，帮助他们把握科技发展的脉搏，培养科学素养，提高创新能力。在这本书的编写过程中，我们坚持以国家职业教育相关政策和教学标准，以及高职教育的特点和学生需求为依据。在政策层面上，本书遵循国家职业教育改革实施方案，落实立德树人的根本任务，以提高人才培养质量为核心，推进职业教育现代化。在教学标准方面，本书参照相关专业教学标准和课程标准，确保教材内容符合高职教育培养目标和课程要求。本书适合作为高职院校各专业通识类课程教材使用，同时也可以作为师范类学生专业基础课教材使用。

二、内容概述

本书系统介绍了自然科学技术的主要领域和前沿动态，包括数学、物理学、化学、生物学、天文学、地理学以及交叉学科等方面的知识，还介绍了航空航天技术、新能源技术、新材料技术、现代生物技术、电子信息技术、海洋技术等现代高新技术。通过对本书的学习，读者可以全面了解现代科学技术的整体面貌和发展趋势。

本书配有丰富的教学资源，相关配套资源可以通过扫描二维码查看，也可以向出版社索取，邮箱 press@ bjtu. edu. cn。

三、教材特点

在撰写过程中，本书力求做到以下几点。

1. 注重理论与实践相结合。在介绍科学技术的基本概念、原理及方法时，本书紧密结合实例，力求使抽象的理论知识变得生动具体，便于读者理解和掌握。同时，本书还将列举了大量的实际案例，以帮助读者了解科学技术在现实生活中的应用及价值。

2. 强调学科间的交叉融合。现代科学技术的发展越来越依赖于多学科知识的交叉与融合。因此，在介绍各个学科领域的基本知识时，本书注重揭示不同学科之间的内在联系，力求使读者能够从更广阔的视角去认识和把握科学技术的整体发展态势。

3. 关注科学技术的社会影响。科学技术的发展不仅改变了人类的生产方式和生活方式，也深刻影响了人类的思想观念和价值取向。本书紧密结合社会现实，探讨科学技术对人类社会的影响和作用，以期引导读者树立正确的科技价值观，关注科技发展中的伦理、道德及社会责任问题。

4. 培养创新思维和创新能力。创新是科学技术发展的核心动力。本书注重启发读者的创新意识，培养读者的创新思维和创新能力，鼓励读者在学习科学技术的过程中勇于质疑、敢于创新，努力为科技创新贡献自己的智慧和力量。

总之，本书旨在引领读者走进科技世界、领略科技魅力、感受科技力量。我们相信，在本书的引导下，读者将能够全面认识和深入理解现代科学技术的发展趋势、学科体系、理论基础、应用实践等方面的内容，并在此基础上为自身的学术研究和职业生涯打下坚实的基础。我们期待着与读者共同探索科技的奥秘，共同创造科技的美好未来。

四、方法与建议

为了使读者更好地学习和理解本书，我们建议采用以下方法。

1. 系统学习：按照章节顺序，逐步深入学习。
2. 实践应用：结合实际，将所学知识应用于生活和工作中。
3. 拓展阅读：阅读相关文献和资料，加深对科技知识的理解。

五、学术规范

在本书的编写过程中，我们遵循了学术规范，引用了大量权威的学术资料，确保了内容的准确性和可靠性。同时，我们也尊重他人的知识产权，对所引用的内容进行了合理的标注。

六、致谢

本书由刘军根、陈年根、罗凌欣担任主编，徐溪、罗娇、曾峤担任副主编。刘军根负责第一章第一节、第二节，第二章第三节、第八节，第三章第三节、第五节共计 10 万字内容的编写工作；陈年根负责第二章第六节、第七节，第三章第一节共计 5 万字内容的编写工作；罗凌欣负责第二章第二节、第四节，第三章第四节共计 4 万字内容的编写工作；剩余章节内容由其他人员编写。后期审稿工作由刘军根完成。在本书的编写过程中，得到了许多专家、学者和热心读者的支持与帮助。在此，我们表示衷心的感谢！同时，也感谢出版社对本书出版的支持。

由于编者水平有限，书中错误与疏漏之处在所难免，欢迎广大读者批评指正。

编　者

2024 年 7 月

目 录 CONTENTS

第一章 绪论

第一节 科学与技术的关系

情景导入

科学与技术，它们如同人类文明的双翼，承载着我们对世界的理解和对未来的憧憬。它们相互交织、相互影响，共同推动着人类社会的进步。掌握科学与技术的基本知识，能够培养一个人的科学精神和创新意识。当你面对未知的问题和挑战时，你要学会用科学的方法去分析、去解决；当你看到新的机遇和可能时，你要学会用技术的手段去实现、去创造，这就是科学与技术带给我们的最大财富。

所以，让我们一起踏上这段探索科学与技术的奇妙旅程吧！让我们一起感受它们的魅力，领略它们的价值，共同创造一个更加美好的未来！

学习任务

1. 什么是科学？什么是技术？它们之间的区别和联系是什么？
2. 在当前社会，我们应该如何对待科学和技术的关系？试提出建议。
3. 思考在现代社会中，科学与技术的关系如何影响人们的日常生活，并分析其利弊。

章节内容

一、科学与技术的定义

科学，是我们对自然和社会现象的一种系统化认知。它不仅仅是一些知识的堆砌，更是一种严谨的思维方式和不断探索的精神。科学家们通过细致的观察、精确的实验和严密的推理，努力揭示出那些隐藏在现象背后的本质和规律。这种对知识的追求，不仅满足了我们对世界的好奇心，更为我们提供了认识世界、改造世界的钥匙。当我们掌握了科学的原理，就能够更好地理解身边的一切，更好地应对未来的挑战。

技术，则是我们在生产、生活和工作中所积累的智慧结晶。它是我们为了实现特定目标或解决实际问题而发明的工具、方法和技能的总和。从远古时代的石器制造，到现代社会的计算机技术、人工智能，技术一直伴随着人类的成长和发展。它不仅体现了我们的创造力，更推动了社会的进步。技术的每一次突破，都为我们带来了新的可能，让我们的生活变得更加便捷、更加丰富。

当我们深入探讨科学与技术的内涵时，会发现它们之间存在着千丝万缕的联系。科学为技术提供了理论基础和指导方向，而技术则为科学提供了实践手段和验证方式。它们相互促进，共同发展。科学与技术的外延也是无限的。随着人类认知的不断深入和技术的不断进步，我们会发现，更多的科学原理和技术应用会创造出更多的奇迹。

二、科学与技术的联系

（一）科学对技术的影响

科学与技术的紧密关系，在我们的社会进步中扮演了不可或缺的角色。它们相互依存、相互促进，共同构建了人类文明的基石。当我们深入探讨这两者之间的联系时，不难发现，科学对技术的影响尤为深远。

科学，作为人类探索自然奥秘的工具，通过揭示自然界的规律和原理，为我们提供了理解世界的途径。而这些规律和原理，正是技术创新的源泉。没有科学的指引，技术的发展就如同盲人摸象，难以触摸到真正的核心。正是科学的存在，为技术指明了前进的方向，使得技术能够在坚实的理论基础上不断取得突破。

在科学光芒的照耀下，技术的每一步发展都显得那么坚实有力。从工业革命时期的蒸汽机，到 21 世纪的互联网和人工智能，每一次技术的飞跃都离不开科学的推动。科学不仅为技术提供了理论支持，更为技术的发展注入了源源不断的动力。

科学也在不断地引领着技术的革新。当科学家们通过研究发现新的自然规律时，这些规律往往会转化为技术的创新点，从而推动产业的升级和社会的进步。例如，量子力学的发现为半导体技术的发展奠定了基础，而半导体技术又催生了计算机和互联网产业的繁荣。这样的例子在科学发展史上不胜枚举，也充分证明了科学对技术革新的引领作用。

在这个过程中，科学不仅为技术提供了推动力，更为技术的发展指明了方向。科学告诉我们哪些领域具有发展的潜力，哪些技术能够满足社会的需求。在科学的指引下，技术得以更加精准地服务于社会，推动着人类文明的进步。而且，科学还为技术的发展提供了强大的后盾。当新技术面临质疑和挑战时，科学能够为其提供有力的辩护。通过科学实验和理论推导，我们可以证明新技术的可行性和优越性，从而使其得到更广泛的应用和推广。

总的来说，科学在技术发展中的核心作用不容忽视。它为技术提供了坚实的理论支持、推动了技术的进步、引领了技术的革新、为技术的发展指明了方向，并为其提供了强大的后盾。正因为有了科学的存在和支持，技术才得以在人类的文明进程中发挥出如此巨大的作用。

（二）技术对科学的影响

在深入探讨科学与技术的相互关系时，我们不能不提及技术对科学产生的深刻影响。这种影响并非单向的，而是双向的、相互促进的。技术为科学研究提供了源源不断的动力，同时在多个维度上推动了科学的进步。

技术发展的每一个阶段都伴随着新的问题和挑战的出现，这些问题和挑战恰恰是科学研究的催化剂。科学家们针对这些问题进行深入探索，寻求答案的过程中，不仅推动了技术的进步，也丰富了科学的理论体系。这种由技术引发的问题，进而推动科学研究的模式，在历史上一再重演，成为科学发展的重要动力。

不仅如此，技术的革新还为科学研究提供了全新的实验手段和方法。这些先进的技术工具如同科学家的得力助手，帮助他们更高效地开展研究，更深入地揭示自然界的奥秘。例如，显微镜的发明让科学家们能够观察到微观世界，开启了生物学的新篇章；射电望远镜的出现让天文学家能够窥探到宇宙的深处，大大拓展了我们对宇宙的认识。可见，这些技术工具的每一次革新，都标志着科学研究的一次飞跃。

除对科学研究的直接推动外，技术还在科学知识的传播和应用中发挥着重要作用。过去，科学知识的传播往往受到地域和时间的限制，而技术的发展则打破了这些限制。如今，借助互联网等现代信息技术，科学知识可以在瞬间传遍全球，让更多的人受益。技术的应用也让科学知识得以更快地转化为生产力，服务于社会的发展。这种科学与技术的紧密结合，不仅加速了科学的进步，也推动了社会的进步。

我们还应该看到，在科学与技术的共同发展中，人才的培养和教育也至关重要。我们需要培养更多具有创新精神和实践能力的科技人才，他们不仅能够掌握先进的技术和方法进行科学研究，还能够将科学知识转化为实际应用，服务于社会的发展。同时，我们也需要加强对科技人才的培养和教育投入，提高他们的综合素质和能力水平，以适应科学技术不断发展的需要。

在探讨科学与技术的紧密联系时，我们不能忽视技术对科学产生的深远影响。这种影响体现在科学研究的动力提供、实验手段和方法革新以及科学知识传播和应用等多个方面。同时，我们也要看到，在科学与技术的共同发展中人才培养和教育的重要性。只有全面认识并深刻理解这种相互影响、相互促进的关系，我们才能更好地推动科学技术的发展为人类社会的进步做出更大的贡献。

（三）科学与技术的相互促进

科学与技术的紧密关系，犹如一对相互依存的孪生兄弟，在人类文明的进程中共同演绎着推动社会前进的重要角色。它们之间的互动，不是简单的单向作用，而是一种复杂的、多维度的相互影响和相互促进。当我们深入探究科学发现与技术革新之间的内在联系时，不禁为这种奇妙的互动所震撼。

科学作为人类探索自然规律的结晶，不断地拓展着我们对宇宙万物的认识边界。每当科学取得重大突破，往往意味着新的技术革命即将到来，历史上无数次的科技变革都证明了这一点。从牛顿力学的诞生到工业革命的兴起，从爱因斯坦相对论的提出到原子弹的研制成功，再到现代基因编辑技术的飞速发展，每一次科学上的飞跃都为技术的创新提供了强大的理论支撑。

随着新技术的不断涌现和应用，科学家们能够以前所未有的精度和效率来探索自然界的奥秘。而现代计算机技术的飞速发展更是极大地推动了各个领域的科学研究工作。这些技术的进步不仅让科学研究变得更加容易和高效，还催生了众多全新的研究领域和分支学科。

在这种科学与技术的相互渗透、相互影响中，我们看到了人类社会不断向前发展的动力源泉。正是这种源源不断的创新力量，推动着我们在各个领域取得了一个又一个辉煌的成就。无论是医学领域的疾病诊治与预防、环境保护与可持续发展，还是信息时代的通信与计算技术，都离不开科学与技术的紧密合作与共同努力。

当我们回顾历史时，不难发现，每一次科技革命都深刻地改变了人类社会的面貌。工业革命让机器取代了人力，极大地提高了生产效率；电力革命使能源利用更加便捷和高效；信息革命则彻底改变了我们的生活方式和工作方式。这些变革不仅为我们带来了更加便捷和舒适的生活条件，还为我们解决当前面临的挑战提供了新的思路和方法。

例如，在医学领域，科学家们通过深入研究人体的生理和疾病机制，不断发现新的治疗方法和药物靶点。而现代医疗技术的飞速发展则为这些科学发现提供了更加精准和高效的治疗手段。从基因编辑到细胞疗法，从人工智能辅助诊断到远程医疗服务，新技术的不断涌现正在为医学领域带来革命性的变化。这些变化不仅提高了疾病的治愈率和人们的生活质量，还为人类健康事业的长远发展奠定了坚实基础。

在环境保护领域，科学技术的进步也为我们提供了更加有效的解决方案。通过深入研究环境污染的成因和影响机制，科学家们不断提出新的治理策略和技术手段。而现代环境监测技术和大数据分析方法的应用则使我们能够更加精准地监测和评估环境状况。从清洁能源的推广到废物资源化利用，从生态修复到气候变化应对，科技的力量正在为环境保护事业注入新的活力和希望。

在信息时代，科学技术的发展更是日新月异。互联网、物联网、人工智能等新技术的不断涌现正在深刻地改变着我们的生活方式和工作方式。信息的获取、传递和处理变得更加便捷和高效，人与人之间的联系也变得更加紧密和广泛。这些变化不仅为我们带来了更加丰富多彩的生活体验，还为我们解决当前面临的挑战提供了新的思路和方法。从智慧城市的建设到数字化转型的推进，从远程教育的普及到电子商务的蓬勃发展，科技的力量正在为信息时代的发展提供强有力的支撑和推动。

科学与技术的紧密联系及其相互促进的关系是推动人类社会发展的重要动力。在未来的发展中，我们期待看到更多的科学发现和技术革新为人类社会的进步贡献更多的智慧和力量。

思考与讨论：探讨科学和技术之间的互动关系，并思考如何平衡科学研究和工程技术的发展。

三、科学与技术的区别

（一）研究目的和方法的不同

在深入探讨科学与技术的内在差异时，我们不可避免地要触及它们各自的研究目的和方法。科学，这一人类智慧的结晶，始终致力于探寻自然界的奥秘。它不仅仅是对现象的简单描述，更是对其背后规律的深入挖掘。科学的动力源自人类对未知世界的无尽好奇和不断膨胀的求知欲。每当科学家们揭开自然界的一层神秘面纱，我们对世界的了解便又加深了一分。

与科学相比，技术则更加贴近我们的日常生活，它关注的是如何将理论知识转化为实际应用，如何满足人类在生产、生活等各个方面的需求。技术的目标不仅仅是解决眼前的问题，更是通过不断的创新和改进，推动社会的进步和发展。技术的力量在于它的实用性和普及性，它能够将高深的科学理论转化为普通人也能使用的工具和服务。

在研究方法上，科学和技术也展现出了截然不同的特点。科学方法的精髓在于观察、实验、推理和验证。科学家们通过精密的实验设计和严谨的数据分析，努力探寻自然规律的真相。这种方法论强调理论的研究和探索，追求对自然现象的深入理解和准确描述。科学方法的成功在于它的可重复性和可验证性，这使得科学知识具有了高度的可靠性和权威性。

技术方法则更加注重实践和应用。它不仅仅是对现有知识的简单应用，更是通过不断的试验、改进和创新，将理论知识转化为具有实际价值的技术成果。技术方法的灵活性和实用性使得它能够快速适应不断变化的社会需求和技术环境。技术方法的成功在于它的实用性和创新性，这使得技术成果能够迅速转化为生产力，推动社会的进步和发展。

科学为我们揭示了自然的奥秘，拓展了我们的视野和认知范围；技术则将这些理论知识转化为实际的生产力，推动了人类社会的进步和发展。科学与技术的相互作用和协同发展，使得我们能够更好地认识世界、改造世界，创造更加美好的未来。

在今天的信息化社会中，科学与技术的关系更加密切。科学研究的成果往往需要借助先进的技术手段才能得以实现和应用，技术的发展也离不开科学理论的指导和支持。因此，我们需要更加重视科学与技术的协同发展，促进它们之间的良性互动。

我们也应该看到，科学与技术的发展也带来了一系列的问题和挑战。比如，科学研究的伦理问题、技术应用的负面影响等。这些问题需要我们以更加谨慎和负责任的态度来面对和解决。我们需要在推动科学与技术发展的同时，注重其社会影响和伦理道德问题，确保它们的发展能够为人类社会带来真正的福祉和进步。

科学与技术在研究目的和方法上有着本质的区别，但它们又是相互依存、相互促进的。只有深入理解科学与技术的内在差异和联系，我们才能更好地把握它们的发展规律，推动人类社会不断进步和发展。在未来的道路上，让我们携手同行，共同探索科学与技术的无穷奥秘，为人类的繁荣和进步贡献我们的智慧和力量。

（二）应用范围和方式的差异

科学研究往往不直接介入到日常的生产和生活过程中。相反，技术则是科学理论的实际应用，它直接服务于社会的生产和生活需求。技术专家们将科学理论转化为实际可操作的技术方案，通过开发新产品、改进生产工艺、提升服务质量等方式，推动社会经济的持续发展和生活质量的不断提升。技术成果更多地以实物产品、工艺流程或服务体验的形式呈现，让人们在日常生活中切实感受到科技的魅力。

科学与技术在应用范围和方式上的差异，导致了它们在社会发展中扮演着不同的角色。科学是技术进步的源泉，为技术创新提供了理论支撑和指导方向。技术则是科学理论的实践应用，将科学研究成果转化为现实生产力，推动社会的繁荣发展。这种相互依存、相互促进的关系，构成了科技发展的核心动力。

为了更好地理解科学与技术的本质区别及其在社会发展中的重要作用，我们有必要深入探讨它们的应用范围和方式。科学研究通常是在实验室或研究机构中进行的，科学家们通过精密的实验设备和严谨的研究方法，探索自然界的奥秘，揭示事物的内在规律。这些研究成果虽然不直接产生经济效益，但却是人类社会进步的重要基石。例如，物理学中的相对论和量子力学等理论成果，为后来的技术创新提供了重要的思想启示和指导原则。

技术则更加注重实用性和经济效益。技术专家们根据市场需求和社会需要，将科学理论转化为实际可行的技术方案。这些技术方案经过不断的试验和改进，最终成为具有市场竞争力的产品或服务。技术的广泛应用不仅提高了生产效率和服务质量，还创造了大量的就业机会和经济效益。例如，信息技术、生物技术、新能源技术等领域的快速发展，为人类社会带来了翻天覆地的变化。

科学与技术的差异还体现在它们各自成果的不同呈现方式上。科学成果通常以学术论文、研究报告或专利的形式呈现。这些成果记录了科学研究的最新进展和理论突破，成为科学家们交流思想、分享经验的重要平台。另外，科学成果也是评价科学家学术水平和研究机构综合实力的重要依据。

技术成果更多地以产品、工艺或服务的形式呈现。这些成果直接体现了技术在推动社会进步和提高生活质量方面的作用。一个成功的技术成果往往能够带来巨大的经济效益和社会效益，甚至改变人们的生活方式和思维方式。例如，智能手机的出现不仅颠覆了传统的通信方式，还引领了移动互联网时代的浪潮，深刻影响了人们的工作和生活。

当然，科学与技术的差异并不意味着它们相互独立或相互排斥。事实上，在现代社会中，科学与技术已经越来越紧密地联系在一起。许多重大的科技成果都是科学理论与技术应用相结合的产物。例如，人工智能技术的发展就离不开计算机科学、数学、心理学等多学科的理论支持和技术创新。因此，我们应该更加注重科学与技术的融合与协同发展，推动人类社会不断向前迈进。

科学与技术在应用范围和方式上存在着显著的差异，这种差异导致了它们在社会发展中扮演着不同的角色。但无论如何，科学和技术都是人类社会进步不可或缺的重要力量。它们相互依存、相互促进，共同推动着人类社会的繁荣发展。

（三）价值取向和社会影响的区别

科学与技术在我们的生活中无处不在，它们像一对孪生兄弟，虽然紧密相连，却又有着本质的区别。科学，是一场无止境的追求真理和知识的旅程，它带领人类逐渐揭开自然世界的神秘面纱，让我们更加深入地理解宇宙的本质。技术，则是将科学的理论转化为实际应用的过程，它注重的是如何将这些理论知识转化为能够推动社会进步和发展的实际工具。

在价值取向上，科学和技术展现出了截然不同的特点。科学的核心价值在于对真理的探索和发现，科学家们通过严谨的实验和推理，不断挑战现有的知识体系，以求得更深入、更准确的科学理论。这种对真理的执着追求，使科学成为推动人类文明进步的重要力量。而技术则更加注重实用性和效益性，它的目标是将科学理论转化为能够解决实际问题的技术手段，从而推动生产力的提升和社会的进步。这种对经济效益和社会效益的追求，使技术在现代社会中发挥着越来越重要的作用。

在社会影响上，科学和技术也展现出了不同的面貌。科学的影响在于它不断推动着人类文明的进步，让我们对自然世界有了更深入的认识和理解。科学的每一次重大发现都会对我们的世界观产生深远的影响，从而推动人类社会的持续发展。而技术的影响则更加直接和具体，它通过不断地创新和改进，为我们提供了更加便捷、高效的生产和生活方式。技术的每一次进步都会直接推动生产力的提升，从而带动整个社会的全面进步。

科学精神和技术精神是科学与技术的灵魂所在。科学精神体现在科学家们对真理的不懈追求和对未知领域的勇敢探索上。科学家们以严谨的态度对待每一个实验和数据，他们敢于质疑现有的知识体系，勇于挑战权威的观点，以求得更加准确、更加完善的科学理论。这种求真、创新、批判和合作的精神，是科学研究的基石，也是推动科学不断发展的重要动力。技术精神则强调实用、效率、创新和实践。技术人员以解决实际问题为目标，他们注重技术的可行性和实用性，追求以最少的投入获得最大的产出。他们敢于尝试新的技术手段和方法，勇于突破传统的技术限制，推动技术的不断进步和应用。这种实用、效率、创新和实践的精神，是技术发展的核心动力，也是推动社会进步的重要力量。

科学与技术是相互依存、相互促进的。科学的发展为技术的进步提供了理论基础和指导方向，技术的进步又为科学的研究提供了更加先进、更加便捷的工具和手段。这种相互依存、相互促进的关系使得科学与技术在现代社会中发挥着越来越重要的作用。

科学与技术在价值取向和社会影响上有着本质的区别，但它们又是相互依存、相互促进的。只有深入理解科学与技术的本质及其在人类社会发展中的重要作用，我们才能更好地把握它们的发展规律，从而更好地利用它们来推动人类社会的进步和发展。我们也应该积极弘扬科学精神和技术精神，以推动科学和技术的不断发展和创新，为人类社会的未来创造更加美好的前景。

科学与技术的辩证关系实例

思考与讨论： 科学与技术的关系是单向还是双向的？试举例说明。

四、科学与技术的未来发展

（一）科学发展的趋势和影响

在人类历史的长河中，科学与技术始终是推动社会进步的重要力量。它们如同不断涌动的江河，滋养着文明的土壤，引领着我们探索未知、超越自我。在当下这个时代，科学与技术的发展更是呈现出前所未有的活力和影响力，深刻地改变着人类社会的面貌和未来走向。

我们见证了物理学领域的诸多奇迹，如量子力学的神秘莫测、相对论的颠覆性观念，以及宇宙学对于宇宙起源和演化的精彩揭示。这些物理学的突破不仅让我们对自然世界的认识更加深入，也为新技术的诞生奠定了理论基础。比如，量子计算机的研发正在挑战传统计算的极限，有望为人类带来全新的信息处理能力；而基于相对论原理的导航系统则成为了我们日常生活中不可或缺的工具，精确地指引着我们的方向。

在生物学领域，科学与技术的融合更是催生了生命科学的繁荣。基因编辑技术的出现让我们能够在分子层面上操控生命过程，为疾病的治疗和预防提供了全新的思路。合成生物学的兴起则使人类能够设计和构建人造生物系统，从而创造出具有特定功能的生物产品或材料。这些生物技术的突破正在将我们对生命的理解推向一个新的高度，也为医药、农业、环保等领域带来了革命性的变革。

计算机科学作为当代科技的领军者，其发展迅速、影响广泛。人工智能技术的崛起让我们看到了机器超越人类智能的可能性，它们在图像识别、语音识别、自然语言处理等领域已经达到了人类专家的水平。云计算和大数据技术的普及则使数据成为新的资源和财富，推动着各行各业的数字化转型和创新升级。而量子计算的出现则有望打破传统计算的局限，为人类带来前所未有的计算能力和信息处理速度。

科学的发展还推动着人类文明的进步和精神的提升。它们拓展了我们的视野和认知范围，让我们能够更加深入地了解自然和宇宙的奥秘；丰富了我们的文化内涵和表达方式，让我们能够更加多元、自由地展示自我和传递思想；提升了我们的精神境界和追求目标，让我们能够更加坚定地追求真理、善良和美好。

（二）技术发展的趋势和影响

科技的进步如同不息的河流，持续冲刷着人类社会的每一个角落，为我们揭示出一个又一个崭新的世界。在这个激荡的时代，人工智能、物联网、生物技术等尖端科技领域正以前所未有的速度向前推进，它们不仅重塑了我们的生产方式，更在推动产业升级、提高生产效率等方面扮演了至关重要的角色。

随着这些技术的深入发展，我们的生活正在被重新定义。智能家居让家变得更加温馨而智能，无人驾驶汽车正在逐步解放我们的双手，远程医疗使优质的医疗资源能够跨越时空的界限……这一切的变化都在告诉我们，科技的力量正在以前所未有的方式影响着我们的生活。

在这个全球化的舞台上，技术的演进不仅推动了创新，更成为了驱动经济增长的重要引擎。无数的企业、研究机构和个人都在积极参与这场科技革命，通过不断的研发和创新为我们带来一个又一个令人瞩目的科技成果。这些成果不仅为全球经济的发展注入了新的活力，更为我们提供了前所未有的机遇。

技术的发展也带来了一系列的挑战。随着技术的不断进步，我们必须在创新与传统之间找到平衡，确保科技的发展能够真正造福于人类社会。我们还需要关注科技发展对环境、社会、伦理等方面的影响，确保科技的进步不会带来无法预见的后果。

技术的发展将继续深刻地影响我们的生活、工作和学习。我们可以预见到，在不久的将来，人工智能将更加智能化、物联网将更加普及、生物技术将更加成熟……这些技术的发展将为我们带来更多的便利和惊喜。我们也相信，在人类的共同努力下，我们将能够克服科技发展带来的挑战和问题，共同创造一个更加美好、更加繁荣的未来。

（三）科学与技术发展的展望和思考

随着时代的不断推进，科学与技术作为人类文明的两大支柱，正在以前所未有的速度向前发展。这种进步不仅仅是对已知世界的深入挖掘，更是对未来可能性的无限拓展。从大数据的浩瀚海洋到量子计算的微观奇迹，再到生物信息学的复杂奥秘，每一项新技术的诞生都预示着新的时代篇章的开启。

在这个数据驱动的时代，大数据已经成为决策、创新和发展的关键。它不仅仅是一堆堆的数字和信息，更是洞察先机、预测未来的魔法水晶球。通过高级的分析算法，我们能够从海量的数据中提炼出有价值的信息，为商业策略、社会治理，甚至个人生活提供强有力的支持。

而量子计算，这个曾经只存在于科幻小说中的概念，如今已经逐渐走进现实。它利用量子力学的原理，能够在瞬间完成传统计算机需要数年甚至数十年才能完成的任务。虽然目前量子计算机的发展还处于初级阶段，但它的潜力和前景已经足以让世界为之震惊。

生物信息学则是生命科学与计算机科学的完美结合。在这个领域，科学家们利用计算机技术来分析和解读生物数据，从而揭示生命的奥秘。从基因编辑到药物研发，再到个性化医疗，生物信息学正在为人类健康和生活质量的提升贡献着巨大的力量。

科学与技术的飞速发展也带来了一系列的问题和挑战。数据安全、隐私保护、伦理道德等问题日益凸显，成为我们无法回避的议题。在这个数字化的世界里，如何保护个人信息不被滥用、如何确保科技的进步不会侵犯到人类的基本权益，这些都是我们亟待解决的问题。

随着科技的不断进步，我们也面临着资源枯竭、环境破坏等全球性挑战。如何在推动科技发展的同时实现可持续发展，成为摆在我们面前的一大难题。这需要我们不仅要关注科技的短期效益，更要从长远的角度考虑其与自然、社会的和谐共生。

拓展资源

中国对科学的贡献　　中国对技术的贡献　　科学与技术的关系

实践与探索

实践任务1

如果你是一名科技产品设计师，你将如何确保产品在满足用户需求的同时，也符合科技伦理要求？

实践任务2

研究一项近年来的科技突破（如人工智能、基因编辑等）如何改变了我们的生活或工作方式。

思考与讨论：

1. 科学和技术在人类社会中扮演着什么角色？它们是如何相互作用的？
2. 探讨科技伦理问题的内涵及其重要性，并举例说明。
3. 试分析未来科学和技术的趋势，并思考如何应对可能出现的挑战和机遇。
4. 讨论如何培养和提升个人的科学素养和技术能力，以适应未来社会的发展。

第二节　科学方法论

情景导入

科学方法论是科学研究中不可或缺的理论基础，它是指导科学研究方向、解决科学问题的重要工具。科学方法论是指在科学研究中，为了获得客观、准确、可靠的科学知识所采用的一系列理论、原则和方法的总称。牛顿的万有引力定律就是通过演绎法得出的；波义耳是近代化学的奠基人之一，他在实验中观察到了气体的压缩和膨胀现象，从而发现了波义耳定律。接下来就让我们一起来学习这些方法。

学习任务

1. 举例说说自己在学习当中应用的科学方法有哪些。
2. 科学方法有哪些？试列举出来。

3. 古代科学家研究问题的方法有很多，试列举几个科学家做研究的方法。

章节内容

狭义的科学方法论是指关于科学研究、科学评价、科学发展的正确的一般方法，广义的科学方法论是指由正确的世界观决定的，人们正确地认识世界、改造世界的根本方法。广义的科学方法论包括狭义的科学方法论。广义的科学方法论，即人们正确认识世界改造世界的根本方法，是狭义的科学方法论的理论基础。

科学方法论是关于科学的一般研究方法的理论，探索方法的一般结构，阐述它们的发展趋势和方向，以及科学研究中各种方法的相互关系问题。科学方法论的核心思想是实证主义和理性主义，即通过观察、实验和推理等手段来检验和证实科学假说。

一、观察法

观察法是研究者通过感官或借助仪器设备，有目的、有计划地感知和记录研究对象的行为、特征、环境等信息，从而获得研究数据的一种方法。观察法是一种直接的、感性的研究方法，它能够直接感知到研究对象的行为和特征，具有较高的信度和效度。观察法要遵循以下几个方面的原理：①观察法要遵循现象学原理，即观察者需要尽可能地减少主观干扰，以客观、中立的视角去感知和记录研究对象的行为和特征；②观察法要遵循情境原理，即观察者需要将研究对象置于自然、真实的情境中进行观察，以保证研究结果的生态效度；③观察法要遵循时间原理，即观察者需要在一定的时间内持续观察研究对象的行为和特征，以获得动态、全面的研究数据。

思考与讨论： 观察法是常用的科学方法，如何保证观察的客观性和公正性？

（一）观察法的发展过程

观察法作为科学研究的一种基本方法，其发展历史源远流长。从古希腊的自然哲学家们开始，人类就开始通过观察自然现象探索世界的奥秘。随着科学技术的进步，观察法也在不断地发展和完善，为人类认识世界提供了更为精确和深入的手段。观察法经历了以下几个阶段。

第一阶段是直观观察阶段。在这一阶段，人们主要依靠感官进行观察，例如用眼睛看、用耳朵听、用鼻子嗅等。古希腊的自然哲学家们就是通过直观观察发现了许多自然现象，如天体运动、物体重力等。然而，直观观察受到人类感官的限制，难以深入探究微观世界和复杂现象。因此，随着科学的发展，人们开始寻求更为精确和深入的观察方法。

第二阶段是仪器观察阶段。随着科学技术的进步，人们发明了各种仪器，如显微镜、望远镜、温度计、压力计等，用来扩展和增强感官的观察能力。这些仪器的出现，使人们能够观察到更为微观的世界，如细胞、原子等，同时也能够更为精确地测量各种物理量。仪器观察的出现，极大地推动了科学的发展，使人类对世界的认识更加深入和精确。

第三阶段是实验观察阶段。在这一阶段，人们不仅通过仪器进行观察，还通过实验来控制和改变自然条件，以便更好地观察和研究自然现象。实验观察的出现，使科学研究从单纯的描述和解释自然现象发展到了能够验证假说和理论的新阶段。实验观察的广泛应用，为现代科学的发展奠定了坚实的基础。

第四阶段是系统观察阶段。在这一阶段，人们开始将观察对象视为一个系统，从整体的角度来研究其结构和功能。系统观察的出现，使人们能够更为深入地理解自然现象的复杂性和关联性，如生态系统、气候系统等。同时，系统观察也促进了跨学科研究的发展，使不同领域的科学家能够共同研究和解决复杂问题。

观察法的发展史是一个从直观观察到仪器观察、实验观察和系统观察的过程。这一过程反映了人类对自然现象的认识不断深入和精确，也反映了科学研究方法的不断进步和发展。然而，观察法的发展并未停止，在当今的信息时代，人们开始利用计算机和大数据等新技术进行观察，这将为科学研究开辟更为广阔的前景。科学家们通过不断地创新和改进观察方法，为人类认识世界提供了更为精确和深入的手段。但是，在这一过程中我们也应认识到科学研究的局限性，即观察法并不能解决所有问题，它需要与其他研究方法相结合，以便更为全面和深入地认识世界。因此，在科学研究中，我们应该保持谦逊和敬畏自然的态度，不断追求真理，为人类的发展做出更大的贡献。

（二）观察法的应用

观察法是科学研究中不可或缺的工具，它在各个领域都发挥着重要作用。通过观察，科学家们可以发现事物的规律，揭示自然界的奥秘。

1. 观察法在物理学领域有着广泛的应用

牛顿是物理学的奠基人之一，他的许多发现都源于对自然现象的观察。一次偶然的机会，牛顿看到苹果从树上落下，激发了他对重力研究的兴趣，最终发现了万有引力定律。这个故事告诉我们，观察法可以帮助科学家发现自然界的规律，推动科学的进步。

2. 观察法在生物学领域也发挥着重要作用

达尔文在加拉帕戈斯群岛上观察到了鸟类的多样性和独特性，这使他产生了生物进化的想法。经过长时间的观察和研究，达尔文提出了自然选择的理论，为我们理解生物的演化提供了新的视角。这个故事表明，观察法可以帮助科学家揭示生物界的奥秘，促进生物学的发展。

3. 观察法在化学领域也有着广泛的应用

波义耳是近代化学的奠基人之一，他在实验中观察到了气体的压缩和膨胀现象，从而发现了波义耳定律，这一发现为后续的化学研究奠定了基础。这个故事告诉我们，观察法可以帮助科学家发现化学现象的规律，推动化学科学的发展。

除了以上领域，观察法在地理学、气象学、心理学等学科中也有着广泛的应用。通过观察自然现象、人类行为和社会现象，科学家们可以揭示事物的本质，推动各学科领域的进步。

然而，在科学研究中，观察法的应用并不总是那么顺利。有时候，科学家需要克服各种困难才能获得有价值的观察结果。例如，伽利略在研究自由落体运动时，受到了当时主流观点的质疑和反对。但他坚持自己的观察结果，最终推翻了亚里士多德的观点，为物理学的发展作出了巨大贡献。这个故事告诉我们，科学家在应用观察法时，需要有坚定的信念和勇气，敢于挑战权威，追求真理。

二、实验法

实验法是指在科学研究中，通过控制变量和操纵实验条件，检验某种假设或理论的方法。实验法的核心思想是因果关系，即通过实验操作来探索变量之间的因果关系。实验法的基本步骤包括：确定研究目标、提出假设、选择实验设计、收集数据、分析数据和得出结论。

（一）实验法的原理

实验法的原理主要体现在以下几个方面：控制变量、随机化、重复和统计推断。控制变量是指在实验中需要保持不变的变量，以确保实验结果的可靠性。随机化是指在实验中随机分配实验对象和实验条件，以消除偏见和提高实验的可信度。重复是指在同一实验设计下进行多次实验，以增加实验结果的稳定性和可靠性。统计推断是指通过对实验数据进行统计分析，得出对假设或理论的支持程度。实验法具有以下几个显著特点。

（1）主动操纵。实验法通过主动操纵实验条件来探索变量之间的因果关系，而非仅仅依赖观察和描述。

（2）控制变量。实验法通过控制变量来消除无关因素的干扰，以确保实验结果的可靠性。

（3）随机化。实验法通过随机化来消除偏见，提高实验的可信度。

（4）重复性。实验法通过重复实验来增加实验结果的稳定性和可靠性。

（5）统计推断。实验法通过对实验数据进行统计分析，得出对假设或理论的支持程度。

（二）实验法的发展过程

人类对自然现象的好奇心推动着我们不断地探索和研究。在这个过程中，实验法作为科学研究的重要方法之一，经历了漫长而曲折的发展历程。实验法的起源可以追溯到古希腊时期，当时的自然哲学家们开始尝试用观察和推理来解释自然现象，而实验法则是在这种思潮下逐渐发展起来的。例如，古希腊哲学家亚里士多德就是通过观察和实验来研究物体的运动规律的。然而，在很长一段时间里，实验法并未得到充分发展。这主要是因为当时的科学家们往往过于依赖思辨和推理，而忽视了实验的重要性。直到 17 世纪，以伽利略和牛顿为代表的科学家们开始强调实验在科学研究中的重要地位，实验法才真正步入了发展的快车道。伽利略作为近代科学的奠基人之一，强调实验和观察在科学研究中的重要性。他的自由落体实验和斜面实验，不仅验证了关于运动规律的理论，更为实验法的发展树立了典范。牛顿的《自然哲学的数学原理》是实验法应用的经典之作，他通过严谨的实验和观察，发现了万有引力定律，并构建了经典力学体系。这些成果为实验法在物理学领域的应用奠定了坚实的基础。富兰克林是电学研究的先驱者，他通过风筝实验证明了闪电就是电，还发现了正负电性。这些实验不仅推动了电学的发展，也使实验法在科学研究中的地位更加牢固。米歇尔森和莫雷这两位科学家合作进行了光速测量实验，其结果对爱因斯坦的相对论产生了重要影响。而且，他们的实验展示了实验法在推动理论发展中的重要作用。

（三）实验法的应用

实验法作为一种探索未知世界的方法，始终伴随着人类文明的发展。而且，它作为科学方法论的核心，对科学的进步起着至关重要的作用。实验法的应用，既包括实验设计的技巧与策略，也包括实验过程中对科学精神的践行。实验法要求科学家严谨求实、勇于创新、追求真理，这些正是科学精神的体现。

荷兰科学家克里斯蒂安·惠更斯在研究光的折射现象时，通过巧妙的实验设计将光从一种介质射入另一种介质，观察光的传播路径，从而发现了光的折射定律。惠更斯的实验精神和创新思维，使他在光学领域取得了举世瞩目的成就。美国物理学家理查德·费曼在研究量子电动力学时，通过精妙绝伦的实验设计验证了量子电动力学的预言，为量子物理学的发展作出了杰出贡献。费曼的实验精神和求真务实的态度，使他成为一位伟大的科学家。

思考与讨论： 如何设计一个有效的实验来检验一个假说？

三、演绎法

在人类探索知识的道路上，演绎法作为一种重要的思维方法，始终发挥着不可替代的作用。从古希腊的柏拉图、亚里士多德，到现代的逻辑学家和哲学家，演绎法始终是他们研究的核心内容之一。

（一）什么是演绎法

演绎法，又称演绎推理，是一种从一般原理出发，得出具体结论的思维方法。它通过把握事物的本质属性和内在联系，将已知的普遍真理应用于特定情况，从而得出必然的、可靠的结论。演绎法的核心是从已知的前提中推导出未知的结论，其过程具有严密的逻辑性和必然性。演绎法的基本原理可以概括为：大前提、小前提和结论。大前提是一般的、普遍的原理或原则；小前提是个别的、特定的事实或情况；结论是根据大前提和小前提必然得出的判断。演绎法的推理过程遵循严密的逻辑规则，保证了其结论的可靠性。演绎法具有以下几个特点。

（1）逻辑性强。演绎法以逻辑为基础，遵循严密的逻辑规则，保证了推理过程的逻辑性和必然性。通过演绎法得出的结论具有高度的确定性和可靠性。

（2）导向性明确。演绎法从一般原理出发，具有明确的导向性。它可以有效地指导实践，为解决问题提供明确的方向和思路。

（3）思维严谨。演绎法要求对前提、推理过程和结论进行严谨的分析和论证，避免了思维的随意性和主观性，有利于提高思维的严密性和准确性。

（4）普适性广。演绎法适用于各个领域，无论是自然科学、社会科学还是人文科学，都可以运用演绎法进行研究和探索，从而获得更深入的认识。

（二）演绎法的发展过程

演绎法作为科学探究的重要方法之一，经历了漫长而曲折的发展历程。

1. 古希腊时期的演绎法萌芽

在古希腊时期，哲学家们开始运用演绎法探寻自然现象背后的规律，柏拉图和亚里士多德是这一时期的代表人物。他们通过对概念的抽象和逻辑推理，建立了一套哲学体系。亚里士多德的三段论是演绎法的雏形，为后世科学家提供了重要的思考框架。

2. 中世纪演绎法的发展

在中世纪，基督教神学家们继承和发展了古希腊的演绎法，他们试图通过逻辑推理证明神的存在和道德法则。这一时期的代表人物是托马斯·阿奎那，他的《神学大全》运用演绎法对神学问题进行了深入探讨。

3. 近代科学革命与演绎法的应用

近代科学革命时期，科学家们开始运用演绎法对自然现象进行系统研究。伽利略、牛顿等科学家运用演绎法建立了经典力学体系，奠定了近代科学的基础。这一时期，数学成为演绎法的重要工具，推动了科学的飞速发展。

4. 现代科学中的演绎法

在现代科学中，演绎法得到了更广泛的应用。爱因斯坦的相对论、量子力学等理论的建立都离不开演绎法。现代科学家运用演绎法，将数学模型与实验数据相结合，对自然现象进行更深入的研究。

（三）演绎法的应用

演绎法的应用不仅体现在理论研究中，更渗透到我们的日常生活和工作中。学会运用演绎法，我们将能更好地认识世界，解决问题，创造价值。

1. 自然科学领域

在自然科学领域，演绎法被广泛应用于理论研究和实验设计。例如，牛顿的万有引力定律就是通过演绎法得出的。牛顿基于大前提“物体之间存在引力”和小前提“地球和物体之间的距离可以忽略不计”，推导出结论“地球对物体的引力与物体的质量成正比，与物体到地球中心的距离的平方成反比”。

2. 社会科学领域

在社会科学领域，演绎法同样发挥着重要作用。例如，在经济学中，供需理论就是通过演绎法得出的。供需理论的大前提是“资源是有限的，而需求是无限的”，小前提是“消费者和生产者在价格影响下调整他们的行为”，结论是“市场价格和数量将趋于均衡”。

3. 法律领域

在法律领域，演绎法是司法推理的主要方法。法官在审理案件时，会根据法律规定和案件事实进行演绎推理。例如，在刑事案件中，法官会根据大前提“刑法规定某行为构成犯罪”和小前提“被告人的行为符合该规定”，推导出结论“被告人构成犯罪”。

演绎法作为一种科学的思维方法，在各个领域都具有广泛的应用价值。通过一般原理到个别事实的推理过程，演绎法为我们提供了一种理解和解释世界的有效手段。然而，演绎法并非万能的，它需要依赖于准确的前提和严谨的逻辑。因此，在实际应用中，我们需要不断锤炼自己的逻辑思维能力，以提高演绎法的可靠性和有效性。

四、归纳法

在科学研究和日常生活中，我们常常需要借助一种思维方法来探索未知领域，归纳法便是这样一种思维方法。

（一）什么是归纳法

归纳法，作为一种科学研究方法，是指通过对个别事物或现象进行观察、分析，进而推导出一般性规律或结论的思维过程。简单来说，归纳法就是从特殊到一般的推理方法。在科学研究中，归纳法通常作为演绎法的补充，帮助我们发现新的规律和原理。归纳法需要经过以下几个过程。

（1）经验观察。归纳法依赖于对大量事实和现象的经验观察。通过观察，我们可以收集到丰富的信息，为归纳推理提供基础。

（2）分析比较。在经验观察的基础上，我们需要对收集到的信息进行分析比较，找出其中的相似性和差异性。

（3）归纳推理。在分析比较的基础上，我们运用逻辑推理方法，将具有相似性的现象抽象成一般性的规律或原理。

（4）验证修正。归纳推理得出的一般性规律或原理需要经过实践检验，如果发现与事实不符，就需要对归纳法进行修正和完善。归纳法作为一种重要的科学研究方法，具有探索性、综合性、概括性和假设性等特点。

（二）归纳法的发展过程

1. 归纳法的起源

归纳法最早起源于古希腊哲学家亚里士多德的三段论。亚里士多德将推理过程分为演绎和归纳两种，其中归纳法是从特殊到一般的推理方法。他通过对自然界大量现象的观察，总结出普遍规律，开创了归纳法的先河。

2. 归纳法的发展

（1）基于经验的归纳法。在中世纪，英国哲学家弗朗西斯·培根提出了基于经验的归纳法。他认为，要获得正确的知识，必须通过观察和实验，从大量事实中归纳出普遍规律。这一观点对后来的科学发展产生了深远影响，为现代科学方法奠定了基础。

（2）数学归纳法。在数学领域，归纳法也得到了广泛应用。数学归纳法最早出现在古希腊数学家欧几里得的《几何原本》中。他通过对几何命题的证明，将归纳法引入数学领域，为后来的数学发展提供了重要工具。

（3）逻辑归纳法。19 世纪末，英国哲学家罗素和怀特海德共同提出了逻辑归纳法。他们试图将归纳法建立在逻辑基础上，使之成为一种更为严谨的推理方法。这一方法在哲学、逻辑学和数学等领域产生了广泛影响。

3. 归纳法的现代应用

现代社会，归纳法已渗透到各个领域。在科学研究中，科学家通过观察实验从大量数据中归纳出规律，为理论研究提供依据。在日常生活和工作中，人们也常常运用归纳法解决问题，提高工作效率。

然而，归纳法并非完美无缺。英国哲学家波普尔提出了证伪主义，指出归纳法无法证明一个命题的真实性，只能证伪它。这一观点引发了对归纳法有效性的广泛讨论，促使人们在使用归纳法时更加谨慎。

4. 归纳法的应用

1）归纳法在自然科学中的应用

（1）物理学。牛顿的三大定律。牛顿的三大定律是归纳法在物理学中的经典应用。牛顿通过对大量物理现象的观察和实验，总结出万有引力定律、牛顿第一定律和牛顿第二定律。这些定律不仅奠定了经典力学的基础，而且对后世科学研究产生了深远影响。

（2）生物学。达尔文的进化论。达尔文通过多年的观察和研究，发现物种的进化是自然界中普遍存在的现象。他将这种现象归纳为物竞天择、适者生存的原则，从而创立了生物进化论。这一理论不仅揭示了生物界的多样性和统一性，而且对人类认识自然、改造自然具有重要意义。

2）归纳法在社会科学中的应用

（1）经济学。亚当·斯密的“看不见的手”。亚当·斯密通过对市场现象的观察和分析，发现市场机制在资源配置中具有自发性、自我调节的特点。他将这种现象归纳为“看不见的手”，并以此为基础创立了古典经济学。这一理论为市场经济的发展提供了理论支持，对后世经济学研究具有重要影响。

（2）社会学。马克思的社会阶级理论。马克思通过对社会现象的观察和分析，发现社会阶级是社会关系的核心，社会阶级的对立和斗争是社会发展的根本动力。他将这种现象归纳为阶级斗争，从而创立了马克思主义社会学。这一理论为无产阶级和劳动人民的解放事业提供了理论指导，对世界历史产生了深远影响。

3）归纳法在哲学中的应用

（1）培根的“科学归纳法”。培根提出了一种科学归纳法，即通过对大量事实和现象的观察、分析、总结，得出一般性原理和规律。这种方法不仅为科学研究提供了新的思维工具，而且对哲学研究具有重要意义。

（2）康德的“纯粹理性”。康德通过对人类思维的观察和分析，发现人类在认识过程中存在着先验的、普遍的理性原则。他将这些原则归纳为“纯粹理性”，并以此为基础创立了批判哲学。这一理论对人类认识自身、认识世界具有重要意义。

通过对实例的分析，我们可以看到归纳法在发现问题、分析问题、解决问题方面具有独特优势。然而，归纳法并非万能的，在运用归纳法时，我们还应注意到它的局限性，如归纳推理的强度、归纳推理的可靠性等问题。总之，只有正确运用归纳法，才能更好地认识世界、改造世界。

五、调查法

调查法作为一种科学研究方法，在社会科学、自然科学以及工程科学等领域中广泛应用。

（一）什么是调查法

调查法是指通过收集和分析数据，对某一现象或问题进行深入研究的方法。调查法旨在了解事物的本质、规律和影响因素，从而为决策和解决问题提供科学依据。调查法包括问卷调查、访谈调查、观察调查等多种形式，具有较高的实用性和灵活性。调查法遵循科学性、客观性、代表性等基本原则。科学性是指调查应基于科学的理论和方法，确保调查过程的严谨性和准确性；客观性是指调查应以事实为依据，避免主观臆断和偏见；代表性是指调查应能够反映研究对象的整体特征和规律。此外，调查法还应遵循保密性、合规性等原则，确保调查活动的合法性和伦理性。调查法具有实用性、灵活性、综合性、互动性、时效性等特点。

在实际应用中，调查法具有以下优点。

（1）能够深入了解研究对象的实际情况，揭示事物的本质和规律。

（2）可以定量分析研究对象的特征和影响因素，提高研究的科学性。

（3）能够发现问题，为改进工作和提高效率提供依据。

（4）有助于提高研究者的业务能力和综合素质。

然而，调查法也存在一定的局限性，如调查成本高、时间消耗大、数据质量受调查技巧和问卷设计等因素影响等。因此，在使用调查法时，研究者应充分考虑这些因素，以确保调查结果的准确性和可靠性。

（二）调查法的发展过程

调查法作为一种科学研究方法，广泛应用于各个领域，包括社会科学、自然科学、医学等。调查法的发展历史可以追溯到古希腊时期，经过几个世纪的演变，现在已经形成了多种类型和方法。

1. 问卷调查法

问卷调查法是调查法中最为常见的一种方法，起源于 18 世纪的欧洲。最初，这种方法主要用于人口普查和社会统计。随着社会的发展，问卷调查法逐渐应用于商业、市场研究、政治研究等领域。20 世纪初，美国社会学家罗伯特 · M. 李（Robert M. Lee）对问卷调查法进行了系统的研究和总结，使其成为社会科学研究的重要方法。

2. 访谈调查法

访谈调查法是一种通过与被调查者进行面对面的交谈来收集信息的方法。这种方法起源于 20 世纪初，最初应用于社会学和心理学领域。访谈调查法可以根据需要灵活调整问题，深入挖掘被调查者的观点和态度，因此在研究复杂的社会现象和人际关系时具有独特的优势。

3. 观察调查法

观察调查法是一种通过观察被调查者的行为和活动来收集信息的方法，这种方法起源于 19 世纪末，最初应用于人类学和社会学领域。观察调查法可以帮助研究者深入了解被调查者的行为模式和文化背景，但在数据收集和分析过程中需要较高的专业素养。

4. 实验调查法

实验调查法是一种通过控制变量来研究因果关系的方法，这种方法起源于 17 世纪，最初应用于自然科学领域。实验调查法可以有效控制外部干扰因素，确保研究结果的可靠性，但在实际操作中往往需要较高的实验技术和设备支持。

（三）调查法的应用

调查法作为一种重要的研究手段，在社会、经济、政治、文化等各个领域都得到了广泛应用。通过调查法，研究者可以收集到大量数据和信息，从而对研究对象进行深入分析，得出有价值的结论。

1. 市场调查

市场调查是企业制定战略决策的重要依据。通过调查法，企业可以了解市场需求、消费者行为和竞争对手的状况，从而制定出合适的产品策略、价格策略和营销策略。例如，某家电企业计划推出一款新型空调，可以通过问卷调查、访谈调查和观察调查等方式，了解消费者对空调的需求、购买意愿和价格敏感度，从而为产品设计和定价提供依据。

2. 社会学研究

调查法在社会学研究中也发挥着重要作用。研究者可以通过调查收集到大量关于社会现象的数据，揭示社会规律，进而提出解决方案。例如，某社会学家计划研究城市化进程对居民幸福感的影响，可以通过问卷调查收集到城市居民和农村居民的生活满意度、工作满意度等数据，经过统计分析，可以得出城市化进程对居民幸福感的影响程度和方向。

3. 政策评估

政策评估是政府制定和调整政策的重要依据。通过调查法，政府可以了解政策的实施效果，为政策调整提供依据。例如，某市政府为了改善教育资源分配不均的问题，推出了一项教育改革政策。为了评估政策的效果，政府可以通过问卷调查、访谈调查等方式，收集学生、家长、教师和校长等各方对政策的评价，从而为政策调整提供参考。

4. 医疗健康研究

调查法在医疗健康研究中也具有广泛应用。研究者可以通过调查收集到人群的健康状况、疾病发病率、生活方式等数据，从而为疾病预防和健康管理提供依据。例如，某研究者计划研究肥胖症的发病率和影响因素，可以通过问卷调查收集到人群的体重、身高、饮食习惯、运动习惯等数据，经过统计分析可以得出肥胖症的发病率和影响因素，为预防和治疗肥胖症提供依据。

调查法作为一种重要的研究手段，在不同领域都得到了广泛应用。通过调查法，研究者可以收集到大量数据和信息，从而对研究对象进行深入分析，得出有价值的结论。然而，调查法也存在一定的局限性，例如调查样本的代表性、调查方法的选择等。因此，在使用调查法时，研究者需要根据实际情况选择合适的调查方法，确保调查结果的准确性和可靠性。

文献法

小结与展望

科学方法论是科学研究的理论基础和重要工具，它包括观察与描述、提出问题与假设、收集证据、分析与推理、得出结论与修正假设等方面的内容。科学方法论的应用领域广泛，对于提高研究效率、保证研究质量、促进学科发展具有重要意义。在科学研究中，我们应该充分理解和运用科学方法论，以求获得更加客观、准确、可靠的科学知识。

拓展资源

比较法　　分类法

实践与探索

实践任务1

设计一系列实际问题，然后运用所学的科学方法论进行分析、提出解决方案，并撰写一份分析报告。

实践任务2

自行设计一项科研项目，运用科学方法论中的研究方法，开展一项小型的科学研究项目，撰写一份研究报告，在班级分享。

思考与讨论：

1. 什么是科学方法论？它对于科学研究有何重要性？
2. 讨论归纳和演绎推理在科学研究中的应用。
3. 描述一个科学实验的基本步骤。

第三节　未来高新技术

情景导入

在未来高新技术的发展征程上，我们站在一个崭新的起点，目睹着科技力量以前所未有的速度重塑世界。这场深刻的技术变革不仅催生了无数领域的创新与应用，更在无形中改变了我们的社会经济结构、生活方式，甚至是人类思考问题的方式本身。无论是人工智能的突飞猛进，还是生物科技的日新月异；无论是量子计算的神秘莫测，还是新材料技术的层出不穷，这些领域都在不断地刷新着我们对科技极限的认知。让我们一起踏上这段探索科技前沿的奇妙旅程吧！

学习任务

1. 随着人工智能和机器学习技术的不断发展，你认为它们将在哪些领域产生最大的影响？为什么？

2. 量子计算在理论上具有巨大的优势，但在实际应用中仍面临许多挑战。你认为哪些领域最有可能率先受益于量子计算？为什么？

3. 如何在实现能源可持续性的同时，降低对环境的影响，特别是在生产和废弃处理环节？

章节内容

一、高新技术概述

（一）高新技术的定义

高新技术并非单一存在，而是形成了一个庞大而复杂的技术群，广泛涉及信息技术、生物技术、新材料技术、新能源技术、航天技术等多个领域。它们不仅具有前瞻性、先导性和探索性，更是知识、物质和智力的密集体现。高新技术对国民经济的发展和国防建设具有举足轻重的战略意义。它们像一把把锋利的剑，助力我们在激烈的国际竞争中披荆斩棘，勇往直前。它们也像一双双有力的手，推动社会进步，提高生产效率，改善生活质量，为我们创造更加美好的未来。

在全球化的大背景下，高新技术的发展呈现出前所未有的活力和潜力。它们以惊人的速度更新换代，不断刷新着我们对科技的认知和理解。它们也在应对全球性挑战、促进可持续发展中发挥着越来越重要的作用。无论是应对气候变化、资源短缺等环境问题，还是推动医疗健康、教育培训等社会事业的发展，高新技术都为我们提供了全新的思路和解决方案。

高新技术正在以前所未有的方式改变着我们的生活。它们让我们的生活变得更加便捷、高效和舒适，同时也为我们带来了更多的可能性和选择。我们可以通过智能手机随时随地获取信息、与人交流；我们可以通过生物技术延长寿命、提高生活质量；我们可以通过新材料技术创造更加环保、可持续的产品；我们可以通过新能源技术减少碳排放、保护地球家园；我们可以通过航天技术探索宇宙的奥秘、拓展人类的视野。

在未来，高新技术的发展将会更加迅猛，而我们也将会在高新技术的引领下，不断探索未知领域，拓展人类文明的边界，创造更加辉煌的未来。新技术的力量不仅在于它们本身的前沿性和创新性，更在于它们对于人类社会的深远影响。它们不仅改变了我们的生产方式和生活方式，更改变了我们的思维方式和价值观念。它们让我们看到了科技的力量和魅力，也让我们更加坚信，只有不断创新和进步，才能走向更加美好的未来。

（二）高新技术的分类

在这个充满变革和进步的时代，高新技术如同一股股涌动的潮流，不断地刷新着我们的认知，引领着社会的发展。它们不再是遥不可及的科学幻想，而是真真切切地融入了我们的生活，改变着我们的世界。

1. 信息技术

信息技术，作为现代社会的火炬，照亮了人类文明的每一个角落。从计算机的诞生到互联网的普及，再到人工智能的崛起，信息技术以惊人的速度发展着，成为推动社会进步的重要力量。无论是日常的沟通交流，还是复杂的科研计算，都离不开信息技术的支持。可以说，信息技术已经渗透到了我们生活的方方面面，成为我们不可或缺的一部分。

2. 生物技术

生物技术，作为 21 世纪的明星产业，正以其独特的魅力吸引着全世界的目光。基因工程、细胞工程、酶工程等领域的飞速发展，让我们对生命的奥秘有了更深入的了解。生物技术的广泛应用，不仅在医药、农业等领域取得了显著的成果，更为我们开辟了一个全新的世界，让我们看到了未来无限的可能。

3. 新材料技术

新材料技术作为现代工业的基石，为我们提供了更加丰富的材料选择。新型金属材料、新型非金属材料、复合材料等的不断涌现，为各个领域的发展提供了强有力的支撑。无论是航空航天、汽车制造，还是电子信息、生物医疗，都离不开新材料技术的支持。可以说，新材料技术是推动现代工业发展的重要驱动力之一。

4. 新能源技术

新能源技术作为解决能源危机和环境问题的重要途径，正受到越来越多的关注。太阳能、风能、水能等可再生能源技术的开发利用为我们提供了清洁、可持续的能源来源。高效能源技术如核能等的不断发展，也为我们提供了更加安全、经济的能源选择。可见，新能源技术的广泛应用不仅有助于缓解能源危机，更有助于保护我们的环境，实现可持续发展。

5. 航天技术

航天技术作为人类探索太空的重要工具，一直是我们关注的焦点。卫星技术、火箭技术、载人航天技术等的不断发展，让我们对太空有了更深入的了解。航天技术的应用，不仅在科研、军事等领域发挥着重要作用，更为我们提供了一个全新的视角，让我们看到了地球以外的世界，激发了我们对未知的探索欲望。这些高新技术领域的发展，不仅推动了社会的进步，更改变了我们的生活方式。它们让我们看到了未来的希望，也让我们对未来充满了期待。在这个充满变革和进步的时代，我们有理由相信，高新技术将继续引领我们走向更加美好的未来。

当然，高新技术的发展也带来了一系列的挑战和问题。如何合理利用这些技术，如何平衡技术进步与伦理道德的关系，如何确保技术的可持续发展，都是我们需要思考和解决的问题。但无论如何，我们都不能否认高新技术给我们带来的巨大变革和进步。它们是我们这个时代最宝贵的财富，也是我们走向未来的重要支撑。在这个充满机遇和挑战的时代，我们需要更加关注高新技术的发展，积极投身于科技创新的浪潮中。只有这样，我们才能跟上时代的步伐，把握未来的机遇，创造更加美好的世界。让我们一起期待高新技术带给我们更多的惊喜和可能吧！

（三）高新技术的发展历程

自 20 世纪中叶起，高新技术便如新星升起，逐渐照亮人类探索未知的征程。最初，电子计算机的出现宛如魔法般将复杂的计算过程化为瞬息之间，引领了信息技术的革命性飞跃。紧接着，集成电路的诞生进一步将电子器件微型化，使计算能力得以飞速提升，而激光技术的问世，则在通信、医疗、工业等多个领域打开了新的应用天地。

这些技术的诞生并非孤立事件，它们相互交织、相互影响，共同构成了一幅绚丽多彩的科技画卷。电子计算机与集成电路的结合催生了更为强大的计算系统；而激光技术的应用则使数据传输的速度和准确性迈上了新的台阶。这些技术的融合与发展不仅极大地推动了科技的进步，更为后续的技术革新奠定了坚实的基础。

随着时间的推移，20 世纪末至 21 世纪初，互联网、移动通信、云计算、大数据等新一代信息技术如雨后春笋般涌现出来。这些技术的出现，仿佛打开了一扇通往新世界的大门，使信息的传递和处理变得更加高效、便捷。互联网将全球各地的人们紧密地连接在一起，使信息的共享和交流变得前所未有的容易；移动通信技术的发展，使人们可以随时随地保持与世界的联系；云计算则为数据的存储和处理提供了强大的后盾支持；而大数据技术的应用则使人们能够从海量的数据中挖掘出有价值的信息，为决策提供科学的依据。

这些新一代信息技术的飞速发展，不仅深刻地改变了人们的生活方式和工作方式，更对社会的经济发展产生了深远的影响。在互联网浪潮下，电子商务、社交媒体、在线教育等新兴行业蓬勃发展，为经济增长注入了新的活力；移动通信技术的普及，使远程办公、移动支付等新型模式成为可能，极大地提高了工作效率和生活便利性；云计算和大数据技术的应用，则为企业提供了更加精准的市场分析和用户画像，帮助企业更好地把握市场机遇。

在这个时期，高新技术的地位日益凸显，成为推动经济社会发展的重要力量。人们的生活方式、工作方式乃至思维方式都发生了翻天覆地的变化。这些变化并非一蹴而就的，而是高新技术不断发展、不断创新的结果。这些技术的发展历程充分证明了科技的力量是无穷无尽的，只要我们敢于探索、敢于创新，就一定能够创造出更加美好的未来。

当我们站在历史的转折点上回望过去时，不禁为科技的飞速发展而感慨万千。从电子计算机到互联网再到云计算和大数据，每一步的跨越都凝聚了无数科技工作者的智慧和汗水。正是他们的不懈努力和持续创新，才使我们能够享受到今天这样便捷、高效的生活。

高新技术的发展并未止步于此。展望未来，我们有理由相信高新技术的发展仍将保持迅猛的势头。随着人工智能、量子计算、生物技术等前沿技术的不断突破和应用，未来的世界将更加充满挑战与机遇。人工智能的发展将令机器能更加智能地理解和响应人类的需求；量子计算的突破将使计算能力得到质的飞跃；生物技术的应用则将为我们提供更加精准、高效的医疗解决方案。

在这个充满挑战与机遇的时代里，掌握高新技术的发展动态对于我们把握未来、创造美好未来具有重要意义。我们需要保持敏锐的洞察力，关注科技领域的最新动态和发展趋势；需要保持持续的学习态度，不断更新自己的知识和技能储备；更需要保持积极的创新精神，勇于尝试新事物、新思想和新方法。

通过回顾高新技术的发展历程，我们可以深刻地感受到科技的力量以及它对人类社会的巨大影响。从电子计算机到互联网再到云计算和大数据，以及未来的人工智能、量子计算和生物技术，每一次科技的飞跃都为我们带来了新的机遇和挑战，也为我们创造了更加美好的未来。

二、未来展望

（一）人工智能与机器学习

在深入探讨人工智能与机器学习的未来走向时，我们不难发现，这两项技术正逐渐成为推动各行各业革新的核心力量。随着算法的不断精进和数据的日益丰富，人工智能已经展现出了越来越高的自动化决策和数据处理能力，而这仅仅是开始。在不久的将来，我们预期这一趋势将继续加速，带来更为广泛和深刻的影响。如图 1–1 所示。

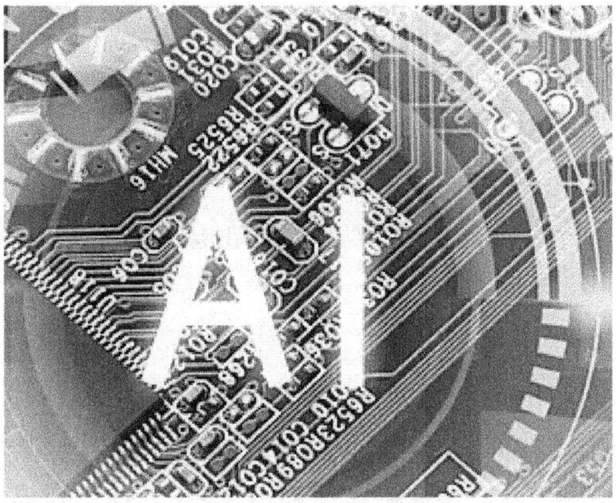

图 1-1　人工智能

在医疗领域，人工智能与机器学习的结合已经开始在疾病诊断、治疗方案推荐以及患者监控等方面发挥作用。通过深度学习和模式识别，这些技术能够迅速分析大量医疗数据，提供比传统方法更为精准的诊断结果。随着基因测序技术的发展，人工智能还将帮助我们更好地理解人类基因与疾病之间的关系，为个性化医疗和精准治疗铺平道路。

金融领域同样不会错过这一技术革新的浪潮。从风险评估到投资策略制定，再到反欺诈和合规性检查，人工智能正在逐步改变金融业的运作方式。机器学习算法能够实时分析市场动态和交易数据，为金融机构提供更为及时和准确的决策支持。而随着区块链等分布式账本技术的兴起，人工智能在保障金融交易安全和透明方面也将发挥不可或缺的作用。

制造业作为国民经济的重要支柱，也在积极探索人工智能与机器学习的应用潜力。在智能制造的框架下，这些技术将助力实现生产线的自动化、智能化升级，提高生产效率和质量。通过实时数据分析，制造企业能够更加灵活地调整生产策略，快速响应市场变化。而随着物联网技术的普及，人工智能还将推动制造业向更加绿色、可持续的方向发展。

当然，人工智能与机器学习的广泛应用也带来了一系列伦理和隐私问题。在享受技术带来便利的同时，我们必须要警惕数据滥用、算法偏见等潜在风险。这就要求我们在推动技术发展的同时要加强对相关法规和规范的制定与执行，确保人工智能的健康发展能够真正造福人类。随着技术的不断进步和应用领域的不断拓展，人工智能与机器学习还将在更多领域大放异彩。在教育领域，通过智能辅导和个性化学习路径规划，人工智能有望为每个学生提供量身定制的教育体验；在交通领域，自动驾驶技术的成熟将大大提高道路安全性和交通效率；在环境保护领域，人工智能可以帮助我们更准确地监测和预测气候变化趋势，为应对全球环境问题提供科学决策支持。

值得一提的是，人工智能与机器学习的发展也将对劳动力市场产生深远影响。自动化和智能化技术的广泛应用可能会导致某些传统岗位的消失；另外，新技术的发展也将催生一大批新兴职业和产业。这就要求我们在推动技术革新的同时要关注劳动力市场的变化趋势，加强职业培训和再教育工作，帮助劳动者适应新的就业环境。

在全球化日益加深的背景下，人工智能与机器学习的跨国合作和竞争也将成为未来发展的重要趋势。各国政府和企业需要加强在国际标准制定、知识产权保护等方面的合作与交流，共同推动人工智能技术的全球发展。在未来我们看到了人工智能与机器学习的巨大潜力和挑战。这些技术将在各个领域发挥越来越重要的作用，推动社会进步和经济发展。然而在这一过程中，我们也需要关注伦理道德、法律法规以及劳动力市场等方面的挑战和问题。通过综合施策、多方协作，我们有信心将人工智能与机器学习的发展引向更加广阔和光明的未来。

思考与讨论：如何看待人工智能和机器学习在就业市场上的影响？未来可能会出现哪些新的职业或技能需求？

（二）量子计算

在深入探索未来科技的浩瀚海洋中，量子计算犹如一颗璀璨的明珠，吸引了无数研究者的目光。这种前沿技术，以其独特的计算方式和巨大的潜力，有望在不久的将来掀起一场科技革命。在这场革命中，量子计算机将实现从理论到实践的重大跨越，进而迈向商业化的新纪元。量子计算机的魅力在于其强大的计算能力和广泛的应用前景。想象一下，当药物研发过程因为量子计算机的加入而大大加速，那些曾经需要数年甚至数十年才能研发出的新药，可能在短短几个月内就能问世，这将为人类健康带来多大的福音啊！不仅如此，量子计算机还能优化复杂的交通路线，让城市的交通拥堵问题迎刃而解。另外，它还能提高加密通信的安全性，让我们的个人信息和商业秘密得到更加严密的保护。

除了这些直接的应用，量子计算还将对人工智能和机器学习领域产生深远的影响。这两个领域本身就处于科技发展的前沿，而量子计算的加入将为它们注入新的活力。量子计算机能为人工智能提供前所未有的计算能力，让机器学习算法在更短的时间内处理更多的数据，从而得出更准确的结论，这将推动人工智能和机器学习在各个领域的应用取得突破性的进展。

当然，量子计算的发展并非一帆风顺。在通往成功的道路上，研究者们还需要克服许多技术难题。其中，量子计算机的稳定性和可扩展性是亟待解决的问题。由于量子比特的脆弱性，量子计算机很容易受到环境噪声的干扰而失去计算精度。如何提高量子计算机的稳定性，让它能在实际环境中长时间稳定运行，是研究者们需要解决的首要问题。随着量子计算机规模的扩大，如何保证其计算效率不降低，也是一个需要解决的重要问题。

除了硬件方面的问题，量子算法和量子软件的研发也是量子计算发展的重要方向。量子算法是量子计算的核心，它直接决定了量子计算机能解决什么样的问题。目前，虽然已经有一些量子算法被提出，但它们还远远不能满足实际应用的需求，研究者们需要继续探索新的量子算法，以应对各种复杂的问题。量子软件的研发也是至关重要的，只有将量子算法转化为实际可用的软件，才能让更多的人接触到量子计算，从而推动其广泛应用。

展望量子计算的未来，我们不禁为这一领域的无限可能而感到兴奋。量子计算有望带来一场变革性的科技革命，它将深刻影响人类社会的方方面面。从加速药物研发到优化交通路线，从提高通信安全到推动人工智能和机器学习的发展，量子计算都将发挥巨大的作用。可是，实现这些美好的愿景并不容易，我们需要克服许多技术难题，需要投入大量的人力、物力和财力。但只要我们坚定信念、勇往直前，就一定能揭开量子计算的神秘面纱，让它为人类社会的进步贡献无穷的力量。

总的来说，量子计算是一种充满希望和挑战的前沿技术。它既有可能为我们带来美好的未来，也有可能让我们面临巨大的困难和挫折。但无论如何，我们都不能否认量子计算在科技发展中的重要地位。作为科技探索者，我们应该积极投入量子计算的研究中去，为这一领域的发展贡献自己的力量。相信在不久的将来，我们一定能够见证量子计算的辉煌成就！

思考与讨论： 量子计算的发展可能会对当前的加密技术和信息安全产生何种影响？

（三）区块链技术

作为一种具有划时代意义的技术创新，区块链（图1-2）正逐步渗透到社会的各个层面，预示着一场深刻的社会变革即将来临。

图1-2 区块链

在金融领域，区块链技术将彻底改变传统金融体系的运作方式。通过去中心化的账本记录，区块链能够实现安全、透明、不可篡改的交易过程，大大降低金融欺诈和信用风险。智能合约的自动执行功能将简化复杂的金融交易流程，提高交易效率，为金融行业带来前所未有的便捷和灵活性。

在供应链管理领域，区块链技术将重塑整个供应链的运作模式。通过实时记录产品从原材料到最终成品的所有环节，区块链能够确保供应链的透明度和可追溯性，有效防止假冒伪劣产品的流入。利用区块链技术，供应链各方可以实时共享信息，加强协同合作，提高整体运作效率，降低成本。

在数字身份认证方面，区块链技术将为我们提供更加安全、便捷的身份管理方式。通过将个人身份信息存储在去中心化的区块链上，用户可以自主控制自己的身份信息，无需担心个人信息被泄露或滥用。区块链技术的不可篡改性将确保身份信息的真实性和可信度，为数字社会的健康发展提供有力保障。

除上述领域，区块链技术还有望在更多领域大放异彩。例如，在版权保护领域，区块链可以为原创作者提供确权、维权和交易的一站式服务；在公益慈善领域，区块链可以确保善款的安全透明使用，增强公众的信任度；在能源交易领域，区块链可以实现去中心化的能源交易和结算过程，降低能源成本，提高能源利用效率。

值得一提的是，区块链技术与其他先进技术的结合将产生更加强大的化学反应。与人工智能的结合将使智能合约具备更加智能化的执行能力，实现更加复杂的业务逻辑；与物联网的结合将使区块链能够实时感知和记录物理世界的信息，为智能化决策提供有力支持。这些技术的融合将推动分布式账本应用走向更广阔的领域，实现更多前所未有的功能和服务。

尽管区块链技术具有巨大的潜力，但我们也不能忽视当前面临的挑战。技术的可扩展性问题是制约区块链发展的一个重要因素。随着交易量的不断增加，现有的区块链系统可能难以承载巨大的数据压力，导致交易速度变慢、成本变高。如何解决区块链技术的可扩展性问题成为当务之急。另外，隐私保护问题也是区块链技术面临的一个重要挑战。虽然区块链技术能够提供匿名性保护用户隐私，但同时也可能被用于非法活动，如洗钱、贩毒等。因此，如何能在保护隐私的同时防止非法活动出现成为区块链技术发展的一大难题。法规和规范的制定也是当前区块链技术发展面临的重要问题。作为一种新兴技术，区块链技术的监管和规范的制定相对滞后，这可能导致一些不法分子利用监管漏洞进行非法活动。因此，加快法规和规范的制定成为保障区块链技术健康发展的重要任务。

区块链技术作为一种具有划时代意义的技术创新，正逐步渗透到社会的各个层面，为金融、供应链管理以及数字身份认证等领域带来深刻变革。当然，我们也应清醒地认识到当前面临的挑战和问题，并积极寻求解决方案。相信在行业内外的共同努力下，区块链技术一定能够健康、有序地发展，并最终造福于整个社会。

思考与讨论： 区块链技术有可能颠覆许多传统行业和商业模式，你认为哪些行业最有可能受到影响？为什么？

三、高新技术的影响和展望

（一）高新技术的影响

在当下这个科技进步日新月异的时代，高新技术正以其强大的渗透力和影响力深刻改变着现代社会的面貌。我们目睹了生产方式从传统向自动化、智能化的历史性跨越，感受到了产业升级、效率提升所带来的经济脉搏的强劲跳动，同时也享受着高新技术在医疗、教育、交通、娱乐等领域的应用所带来的生活品质的极大提升。

随着人工智能、机器人技术、物联网等高新技术的迅猛发展，它们已经如同血液般融入现代社会的各个角落。在生产领域，这些技术的应用正在推动着传统生产模式向更高效、更智能的方向转变。自动化生产线的广泛应用不仅降低了人力成本，提高了生产效率，更使产品质量得到了前所未有的提升。智能机器人的研发和应用，使许多烦琐、危险的工作得以替代，释放了人类的双手和大脑，让我们有更多的精力去探索和创造。

在产业升级方面，高新技术的推动作用同样不可小觑。随着技术的不断进步和应用，传统产业正在实现从低端向高端、从劳动密集型向技术密集型的华丽转身。智能制造、工业互联网等新兴产业的崛起，为经济的持续增长注入了新的活力。这些产业的发展不仅提升了国家的整体竞争力，也为社会的繁荣稳定提供了坚实的支撑。

除了对经济的巨大推动作用，高新技术还在悄然改变着我们的生活方式。在医疗领域，高新技术的应用使疾病的诊断和治疗更加精准、高效。远程医疗、智能医疗设备的普及，让医疗服务更加便捷、可及。在教育领域，互联网+教育的模式打破了时间和空间的限制，让优质的教育资源得以共享，让每个孩子都能享受到公平而有质量的教育。在交通领域，智能交通系统、自动驾驶技术的应用正在提升交通的安全性和效率性，让我们的出行更加顺畅、舒适。在娱乐领域，虚拟现实、增强现实等技术的应用为我们带来了全新的沉浸式体验，让娱乐更加丰富多彩。

高新技术的广泛应用不仅带来了经济社会的巨大变革，也在潜移默化地影响着我们的思维方式。我们开始更加注重创新、开放和协作的理念，以更加积极、包容的心态去面对这个日新月异的时代。这种思维方式的转变不仅为我们提供了更广阔的视野和更丰富的选择，也在推动着社会的进步和发展。

当然，高新技术的快速发展和应用也带来了一些挑战和问题。比如数据安全、隐私保护、伦理道德等问题日益凸显，需要我们以更加审慎的态度去面对和解决。但无论如何，我们都不能否认高新技术对现代社会的深远影响和其带来的巨大发展潜力。

展望未来，我们有理由相信高新技术将继续以其强大的力量引领现代社会的发展。随着技术的不断进步和应用领域的不断拓展，我们将迎来一个更加智能、高效、便捷的未来社会。在这个社会中，生产方式将更加自动化和智能化，产业升级将更加彻底和全面，人们的生活品质将得到更大的提升，社会的整体福利水平将达到一个新的高度。

为了迎接这个美好的未来，我们需要继续加大对高新技术的研发和应用力度，培养更多的科技人才，推动科技创新和产业升级。同时，我们也需要关注高新技术发展所带来的挑战和问题，加强对其的监管和引导，确保其健康、可持续发展。只有这样，我们才能真正把握高新技术为现代社会带来的发展机遇，共同创造一个更加美好的未来。

（二）对未来的展望

展望科技的地平线，我们可见一幅波澜壮阔的画卷正徐徐展开。人工智能、区块链、生物技术以及虚拟现实与增强现实，这四大科技力量宛如新时代的巨擘，正以前所未有的速度重塑着我们的世界。

在智能的浪潮中，人工智能如同一股不可抵挡的洪流，席卷着各行各业。从自动驾驶汽车在路上畅行无阻，到智能家居让家成为真正的智慧港湾；从智能医疗系统为人们的健康保驾护航，到无数企业借助 AI 技术实现高效运营，人工智能的触角已深入生活的方方面面。它不仅提升了工作效率，更在无形中改变着我们的生活方式，让未来充满了无限可能。

区块链技术如同一股神秘的力量，正在悄然改变着世界的运行规则。它以其独特的透明性和安全性，为金融、物流、供应链等众多领域带来了革命性的变革。区块链不仅降低了交易成本，提高了交易效率，更重要的是，它构建了一种全新的信任体系，让过去难以解决的问题变得迎刃而解。在区块链的魔法下，一个更加公平、透明、高效的世界正逐步成为现实。

在生物技术的殿堂里，科学家们正不断探索着生命的奥秘。从基因编辑到生物制药，从农业生物技术到合成生物学，生物技术的迅猛发展正在为人类健康和生活质量的提升贡献着巨大力量。在生物技术的助力下，我们有望治愈更多疾病，延长人类寿命，甚至开启全新的进化篇章。生物技术所带来的惊喜和变革，将不断刷新我们对生命的认知和期待。

而在虚拟现实与增强现实的奇幻世界中，一场全新的交互体验革命正在上演。从娱乐产业的翻天覆地，到教育领域的焕然一新；从医疗行业的创新突破，到无数新兴应用场景的涌现，虚拟现实与增强现实技术正不断拓展着人类的感知边界。它们让我们能够以前所未有的方式探索世界、交流思想和体验生活。在这个充满无限想象力和创造力的新时代里，虚拟现实与增强现实技术将成为推动社会进步与变革的重要力量。

这四大科技领域的蓬勃发展不仅展示了人类智慧的无穷魅力，更预示着一个充满希望与挑战的未来。在这个日新月异的时代里，我们每个人都是见证者、参与者和创造者。让我们共同期待这些科技力量为我们带来更加美好的明天，共同书写人类发展史上的崭新篇章。

我们还需深入认识到，科技的快速发展不仅带来了机遇，也带来了挑战。在享受科技带来的便利与福祉的同时，我们也需要关注科技发展可能带来的风险和问题。比如，人工智能的发展可能导致部分工作岗位的消失，区块链技术的普及可能引发新的安全隐患，生物技术的滥用可能带来伦理和生态问题，虚拟现实与增强现实的过度使用可能影响人们的身心健康。

在面对科技发展的未来时，我们需要保持一种理性而审慎的态度。在追求科技进步的同时，我们也需要关注科技发展的可持续性、公平性和安全性。我们需要建立健全的科技治理体系，加强科技伦理和法规建设，推动科技与社会、环境、经济的协调发展。只有这样，我们才能真正把握科技发展的机遇，应对科技发展的挑战，让科技成为推动人类社会进步与变革的重要力量。

在这个充满变革与希望的时代里，让我们携手并进、共同努力、不懈追求科技创新与发展，为人类社会的繁荣与进步贡献我们的智慧和力量。相信在我们共同的努力下，一个更加美好、更加智能、更加公平、更加和谐的未来一定能够变为现实。

实践与探索

5G/6G 通信技术和物联网未来将影响我们的社会和生活。

（1）试分析 5G/6G 技术如何提升互联网速度、可靠性和覆盖范围。

（2）思考如何应对 5G/6G 和物联网的安全挑战，如数据隐私和网络攻击。

（3）讨论物联网在智能家居、智能城市和工业自动化等领域的应用前景。

思考与讨论：

1. 如何解决人工智能和机器学习中的伦理问题，如数据隐私、偏见和决策透明度等？

2. 随着基因编辑技术的发展，人类可能会拥有更大的改变自身和生物世界的能力，这对人类的未来发展有何影响？

3. 未来交通方式可能会发生很大的变化，包括自动驾驶汽车、无人机、高速磁悬浮列车等，分析其对城市规划、交通效率和安全性等方面可能产生的影响。

4. 如何提高公众对可持续能源的认识和接受度，促进其在日常生活中得到广泛应用？

第二章 科学的发展历程

第一节　从万物皆数到现代数学

情景导入

无论是热门人工智能的核心算法，还是先进制造业CAD几何建模，都与数学息息相关。数学作为自然科学的基础，同样也是重大技术创新发展的基础，数学的实力往往影响着国家实力，几乎所有的重大发现都与数学的发展和进步相关。现如今，数学已成为航空航天、国防安全、生物医药、信息、能源、海洋、人工智能、先进制造等领域不可或缺的重要支撑。

“宇宙之大，粒子之微，火箭之速，化工之巧，地球之变，生物之谜，日用之繁，无处不用数学。”数学一直是其他解释世界基本原理的学科的基础。那么数学到底从何而来？又为何如此重要？

学习任务

1. 数学的发展经历了哪几个阶段？每个阶段取得的成就有哪些？
2. 数学的发展有很多的方法论，试总结这些方法，并谈谈如何应用到学习中。
3. 现代数学已经发展应用于人类生活的方方面面，请例举一些生活中的数学应用。

章节内容

查阅大量的文献可知，数学的发展大致分为四个阶段，即数学萌芽时期、初等数学时期、近代数学时期、现代数学时期。数学家庞加莱说过，“若想预见数学的将来，正确的方法是研究它的历史和现状。”可以说，数学与人类的起源同向同行，那么让我们一起用历史的眼光了解数学的发展历程。

一、数学萌芽时期——基本数学概念时期

穿越人类千年历史长河，勾连四大文明，探寻数学的前世今生，追寻人类历史中的提问者、研究者，感受生产生活中数学的奇妙和优雅。人类从数数开始逐渐建立了自然数的概念，简单的计算法，并认识了最基本、最简单的几何图形，而从远古到公元前6世纪，基本数学的概念也应运而生，数学开始萌芽。

（一）计数法与自然数的概念

数字不是某一个人在短时间内想象或是创造出来的。现代数字历时几个世纪才形成，它的记法随着文字的不断发展而完善。亿万年前，居住在洞穴中的原始人开始产生了“数”的意识。为了维持生活，他们必须每天外出狩猎和采集果实，但有时他们满载而归，有时却一无所获；带回的食物有时富余，有时却不足果腹，于是他们开始能简单地分辨出“多”与“少”。

慢慢地，人类就有了明确的“数”的概念。例如，部落首领知道自己手下有多少成员；牧羊人在放羊出去时，每出去一只羊就拿来一颗石子，在牧羊归来时，每回来一只羊就拿走一个石子，以此来判断羊的数量。

随着生产生活的需要和发展，计数形式也多种多样，逐渐衍生出三种有代表性的计数方法，即石子计数（有的用小木棍）、结绳计数（图 2–1）和刻痕计数（图 2–2）（在土坯、木头、石块、树皮或兽骨上），这样不仅可以记录较大的数字，也便于累计和保存。

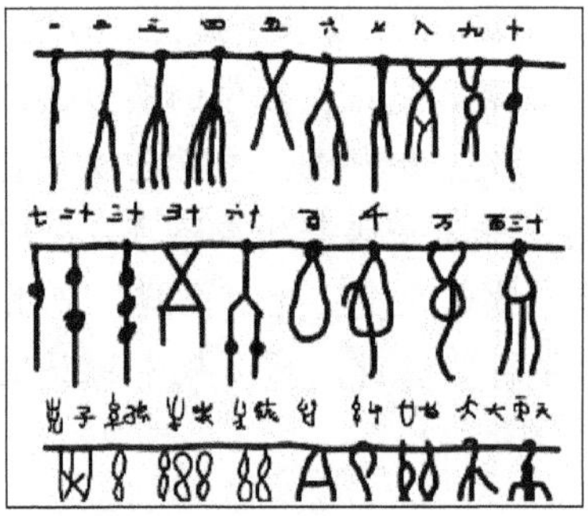

图 2–1　结绳计数

图 2–2　刻痕计数

随着货物交换的发展，人们要计算羊的数量，在其他货物交易时也需要计数。如何有效地写出数字是一直困扰人类的问题。公元前 3000 年，随着黏土板上字符的出现，数字获得了自己的符号，为了表示 8 只羊，人们不再使用 8 个表示羊的符号，而是写一个数字 8，然后再画上一只羊的符号，从这一刻起，数字从现实中被抽离出来，开始独立存在，这标志着数字的诞生。从此，数字具有了抽象性，人们能够从更高层次观察数字。

古埃及人通过选择更多的数字符号并将它们串在一起，直到它们的数值加起来达到他们想要的数字，进而改进了计数系统，这些符号是“象形文字”。埃及计数系统的基本图片及其数值如图 2–3 所示。

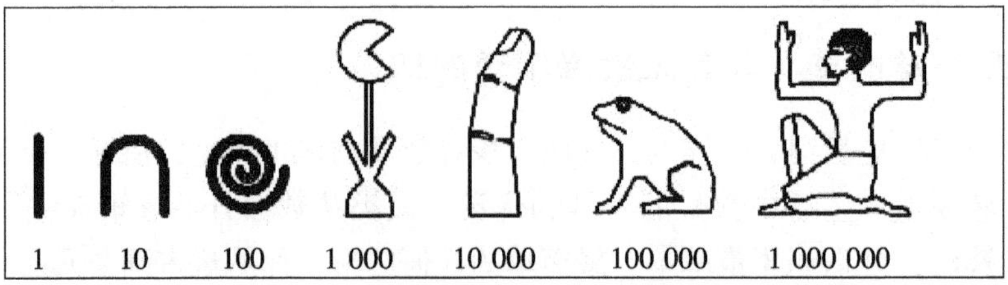

图 2–3　埃及计数系统的基本图片及其数值

在这个计数系统中，这些符号的顺序无关紧要，只要它们加起来是正确的值就可以。较大的数字往往需要相当长的字符串符号。最早使用这个系统的文物之一是公元前 3000 年左右的埃及皇家权杖，现保存在英国牛津的博物馆里。这是一次成功的军事战役的记录，文物记载了成千上万的人参战。我们获知的许多埃及象形数字知识都来自刻在纪念碑碑文和其他耐用物品上的符号。象形符号在古埃及文明的整个历史时期都被使用，直到公元 5 世纪。

大约从公元前 1 世纪到公元 5 世纪，罗马帝国统治欧洲，使罗马计数系统成为欧洲许多世纪普遍接受的数字书写方式，甚至一直延续到文艺复兴时期。就像埃及的计数系统一样，罗马的计数系统具有加法性，没有位值性（图 2-4）。与现在通用的十进位数字相比，罗马数字的缺点在于：书写冗长，无法表达乘除的关系，所有的运算都要经过心算。因为每个罗马数字符号表示的数量不受位置影响，所以即便只进行读数，也需要口算加减法才能得出。

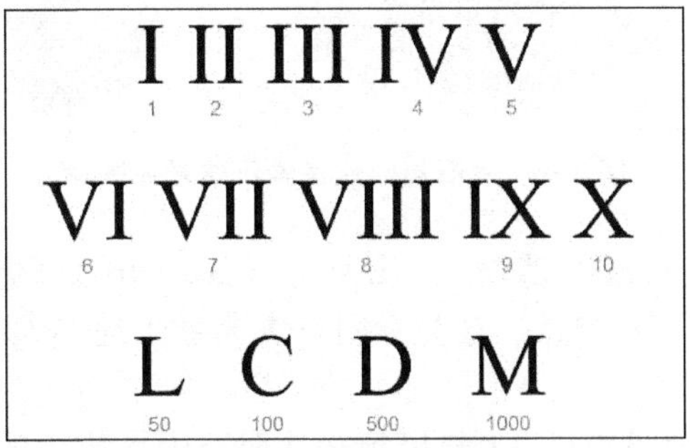

图 2-4　罗马计数系统

我们目前书写数字的方法被称为阿拉伯计数系统。这个计数系统在公元前 600 年前由印度人发明，经过几个世纪的完善，在 7 世纪和 8 世纪伊斯兰势力扩张到印度时被阿拉伯人学会并应用。然后，欧洲人也从阿拉伯人那里学会了这个系统。这个系统的特点是使用位值制，以 10 的幂为基础。它的基本符号，即 0、1、2、3、4、5、6、7、8、9，被称为“阿拉伯数字”，表示从零到九的数字。

所谓阿拉伯数系，是指由 0，1，2，……，9 这 10 个数字及其组合表示的十进制数字书写体系。阿拉伯数系也被称为印度-阿拉伯数系（图 2-5），这是因为它是由印度人发明，经由阿拉伯人改造后传递到西方的。公元 1200 年左右，欧洲的学者正式采用了这些符号和体系。至 13 世纪，欧洲人普通也开始采用阿拉伯数字，15 世纪时这种现象已相当普遍。阿拉伯数字这一段漫长且复杂的演变史，被马克思在《数学手稿》中誉为“最妙的发明之一”。

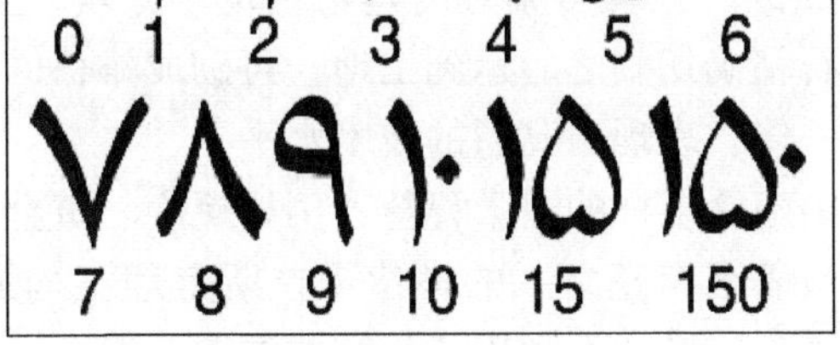

图 2-5　印度-阿拉伯数系

（二）金字塔与简单几何学

一万年前，美索不达米亚平原新石器革命刚刚开始。伴随着游牧民族的定居，人类对火和土的使用技巧日臻成熟，开始烧制日常使用的陶器，尽管当时制作陶器的工艺十分粗糙，但人类对陶器之上装饰花纹的美观性，却呈现出谜一样的执着，有三角锯齿状，有互相缠绕状，有人字交错状。人类自觉地运用对称、旋转、平移等方式，进行各式的几何变换（图 2-6）。

图 2-6　新石器时代美索不达米亚陶罐

埃及的几何学是“尼罗河的馈赠”，几何学（geometry）就这样产生并发展起来了，“geo”意指土地，“metry”是测量。这类专门负责测量土地的人有专门的称谓，叫作“司绳”（rope-stretcher）。

古埃及的基本长度单位是腕尺，1 腕尺等于从肘至中指指尖的长度，约为 52 cm。腕尺这个单位在埃及的象形文字中用人的前臂和手表示，读作迈赫，1 腕尺被分成 7 掌，每一掌等于 4 指。边长为 1 腕尺的正方形，它的对角线的一半，叫作雷曼，可分为 20 指。100 腕尺叫 1 哈特，这些都是丈量土地的主要单位。面积和体积单位则都是以腕尺为基础引申出来的，并能对不同的面积单位进行相互换算。

埃及人能利用特定公式计算三角形、梯形、长方形以及圆形的面积。而且，埃及人已经掌握了立方体、柱体等一些简单图形体积的计算方法，并指出立方体、直棱柱、圆柱的体积公式为“底面积乘以高”。在这些公式中，最突出的是截棱锥体的体积公式，这与埃及金字塔（图 2-7）的建造息息相关。

图 2-7　埃及金字塔

金字塔被称作古代世界七大奇迹之一，是古埃及最宏伟而威严，最令人叹为观止的符号。古埃及人为死去的法老建造的陵墓金字塔，是由一块块巨石砌成的。在长年累月的建造活动中，埃及人的立体几何学也发展起来，他们能够把很多块巨石精确切割之后运到工地，再砌成雄伟的金字塔。石块之间对接紧密，而且整座金字塔浑然一体，表现出高超的技术水平。

金字塔的建造过程当中蕴含多样的数学智慧，例如螺旋、黄金分割率、三角形和正方形的知识点。其中包括古代最著名定理之一的毕达哥拉斯定理（勾股定理）的雏形。为了使金字塔和建筑呈现完美的直角，埃及人利用了带结的绳子。埃及人知道，如果让三角形的边长分别为三个、四个和五个绳结，就能保证得到一个完美的直角，这是因为 3 的平方加上 4 的平方等于 5 的平方。事实上，任何边长满足这样三种关系的三角形都是直角三角形。

（三）中国古代数学的兴起

中国古代对于数学的研究十分深刻且成就极其辉煌，对于中华民族乃至人类文明的发展都作出了极大贡献。早在殷商时期挖掘的甲骨文中，就已经出现了 13 种计数单字，其中就已经蕴含了十进制的规则。而《尚书》中也屡见“亿”“兆”等数，足以见证古代数学家们对十进制的运用已非常熟练。

对于几何知识来说，据传伏羲创造了“规”用来画圆，“矩”用来画方形。大禹治水之时，便左准绳、右规矩地来规划方向和形状。后来，人们用这些工具丈量土地、测算山谷、计算产出、制定历法。

到了有史可追的春秋时期，皇权衰弱，诸王兴起，生产力的不断提高，促使百姓必须掌握一定的数学知识，才能更好地为官、从商和务农。最晚在春秋末年，人们就已经普遍掌握了十进制的计数方法，甚至已经熟练运用起了九九乘法口诀、整数四则运算和分数，并且可以轻易使用“算筹”这种工具进行运算。所谓算筹，其实就是一根刻得很整齐的竹棍，除竹制的以外，还有木、骨、象牙等制的算筹。其纵横式的表达如图 2-8 所示。

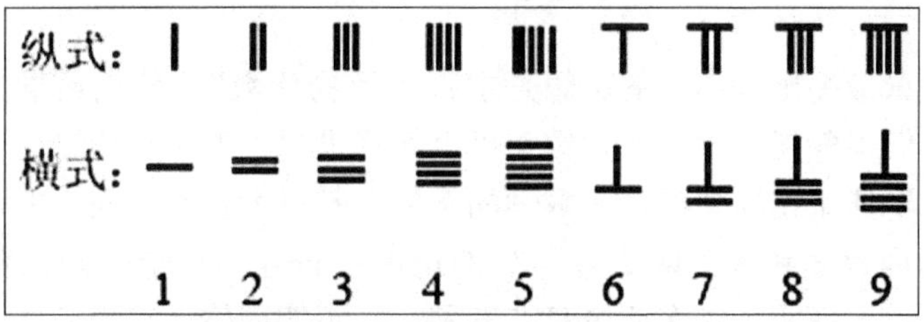

图 2-8 中国古代的“算筹”计数

在算筹计数法中，表示多位数时，个位用纵（立）式，十位用横（卧）式，百位用纵（立）式，千位用横（卧）式，以此类推，遇零则空一格。算筹是中国古代数学智慧的结晶。算筹计数和阿拉伯数字计数有很多相似之处：它们都设计了 1~9 这 9 个数字符号（阿拉伯数字还没有发明 0 以前是 9 个数字符号）；这两种计数方法都采用了非常先进的位值计数法。算筹更简洁，更容易理解，纵式和横式两种表示方法的设计也更加巧妙，但是算筹也有缺点，就是运算过程不能保留，出了错误不便检查，只得重算一次。

战国和两汉时期，中国古代思想进一步爆发，不论哲学还是科学都开始了百家争鸣的局面，这也为各种科学技术的发展提供了肥沃的土壤。此后不久，中国古代伟大的数学专著《九章算术》初露雏形，其中所提及的方程组解法和正负数加减法在世界数学发展上是遥遥领先的。

二、初等数学时期——常量数学时期

初等数学时期也叫作常量数学时期（前 6 世纪—17 世纪初），这个时期基本的、最简单的成果构成中学数学的主要内容，大约持续了两千年。这个时期逐渐形成了初等数学的主要分支：算数、几何、代数。

（一）毕达哥拉斯与“万物皆数”

公元前6世纪，古希腊一个睿智的哲人从数字中推演万物，用数字囊括万方，最终形成了他的哲学概念：万物皆数，他就是毕达哥拉斯（图2-9），让数字成为宇宙和谐与完美的象征。

青年的毕达哥拉斯游历过许多地方，并到埃及、印度留学。他深入民间收集点点滴滴的数学知识，最后学有所成并形成一个学派，史称“毕达哥拉斯学派”。该学派对数学、音乐艺术、天文学有巨大贡献。

图2-9　毕达哥拉斯

毕达哥拉斯学派最突出和本质的思想是主张“万物皆数”。他们最早把数的概念提到独一无二的地位，他们很重视数学，认为数学可以解释世界上的一切事物，他们对数字的痴迷达到崇拜的程度。毕达哥拉斯学派对于数学的发展贡献巨大：在几何学方面，毕达哥拉斯学派证明了“三角形内角之和等于两个直角”的论断；研究了黄金分割；发现了正五角形和相似多边形的做法；还证明了正多面体只有五种——正四面体、正六面体、正八面体、正十二面体和正二十面体。毕达哥拉斯用演绎法证明了直角三角形斜边的平方等于两直角边平方之和，这就是著名的毕达哥拉斯定理，即勾股定理。

在数论方面，毕达哥拉斯作了许多研究，他将自然数分为奇数、偶数、素数、完全数、平方数、三角数和五角数等。在毕达哥拉斯学派看来，数为宇宙提供了一个概念模型，数量和形状决定一切自然物体的形式，数不但有量的多寡，而且也具有几何形状。

在算数方面，他们对整数进行分类，并对整数的变化规律感兴趣，从而发现了整数的变化。他们发现整数中包含奇数、偶数、质数、亲和数及完全数等。

毕达哥拉斯学派认为，事物的性质是由某种数量关系决定的，万物按照一定的数量比例而构成和谐的秩序。由此，他们提出了“美是和谐”的观点，认为音乐的和谐是由高低、长短、轻重不同的音调按照一定的数量比例组成的，“音乐是对立因素的和谐的统一，把杂多导致统一，把不协调导致协调。”这是古希腊艺术辩证法思想的萌芽，也包含着艺术中“寓整齐于变化”的普遍原则。毕氏学派认为，对几何形式和数字关系的沉思能达到精神上的解脱，而音乐却被看作是净化灵魂，从而达到解脱的手段。

他们偏重于美的形式的研究，认为一切平面图形中最美的是圆形，一切立体圆形中最美的是球形。据说他们最早发现了所谓“黄金分割”的规律，从而获得关于比例的形式美的规律。毕达哥拉斯学派的美学观点对后来的柏拉图、新柏拉图主义及文艺复兴时期的艺术家，都产生了深远影响。

（二）欧几里得与《几何原本》

几何学作为一种逻辑学科，始于公元前 6 世纪的希腊首位数学家泰勒斯（Thales），人们将他描述为第一位希腊哲学家，并将其作为演绎研究的几何之父。泰勒斯没有依赖宗教和神话来解释自然世界，而是开始寻求对现实世界的统一理性解释。他在几何思想中寻找潜在的统一性，这使他开始研究其他人得出的一些几何陈述的逻辑方法。这些陈述本身是众所周知的，但将它们与逻辑联系起来的过程是创新。毕达哥拉斯学派和其他希腊思想家继续着几何学原理的逻辑发展。

在前人的研究基础上，欧几里得组织并扩展了希腊数学家们的大部分知识。他希望把希腊数学放在一个统一的、逻辑的基础上。欧几里得着手重建这些“从头开始”的领域。这位古希腊数学家，用自己所著的《几何原本》（图 2–10）归纳了自公元前 7 世纪开始几百年间的几何和数论知识，在书中欧几里得开创性地使用演绎推理的方式进行数学证明。

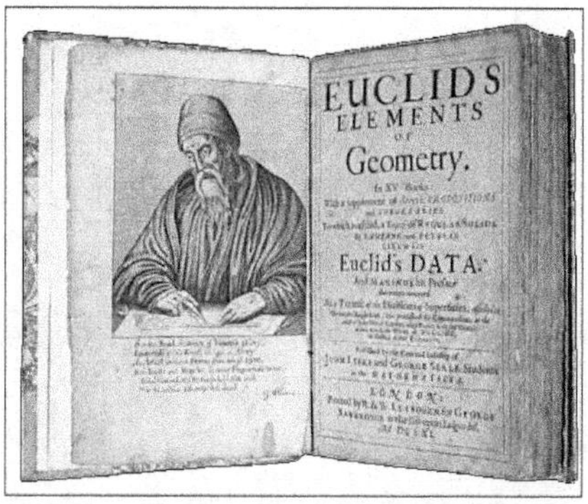

图 2–10　欧几里得与他的《几何原本》

《几何原本》共 13 卷。卷一中欧几里得首先提出了 5 个公理、5 个公设以及 23 条定义，他认为这些是无可辩驳的常理，比如“彼此能重合的物体是全等的”，再比如“凡是直角都相等”，这是整个体系的基石，全书的所有命题都由这些公设和公理演绎出来。此外，卷一还论及各种直线形，包括全等、平行、三角形、四边形以及勾股定理等；卷二用几何方法处理代数恒等变换；卷三、卷四讨论圆、正多边形及有关性质；卷五讨论比例论、卷六是关于相似形的讨论；卷七、卷八、卷九则涉及古典希腊时代数学的另一成就——算术与初等数论；卷十讨论无理量；最后三卷是关于立体几何的理论。

《几何原本》问世以后，很快便取代了其他希腊数学著作的地位，成了一代又一代人学习数学的经典之作。在整个西方世界，它是仅次于《圣经》，流传最广、影响最深、版本最多的一部著作。

从简单开始，从头开始——23 条定义、5 个公理和 5 个公设，欧几里得重建了整个平面几何理论。他的著作是如此全面和清晰，以至于从他那个时代起，《几何原本》就成了被普遍接受的研究平面几何的资料源头。即使是今天中学教科书里的几何学，也基本上是由其改编的。《几何原本》不仅仅是关于形和数的讨论，更是教人们如何思考！尽管作为一个数学体系还存在着某些欠缺，但它结构安排的深谋远虑、命题系统的严谨完整、几何材料的丰富多彩都是令人叹服不已的。两千多年来，欧几里得平面几何塑造了西方的思想。正如诗人埃德娜·圣文森特·米莱在她的《十四行》诗中写道，“唯有欧几里得，看见了真正的美丽”。

（三）辉煌的中国古代数学

如果说夏商周时期是中国古代数学的萌芽阶段，那么春秋战国时期就是中国古代数学的快速发展阶段。这一时期，诸子百家争鸣，各种学术思想蓬勃发展，其中就包括数学。许多著名的数学家和学者都活跃在这个时期，如鲁国的孔子、魏国的荀子、齐国的孟子等。他们在教学和研究过程中，积累了大量的数学知识和成果。此外，这个时期还出现了一些专门研究数学的著作，如《周髀算经》《九章算术》（图 2-11）等，这些著作为后世数学的发展提供了丰富的资料。

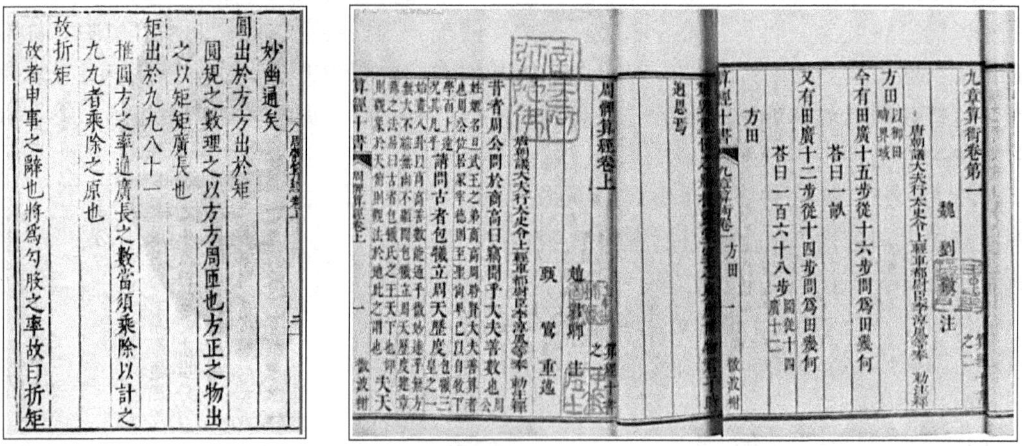

图 2-11　《周髀算经》和《九章算术》卷面

《周髀算经》是中国最古老的天文学和数学著作，约成书于公元前 1 世纪，原名《周髀》，唐初规定它为国子监明算科的教材之一，故改名《周髀算经》。该书主要阐明当时的盖天说和四分历法，采用最简便可行的方法确定天文历法，揭示日月星辰的运行规律，囊括四季更替，气候变化，包含南北有极，昼夜相推的道理。《周髀算经》记载了周代商高提出的直角三角形“勾三股四弦五”的关系，即所谓“勾股弦定理”，成为世界上关于勾股定理的最早记录，早于西方 500 多年。《九章算术》对往后历代算学产生了深刻影响，其意义与古希腊欧几里得的《几何原本》对西方数学的意义不相上下。

《九章算术》是中国古代数学的代表作之一，成书于东汉，它和比它更古老的《周髀算经》一样，最早的成熟时间和作者都无从可考。一般认为它是从先秦到西汉中叶经过众多学者编撰修改而成的一部数学著作。《九章算术》提出了 246 个问题，分为九个章节，依次是方田、粟米、衰分、少广、商功、均输、盈不足、方程、勾股。

第一章“方田”：主要讲述了平面几何图形面积的计算方法。包括长方形、等腰三角形、直角梯形、等腰梯形、圆形、扇形、弓形、圆环这八种图形面积的计算方法。另外还系统地讲述了分数的四则运算法则，以及求分子分母最大公约数等方法。第二章“粟米”：谷物粮食的按比例折换；提出比例算法，称为今有术；衰分章提出比例分配法则，称为衰分术；第三章“衰分”：比例分配问题。第四章“少广”：已知面积、体积，反求其一边长和径长等；介绍了开平方、开立方的方法。第五章“商功”：土石工程、体积计算；除给出了各种立体体积公式外，还有工程分配方法；第六章“均输”：合理摊派赋税；用衰分术解决赋役的合理负担问题。今有术、衰分术及其应用方法，构成了包括今天正、反比例、比例分配、复比例、连锁比例在内的整套比例理论。第七章“盈不足”：即双设法问题；提出了盈不足、盈适足和不足适足、两盈和两不足三种类型的盈亏问题，以及若干可以通过两次假设化为盈不足问题的一般问题的解法。第八章“方程”：一次方程组问题；采用分离系数的方法表示线性方程组，相当于现在的矩阵；解线性方程组时使用的直除法，与矩阵的初等变换一致。第九章“勾股”：利用勾股定理求解的各种问题。

前几章主要是生产生活的实际应用，后面的盈不足、方程和勾股，则涉及了方程、方程组以及几何问题。比如盈不足第一，“今有购买物人出 8，盈 3，人出 7，不足四，问人数，物价各几何。答曰：七人，物价 53。”解答这种方程的方法，被称为“盈不足术”，是现代“线性插值法”的鼻祖。《九章算术》中的“正负术”，也就是正负数的加减运算法则表明中国人很早就开始使用负数，而印度则在 7 世纪才开始使用，西方就更晚了。另外一种开方术，也就是现代意义上的开方，这说明我们的祖先已经触碰到了无理数的边缘，这与希腊文明有着相似的认知。《九章算术》以计算为中心，在应用问题中把理论与实际相结合的特点直接影响着中国数学的发展。

魏晋南北朝时期是中国古代数学的繁荣阶段，数学得到了空前的重视和发展。许多著名的数学家和学者都活跃在这个时期，如魏晋时期的刘徽（图 2–12）、祖冲之（图 2–13）、梁元帝等。

图 2–12　刘徽

图 2–13　祖冲之

魏晋数学家刘徽在注释《九章算术》时，不仅对每个问题进行了详细的解释和证明，还提出了许多新的数学方法和思想，如“割圆术”“重差术”等，这些方法和思想对中国古代数学的发展产生了深远的影响。同时，刘徽还在注释中纠正了《九章算术》中的一些错误，使该著作更加准确和可靠，并在此基础上创作了《九章算术注》这一数学著作，其中提出了“割圆术”。这是一种利用圆的内接多边形逐步逼近圆的方法来近似计算圆的面积的方法。刘徽的“割圆术”中，描述了“割之弥细，所失弥少，割之又割，以至不可割，则与圆周合体而无所失矣”，这是现代微积分的极限思想。他利用这种方法，成功地计算出了 π 的近似值。具体来说，他通过计算圆内接正边形的周长与直径之比作为“π”的近似值，得到了 $\pi \approx 3.14$ 的世界首创的近似值。

刘徽通过《九章算术注》将中国古代数学推向了一个新的高度，并且对后来的数学家产生了深远的影响，为推动中国数学的发展作出了杰出的贡献。

而后的祖冲之父子则在“割圆术”的基础上把圆周率精确到了小数点后 7 位的 π 值，得出了圆周率超过 3. 1415926 但不足 3. 1415927，甚至还算出了两个近似分数值，密率 355/113 和约率 22/7，其中密率是分子分母在 1 000 以内的最佳值（公元 466 年）。现在我们可以轻易地算出圆周率的值，但在过去，欧洲直到 16 世纪数学家们才算出同样的结果。也就是说，祖冲之的计算领先了世界将近千年。

魏晋南北朝之后便是唐朝。而从唐朝中叶到宋元时期，中国数学的发展达到了历史高潮。早在隋唐时期，中央直属机构国子监中便成立了算术管，同时设立了“算学博士”“助教”来指导学生的学习。唐代的数学家李淳风在公元 656 年左右为《周髀算经》《九章算术》《海岛算经》等十部数学典籍作注，也就是著名的《算经十书》。

唐宋元时期是中国古代数学的鼎盛阶段。这一时期国家统一，政治稳定，经济繁荣，为数学的发展创造了良好的条件。11—14 世纪约 300 年间，出现了一批著名的数学家和数学著作，如贾宪的《黄帝九章算法细草》，刘益的《议古根源》，秦九韶的《数书九章》，李冶的《测圆海镜》和《益古演段》，杨辉的《详解九章算法》《日用算法》和《杨辉算法》，朱世杰的《算学启蒙》《四元玉鉴》等。

其中，秦九韶、李冶、杨辉和朱世杰被誉为“宋元数学四大家”。秦九韶在数学方面主要有两项成就，一项是最晚在 1247 年以前独立给出秦九韶公式，另一项是在“三斜求积”等几何学命题方面作出了卓越贡献。李冶在数学方面则创立了天元术，是用代数方法解决数学问题的先驱。杨辉则在其所著的《详解九章算术》中，对“贾宪三角”进行了改进，并给出了二项式定理系数表，被称为“杨辉三角”，如图 2-14 所示。朱世杰在数学方面则有“四元术”，即多元高次方程组的解法。

```
                              1
                            1   1
                          1   2   1
                        1   3   3   1
                      1   4   6   4   1
                    1   5   10  10  5   1
                  1   6   15  20  15  6   1
                1   7   21  35  35  21  7   1
              1   8   28  56  70  56  28  8   1
            1   9   36  84  126 126 84  36  9   1
          1   10  45  120 210 252 210 120 45  10  1
        1   11  55  165 330 462 462 330 165 55  11  1
      1   12  66  220 495 792 924 792 495 220 66  12  1
...
```

图 2-14　杨辉三角示例

“杨辉三角”是一个由数字构成的三角形，其数字按照一定的规律排列。在“杨辉三角”中，每一行的数字可以通过上一行的数字计算得出。具体来说，每个数字是其正上方的数字和左上方的数字之和，除了首行和末行的数字，其余数字都为 0。

“杨辉三角”中的三角形数表，是自然界和谐统一的体现。“杨辉三角”是二项式系数在三角形中的一种几何排列，其中蕴含着二项式系数的几个相关性质，包括二项式系数的对称性、增减性与最大值、各二项式系数的和等。“杨辉三角”中还远远不止这些规律，它本身也包含了很多奇妙的性质。

中国古代对于数学的研究十分深刻且成就极其辉煌，对于中华民族乃至人类文明的发展都作出了极大贡献。现存的著作依旧让我们不禁感叹古代数学家的聪明才智。近几十年来，特别是随着计算机技术的发展，算术算法体系的优点被越来越多地发现，其被承认的范围也越来越广，认可的人也越来越多。

三、近代数学时期——变量数学时期

17 世纪初—19 世纪末为变量数学时期。变量数学产生于 17 世纪，经历了两个决定性的重大步骤：第一步是解析几何的产生；第二步是微积分（calculus）的创立。

（一）解析几何的产生

从本质上讲，近代数学就是关于变量的数学，这也是它与古代数学的区别所在，后者是关于常量的数学。变量数学的第一个里程碑是解析几何的发明。作为几何学的一个分支，解析几何的基本思想是在平面中引进坐标的概念，因此它又被称为坐标几何。解析几何的真正发明应该归功于另外两位法国数学家——笛卡儿（图 2-15）和费马。

图 2-15　笛卡儿

从公元 1600 年—公元 1820 年是数学发展的黄金时代，数学研究变数以及变数之间的关系，运动和辩证法进入数学。费马首先使用数学方法研究几何图形的性质和关系，而笛卡儿则用代数方程描述几何图形，用几何图形表示代数方程的计算结果，创造出了用代数方法解几何问题的一门崭新学科——解析几何。解析几何的诞生，改变了从古希腊以来，延续了两千年的代数与几何分离的趋向，从而推动了数学的巨大发展。

当你想到解析几何时，首先想到的是什么？对大多数人来说，这是一对坐标线，即 x 轴和 y 轴以直角相交，通常称为“笛卡儿坐标系”。笛卡儿是 17 世纪法国哲学家、数学家，他通常被认为是解析几何的发明者。他提出了解析几何的大部分关键思想，我们今天所熟知的直角坐标系也是其中之一。这位最具代表性的人物，犹如一座高高的山峰，屹立在初等数学的尽头，高等数学的开头。

解析几何的应用非常广泛，包括以下几个方面：第一，研究几何形状。解析几何可以用来研究各种几何形状，如线段、圆、椭圆、双曲线等。通过解析几何的方法，可以计算这些形状的长度、面积、周长、曲率等。第二，研究函数和曲线。解析几何可以用来研究函数和曲线的性质，如导数、曲率、渐进线等。这对于许多数学分支，如微积分、微分方程、拓扑学等领域都非常重要。在物理学分析、理解天体运动和地球物理学、建模和仿真、利用解析几何的方法来建立三维模型方面也有突出的成效。

（二）微积分的创立

解析几何不仅把代数方法应用于几何，也把变量引入了数学，为微积分的创立开辟了道路，但真正起关键作用的还是函数概念的建立。

微积分是一门研究极限和变化的数学学科，包括微分和积分两个部分。微积分的起源可以追溯到17世纪，牛顿（图2-16）和莱布尼茨（图2-17）等人独立创立了微积分。牛顿在研究天体运动中，发现了“法则的变化率”的概念，这是微积分的核心概念之一。莱布尼茨则将微积分的核心概念描述为“极限”和“微分”，并发明了微积分的一般理论。

图2-16　牛顿

图2-17　莱布尼茨

牛顿建立微积分的方法被称为“流数术”，他的《自然哲学的数学原理》于1687年率先问世，披上了几何学的外衣，没有被学术界及时认可。但这并不妨碍此书成为近代最伟大的科学著作，因为仅是万有引力定律的建立和开普勒三大行星定律的严格数学推导就足以让它流芳百世。

莱布尼茨先是发明了二进制，接着改进了帕斯卡尔加法器，制造出第一台可进行乘除和开方运算的机械计算机。当然，他最重要的贡献无疑是在无穷小的计算方面，即微积分的发明。这是科学史上划时代的贡献，正是由于这一发明，数学开始在自然科学和社会生活中扮演极其重要的角色，也给后来喜欢数学的人提供了成千上万的工作岗位，就如同20世纪电子计算机的发明一样。

著名的牛顿-莱布尼茨公式，又被称为微积分基本定理，它的表述是：在区间 $[a, b]$ 上，函数 $f(x)$ 的定积分等于函数在区间两端取值的差值乘以一个常数，这个常数等于函数在区间内所有点的值的积分。微积分的创立发展了数学分析，为物理学、天文学、光学提供强有力的工具，成功预言1759年哈雷彗星回归，发展了偏微分方程、概率统计、变分学。

微积分的诞生是全部数学史上，也是人类历史上最伟大、最有影响的创举，微积分导致后来一切科学和技术领域的革命，离开微积分，人类将停顿前进的步伐。

四、现代数学时期——计算机应用时期

第四时期现代数学时期（19世纪末开始），即数学发展的现代阶段的开端，其所有的基础以代数、几何、分析中的深刻变化为特征。现代数学不再只是几何、代数和分析这几门传统学科，而成为分支众多、结构庞杂的知识体系，并仍在不断地发展和变化。数学的特点不只是严密的逻辑性，更添加了另外两条，即高度的抽象性和广泛的应用性，并因此形成了现

代数学研究的两个大的分支，即纯粹数学和应用数学。

现代数学时期从19世纪20年代至今，数学发展极为昌盛快速，成为一棵根繁叶茂的参天大树，深入到人类生活的各个领域。从内容上看，它研究了最一般的数量关系和空间形式，建立了抽象代数、拓扑学、泛函分析、集合论、数理逻辑、概率统计、图论、运筹学、模糊数学等学科，它们成为现在大学数学专业的主要课程或成为计算机科学的基础数学知识。

（一）纯粹数学与应用数学的发展

现代数学可以分为两个最主要的分支——纯粹数学和应用数学。二者所使用的数学（问题、技巧和严谨度）在本质上是完全相同的，不同之处或许在于它们的研究动机。纯粹数学拥有一种内在导向的出发点，它关注的是数学本身，评估一个问题具有价值的重要标准是它能否导致数学的新发展；而应用数学更偏向于关注建立现实世界感兴趣的事实，更受外在导向的驱使。

纯粹数学的发展最初主要受两个因素推动，即集合论的渗透和公理化方法的应用。集合论的观点与公理化的方法在20世纪逐渐成为数学抽象化的范式，它们相互结合之后力量更强，把数学的发展引向更抽象的道路，推动了20世纪上半叶实变函数论、泛函分析、拓扑学和抽象代数这四大抽象数学分支的崛起。

进入20世纪以后，数学相继在相对论、量子力学以及基本粒子等物理学领域得到应用。20世纪四五十年代，随着原子能的利用、电子计算机的发明和空间、航天技术兴起，现代科学技术研究的对象日益超出人类的感官范围以外，向高温、高压、高速、高强度、远距离、自动化发展。为了减少浪费和避免盲目性，迫切需要精确的理论分机和设计。现代科学技术日益趋向定量化，各个科学技术领域都需要使用数学工具。数学几乎渗透到所有的科学部门中去，从而形成了许多边缘数学学科，例如生物数学、生物统计学、数理生物学、数理语言学等。

20世纪40年代以后，涌现出了大量新的应用数学科目，例如对策论、规划论、排队论、最优化方法、运筹学、信息论、控制论、系统分析、可靠性理论等。

1946年，第一台电子计算机诞生以后，由于电子计算机应用广泛，影响巨大，围绕它很自然地要形成一门庞大的科学。粗略地说，计算机科学是对计算机体系、软件和某些特殊应用进行探索和理论研究的一门学科。计算数学可以归入计算机科学之中，但它也可以算是一门应用数学。

（二）千禧年大奖难题

德国著名数学家希尔伯特于1900年8月8日在巴黎第二届国际数学家大会上提出了新世纪数学家应当努力解决的23个数学问题，被称为“希尔伯特的23个问题”。他提出的公理化方法和希尔伯特规划为解决数学基础问题提供了新的途径，促进了数学的发展。他对数学的贡献是巨大的和多方面的，研究领域涉及代数不变式、代数数域、几何基础、变分法、积分方程、无穷维空间、物理学和数学基础等。他领导的数学学派是19世纪末20世纪初数学界的一面旗帜，希尔伯特被称为“数学界的无冕之王”，他是天才中的天才。

而千禧年大奖难题，又称世界七大数学难题，是由美国克雷数学研究所（Clay Mathematics Institute，CMI）于 2000 年 5 月 24 日公布的数学猜想。根据克雷数学研究所制定的规则，任何一个猜想的解答，只要发表在数学期刊上，并经过两年的验证期，解决者就会被颁发 100 万美元奖金。

7 个千禧年大奖难题如下。

（1）P 与 NP 问题。理论信息学中计算复杂度理论领域未解决的问题。

（2）霍奇猜想。关于代数几何中的几何对象的渐近行为的公开问题。

（3）庞加莱猜想。关于三维球体结构的公开问题。

（4）黎曼假设。关于素数分布的公开问题。

（5）杨-米尔斯存在性与质量间隙。关于规范场论的基本问题。

（6）纳卫尔-斯托可方程。描述非线性偏微分方程的解的稳定性。

（7）BSD 猜想。关于数学中的椭圆曲线的公开问题。

其中庞加莱猜想是代数拓扑学的奠基人法国数学家庞加莱提出的一个猜想，其猜想内容为：任何一个单连通的、闭的三维流形一定同胚于一个三维的球面，其也被称为克雷数学研究所悬赏的 7 个千禧年大奖难题之一。其中三维的情形被俄罗斯数学家格里戈里·佩雷尔曼于 2003 年前后证明。2006 年，数学界最终确认佩雷尔曼的证明解决了庞加莱猜想。庞加莱猜想是一个拓扑学中带有基本意义的命题，将有助于人类更好地研究三维空间，其带来的结果将会加深人们对流形性质的认识。

小结与展望

从计量时间到确定自己在宇宙中的位置，从绘制地图到航海探险，从人类最早期的发明到现今的高科技，数学已经成为人类生活的重要基石。为了预见数学的未来，我们需要对数学的发展保持关注，并不断学习和探索新的数学概念、方法和理论。学着保持好奇心和求知欲，培养自己的数学思维能力；积极参与数学研究，深入了解数学的最新进展和未来发展方向；关注数学与其他学科的交叉融合，了解数学的新的应用场景和发展潜力。

“以史为鉴，可以知兴替。”时代变迁，纯粹的数学早已不是纸上谈兵，它在人类活动的各个领域中不断向更深更远发展，星空之上，社会之中，愿你我一直与数学同行。

拓展阅读

人民数学家——华罗庚

华罗庚（图 2-18），江苏省常州市金坛区人。著名数学家、教育家，自学成才的科学巨匠。1931 年 8 月破格受聘到清华大学算学系，任助理，后又破格受聘为清华大学、西南联合大学教授。1949 年后历任清华大学教授、中国科学院数学研究所所长、中国科技大学副校长、中国科学院副院长等职。他是中国解析数论、典型群、矩阵几何学等研究的创始人与开拓者，研究成果被国际数学界命名为“华氏定理”“布劳威尔-加当-华定理”等。倾力推广“优选法”“统筹法”，被誉为“人民数学家”。

图 2-18　华罗庚

华罗庚主要从事解析数论、矩阵几何学、典型群、自守函数论、多复变函数论、偏微分方程、高维数值积分等领域的研究；并解决了高斯完整三角和的估计难题、华林和塔里问题改进、一维射影几何基本定理证明、近代数论方法应用研究等。国际上以华氏命名的数学科研成果有“华氏定理”“华氏不等式”“华－王方法”等。

华罗庚出身贫寒，其数学天赋在中学时期才渐显，中华职业学校肄业，迫于生计在自家经营的杂货铺里当伙计。埋头于杂货堆之间，他自学完了《大代数》《解析几何》和《微积分》，并在大名鼎鼎的《科学》期刊发表了第一篇论文。然而，一场瘟疫不仅令其身染伤寒，还因此导致了终身残疾。

1930 年，华罗庚又凭借一篇发表在《科学》期刊上反驳数学家苏家驹的文章，引起了清华大学算学系主任熊庆来的注意。次年夏天，华罗庚走进了清华园，被破格录用为助理员。他仅用一年半的时间，便攻下了算学系全部课程，并自学了英文、德文和法文。在理学院叶企孙院长的支持下，他再次被破格提拔，担任助教，教授微积分。

1936 年夏，华罗庚以访问学者身份赴英国剑桥大学学习，师从数学家哈代。短短两年内，他在英、苏、法、德等国的数学刊物上发表论文 18 篇。其水平已堪比博士，但他始终不曾申请博士学位。

抗战全面爆发，华罗庚不顾他人劝阻，毅然回国。在西南联合大学，凭着所发表的一系列论文，华罗庚第三次被破格提拔，绕过副教授，直接评上教授职称。在炮火频仍的情形下，他写出了人生第一部数学专著《堆垒素数论》。

1947—1948 年，华罗庚先后被普林斯顿大学、伊利诺伊大学聘请为客座讲师、访问教授，在数论、代数、复分析等方面进行了大量研究，引得美国同行赞叹：“他广泛阅读并掌握了 20 世纪数学的所有至高观点。”

当新中国成立的消息第一时间传到华罗庚那里，享有名望并过着舒适生活的他毅然斩断后路，携家带口踏上了归程，并写下了言辞恳切、情感真挚的《致中国全体留美学生的公开信》，旗帜鲜明地申明：“为了抉择真理，我们应当回去；为了国家民族，我们应当回去；为了为人民服务，我们也应当回去。”

重返清华大学讲台，华罗庚倍感亲切、激动。在教学之外，他同时还肩负着筹建中国科学院数学研究所的重任，为数学所制定了纯粹数学、应用数学和计算数学三大研究方向。在党中央的关怀支持下，数学所很快就汇集了陈建功、苏步青等蜚声中外的数学大家。

百废俱兴的科学技术领域，涌现出大量学术人才。这其中，就有深受华罗庚欣赏和肯定的陈景润。陈景润原本在厦门大学担任图书管理员，因写信给华罗庚，就其著作《堆垒素数论》中的某些结果提出了改进意见，引得华罗庚惊喜、赞叹。一如熊庆来教授当年倾力提拔自己一样，华罗庚此时以同样的包容、同样的热情将清华大学“为国育才”的使命和“不拘一格降人才”的育才方式传递下去。

他从坊间走来，因为酷爱数学，又天赋异禀，勤奋超常，信念坚定，尽管终生只有中学文化学历，却创造了三次被“破格”提拔的纪录。他凭借一生 150 余篇论文、10 部专著傲立于世界数学王国之巅，开创了举世闻名的中国解析数学论学派，探索出一条数学与工农业实践紧密结合的发展路径，为中国数学事业的发展作出了重要贡献，被世人亲切地唤作“人民的数学家”。

◆ **交流与讨论：**美国著名数学家贝特曼著文称：“华罗庚是中国的爱因斯坦，足够成为全世界所有著名科学院的院士。”同学们从华罗庚身上学到了哪些科学方法和精神，谈谈这些方法在你自己学习中的运用。

拓展资源

数学发展史　　数学研究方法

实践与探索

实践任务 1

古埃及金字塔的比例堪称完美，这种完美绝非偶然，它是通过精确计算得出的。经过研究，科学家们发现金字塔内外都隐藏着深厚的数学和几何学知识，通过对大金字塔的比例进行研究，发现最突出的就是黄金比例。请查阅网络资料了解在数学中是如何定义黄金比例的，谈谈黄金比例在自然界、艺术、建筑领域中的应用，在班级中进行专题交流。

实践任务 2

2020 年 12 月，中国科学技术大学宣布成功构建了量子计算原型机，并以“九章”命名。请问：“九章”这个名字来自于中国的《九章算术》，它是一部有世界影响力的中国古代数学经典，它被奉为“算经之首”。事实上，中国古代数学的辉煌远不止这一部论著，请以“盘点中国古代数学成就”为主旨制作多媒体课件，开展班级话题汇报。

思考与讨论：

1.《九章算术》是中国不可多得的从生产实践中总结的数学著作，利用《九章算术》计算座位主题内容作为专项赛设立三项主题：运筹推演、方田商功、算经实践，设置难、中、易等级，组织同学开展答题竞赛。

2. 纵观数学发展史，其中有着太多著名的数学家与数学论述，其中最多产的数学家就是 18 世纪瑞士数学家、自然科学家欧拉，请通过文献调研介绍这位数学巨匠的传奇生涯，说说其在数学学科发展中发挥的作用。

3. 通过数学的三次危机扩展知识查阅与收集“无理数的发现、极限的提出、罗素悖论的轰动”，试述三次危机具体发生在哪个时期，例证危机是如何产生的，科学家们又是如何探索解决的？

4. 中国古代数学如此先进与辉煌，为何没能发明微积分，反而在后期变得落寞与萧条，试辩证地分析与评价中国古代数学的发展，谈谈它的局限性，以史为鉴，试为我国的数学学科发展提出自己的思考。

第二节　物理学的发展历程

情景导入

物理学是研究物质最普遍、最基本的运动规律及物质基本结构的一门科学。它向着物质世界的深度和广度进军，探索物质世界及其运动的规律。物理学是自然科学的基石，包括力学、热学、电学、光学以及相对论、量子力学、核物理和粒子物理学、凝聚态物理学和天体物理学。物理学是一门不断发展的科学，只有了解了物理学发展的历史，才能更深刻地认识物理学的宏伟壮观。

学习任务

1. 物理学发展的阶段有哪些重要实验？
2. 在物理学发展历程的学习中，有哪些物理研究方法？
3. 物理学对现代科学技术的贡献有哪些？

章节内容

一、古代物理学时期

古代物理学时期大约是从公元前 8 世纪至公元 15 世纪，是物理学的萌芽时期。在研究方法上主要是表面的观察、直觉的猜测和形式逻辑的演绎。在知识水平上基本上是现象的描述、经验的肤浅总结和思辨性的猜测。

（一）亚里士多德的运动学说

“世界本质上是静止的还是运动的？”这是一个在古希腊哲学中被广泛争论的问题。亚里士多德认为自然界中的万事万物都处于运动之中，他的自然哲学通过对事物的运动原则与本性的研究，揭示了事物存在的形式与规律。在天文学方面，亚里士多德认为，天体与地上物体本质上是两种不同的物质。天体由纯洁的以太组成，是不朽和永恒的，它的运动是完美的匀速圆周运动。亚里士多德认为，地上物体由土、水、气、火四种元素组成，其运动是直线运动。地上物体都有其天然的处所，而所有的物体都有回到其天然处所的趋势，这一趋势即所谓的天然运动。土和水本质上是重性的，其天然处所在下，因此它们有向下的天然运动；气和火本质上是轻性的，其天然处所在上，因此它们有向上的天然运动。重性越多，下落速度越快，所以重物比轻物下落得快。除天然运动外，还有受迫运动。受迫运动是推动者加于被推动者的，推动者一旦停止推动，运动就会立刻停止。比如马拉车，车运动；马一停止拉车，车就不再动了。

亚里士多德与“运动”

（二）力学之父阿基米德

古希腊学者阿基米德出生于意大利半岛南端西西里岛的叙拉古，其父亲是一位天文学家和数学家。阿基米德从小受到父亲的良好教育和影响，使他对数学、天文学及自然科学产生了浓厚的兴趣，在他一岁时就被送到位于尼罗河口的亚历山大城学习。因为亚历山大城有博物馆、图书馆，这里人才荟萃，是当时文化和贸易的中心，所以被誉为“智慧之都”。阿基米德在这里学习和生活的许多年中，受到了东方和古希腊优秀文化的教育，从许多著名的学者身上学到了丰富的科学文化知识，这为他后来一生的科学事业打下了良好的基础。在他学成之后，回到叙拉古开始从事科学活动。阿基米德才智出众，兴趣广泛，擅长计算，注重实践，他经常与当时的一些著名学者如埃拉托色尼、康农、阿波洛尼乌斯等来往，进行学术交流和探讨。在他一生的勤奋努力、不懈追求下，他在力学、数学等方面取得了许多重要成果，并成为当时希腊学术界很有声望的学者。他是力学创始人，把观察、实验和数学方法相结合，作出了许多发明创造，如浮力原理。在力学方面，阿基米德发现了杠杆原理，他还设计制造了许多机械和机器，如行星仪、举重滑车、提水机、灌地机以及军用投射器等。

他著有《论浮体》《论杠杆》《论重心》等。由于在力学方面的突出贡献，阿基米德被称为“力学之父”。

此外，在治学方法上，阿基米德一反雅典时期科学家重理论、轻实践的学风，开始把科学理论与生产实践及军事需要结合起来，取得多方面的成就。阿基米德的科学生涯中，对后世影响最深的是他在力学方面的贡献，杠杆原理的发现就是其中之一。他曾说过：“如果给我一个支点，我就能把地球撬动。”阿基米德对大量的杠杆知识给予系统的分析和整理，概括出普遍适用的一般原理。他曾对杠杆作用原理进行了深入反复的研究，并在研究了各种平面图形和物体的平衡条件后，论证了杠杆定律，并写在《论平面图形的平衡》中。

阿基米德与浮力定律

二、近代物理学时期

（一）伽利略

伽利略（图 2-19）出生在意大利比萨一个没落贵族家庭，17 岁时入比萨大学学医。但是伽利略对医学并无兴趣，却把很多时间用于钻研古希腊的哲学著作和欧几里得与阿基米德的数学著作。1589—1592 年，他受聘在比萨大学担任数学教席，经典的比萨斜塔实验可能就是在此期间进行的。在那里他不是特别受同事们的欢迎，因为伽利略反对亚里士多德的物理学，而后者的物理学是当时自然哲学的中心支柱。在伽利略看来，亚里士多德的物理学与物质的实际表现不符。如亚里士多德关于不同重量物体下落的断言如下：如果一定重量的物体在一定时间内运动一定的距离，则更重的物体在较短的时间内就可以运动同样的距离，并且如果物体之间的重量成比例，则时间也将成比例。例如，如果一半重量的物体下落一段距离所需时间为 x，则全重的物体下落同样距离所需时间只有 $x/2$。这完全是错误的，可能正如已经由一个简单的实验演示过的那样，看来亚里士多德从来没有亲自验证过他的断言。伽利略对此的异议被象征性地说成他在比萨斜塔上让不同重量物体下落的故事：如果让不同重量的物体下落同样的高度，则在空气阻力可以忽略的情况下，它们会在相同的时间内到达地面。他由于信奉哥白尼学说受到敌视和排挤，后来转到威尼斯公国的帕多瓦大学任教，直到 1610 年。

图 2-19　伽利略

拓展资源
伽利略与自由落体运动

(二）牛顿

牛顿在数学、天文学、光学和力学方面都有伟大的成就。在光学中，当时许多研究者已经注意到：当一束白光穿过一个棱镜时就会呈现出彩虹的所有颜色。牛顿让太阳光经过一个小孔后，再投射到三角形棱镜上。让他惊异的是，棱镜所产生的彩色光呈长方形。在这一实验中，第一个棱镜产生的颜色光谱被投射到一块平板上，而平板上所开的一个小孔只允许一种颜色的光穿过。第二个棱镜置于第二条光束的路径上，牛顿发现该束光不再分解为更多的颜色。该实验对光谱中的所有颜色都重复做了一遍，没有发现颜色的进一步分解。结论是光线本身是不同的可折射的光的混合物，牛顿确立了白光是彩虹所有颜色的叠加。而且当白光经过棱镜时，不同颜色的光线会发生不同大小的偏折。他认为光是由“微粒”所构成的，这些粒子从光源传播到我们的眼中。这项工作使牛顿得出另外一个重要的结论：不可能建造一个大的伽利略式折射望远镜，因为白光会由透镜折射分解为原初的颜色，故不同颜色的光会聚焦到光轴上不同的位置，这个现象称为色像差。为解决这一问题，牛顿设计并建造了新型的望远镜，即全反射式望远镜，它不受色像差的影响。他亲自研磨镜面，并建造了固定望远镜和镜面的装置。这种望远镜现在叫作牛顿望远镜，牛顿望远镜的放大能力与折射式望远镜的比较，显示出牛顿望远镜的优势。现今所有大的光学天文望远镜都是反射式的，都是牛顿望远镜的后裔。

在天文学中，牛顿想到，使苹果掉到地面的重力是否就是把月球保持在绕地球轨道和把行星保持在绕太阳轨道上的同样的力。为了回答这个问题，他需要知道引力是如何随距离而变化的，即如果引力确实是万有的，则使苹果掉到地上的力与使月球保持在其绕地球轨道的力在本质上应当严格相同。牛顿当时的计算并没有给出这么好的一致性，但这足以使他相信，使月球保持在绕地球轨道、行星保持在绕日轨道的力，与地球表面造成重力加速度的力，在类型上是严格相同的。1687 年，牛顿发表了《自然哲学之数学原理》，这是人类智慧最伟大的成就之一。运动学、力学、动力学以及引力定律，都完全是通过数学关系建立起来的，而不考虑力产生的具体物理原因。这部巨著总结了力学的研究成果，标志着经典力学体系的初步建立。这是物理学史上的第一次大综合，是天文学、数学和力学历史发展的产物，也是牛顿创造性研究的结晶。

拓展资源
牛顿力学定律

（三）法拉第

法拉第出生在一个贫困的家庭，父亲是铁匠。1796 年，他和他的家人一起搬迁到伦敦。开始他是利波先生书店的一个学徒装订工，他特别喜欢阅读泰勒的电学文章，他通过装订和阅读书籍，并用坏瓶子和旧木材制造小静电发生器，重复做了一些电学实验。1812 年，戴维在皇家学院演讲，利波先生的一位客户送给法拉第一张听讲的门票，让他去听讲。事后，法拉第把他的课堂笔记整理并装订好后送给戴维，表示如果有空缺职位，他可以填补，但接下来没有任何消息。同年 10 月，戴维因使用危险化学品氯化硝酸盐发生爆炸而暂时失明，需要有人记录下他的思想，法拉第被推荐承担这项任务。之后 1813 年 3 月 1 日，他得到了一个永久性职位——戴维在皇家学院的助理。在法拉第接受任命之后不久，戴维决定访问欧洲大陆的科学机构，法拉第作为科学助理随行。接下来的 18 个月，在巴黎他们遇到了当时最著名的科学家安培、洪堡特、盖-吕萨克、阿拉戈和其他许多人；在意大利，他们遇到了伏特，而在热那亚还观看了电锂实验。1820 年，奥斯特发现电与磁之间的联系，并引来一系列相关的科学活动。《科学》期刊收到了许多描述电磁效应和试图解释它们的文章，《哲学》杂志的编辑请法拉第进行评审。面对这样大规模的实验现象和推断，法拉第开始系统地研究电磁现象。

法拉第与电磁学实验

法拉第非常重视将磁力线作为观测静止磁场效应及时变磁场效应的一个直观手段。法拉第不仅独自发现了电磁感应现象，其研究的深度和广度无人能及，他还运用自己创造的“场”和“力线”概念，建立了电磁感应定律。

（四）麦克斯韦

对于麦克斯韦来说，他是站在法拉第和 W. 汤姆孙这两位巨人的肩上的。他面对众说纷纭的电磁理论，以深邃的洞察力开创了物理学的新领域。然而，他也不是一蹴而就的。他在创建电磁场理论的奋斗中作了三次飞跃，前后历程达十余年。麦克斯韦是英国人，1831 年生于爱丁堡，自幼聪慧过人，得到了精心培养。10 岁进爱丁堡书院学习，15 岁就有几何学论文发表。1850 年入剑桥大学，这时 W. 汤姆孙已是那里的研究员。W. 汤姆孙比麦克斯韦大 7 岁，他们先后荣获数学竞赛优胜者称号。W. 汤姆孙对电磁理论的看法麦克斯韦早有了解，在 W. 汤姆孙的影响下，麦克斯韦特别注意斯托克斯的工作，这为以后的研究做了准备。从 1855 年起，麦克斯韦学习电学，认真阅读了法拉第的著作，特别是《电学实验研究》一书。他大学刚毕业，就着手把法拉第的力线思想用数学分析方法进行表述。1856 年，麦克斯韦发表了第一篇关于电磁理论的论文《论法拉第力线》。在这篇论文中，他发展了 W. 汤姆孙的类比方法，用不可压缩的流体的流线类比于法拉第的力线，把流线的数学表达式用到静电理论中。流线不会中断，力线也不会中断，只能发源于电荷或磁极，或者形成闭合曲线。1862 年，麦克斯韦发表了第二篇论文《论物理学的力线》。在这篇论文中，他提出了自己首创的“位移电流”和“电磁场”等新概念，并在此基础上给出了电磁场理论更完整的数学表述。就在讨论“应用于静电的分子涡旋理论”这个问题时，麦克斯韦抓住了要害。他假设分子涡旋具有弹性，当分子涡旋之间的粒子受电力作用产生位移时，给涡旋以切向力，使涡旋发生形变，反过来涡旋又给粒子以弹性力。当激发粒子的力撤去后，涡旋恢复原来的形状，粒子也返回原位。这样，带电体之间的力就归结为弹性形变在介质中储存的势能，而磁力则归结为储存的转动能，位移的变化形成了电流，麦克斯韦称之为“位移电流”。只要导体上有电动势作用，就会产生电流，电流遇到电阻，就会将电能转化为热，但这一过程的逆向却不可能将热重新储存为电能。

麦克斯韦生在电磁学已经打好基础的年代，他没有辜负时代的要求，及时总结了已有的成就；他受到法拉第力线思想的鼓舞，又得到 W. 汤姆孙类比研究的启发；他深刻地洞察了以纽曼和韦伯为代表的大陆派电动力学的困难和不协调因素，看穿那种力图把电磁现象归结于力学体系的超距作用理论的根本弱点，决心致力于近距作用理论。他从类比研究入手，开始只是借用适当的数学工具定量地表述法拉第的力线图像。后来，他感到有必要对力线的分布及其应力性质给予机理性的说明，转而运用模型理论。在这个过程中，他敏锐地抓住了位移电流和电磁波这两个关键概念。最后，他把电磁场作为客体摆在电磁理论的核心地位，从而开创了物理学又一个新的起点。对麦克斯韦的功绩，爱因斯坦作了很高的评价，他在纪念麦克斯韦 100 周年的文集中写道：“自从牛顿奠定理论物理学的基础以来，物理学公理基础的最伟大的变革，是由法拉第和麦克斯韦在电磁现象方面的工作所引起的。这样一次伟大的变革是同法拉第、麦克斯韦和赫兹的名字永远连在一起的。这次革命的最大部分出自麦克斯韦，麦克斯韦不愧为牛顿之后又一位划时代的杰出物理大师。”

三、现代物理学时期

（一）爱因斯坦

狭义相对论是爱因斯坦（图 2-20）伟大的一生中取得的最有划时代意义的重大成果，相对论是现代物理学的重要基石。它的建立是 20 世纪自然科学最伟大的发现之一，对物理学、天文学乃至哲学思想都有深远影响。相对论是科学技术发展到一定阶段的必然产物，是电磁理论合乎逻辑的继续和发展，是物理学各有关分支又一次综合的结果。

图 2-20 爱因斯坦

阿尔伯特·爱因斯坦是犹太人，1879 年诞生于德国乌尔姆一家经营电器作坊的小业主家庭里，在德国度过少年时代，1895 年迁居瑞士，1901 年成为瑞士公民。他小时候并不显得才华出众，直到五岁话还说不清楚，曾被医生认为发育不正常。不过，他很爱思考，总是向大人盘问“为什么?”，有强烈的求知欲和好奇心。上中学之后，他的学业也不突出，除了数学很好外，其他功课都不怎么样。尤其是拉丁语和希腊语课，爱因斯坦学得一塌糊涂。他对这些古典语言很不感兴趣，老师劝他退学算了，说他不会有大出息的。就这样，人类历史上最伟大的天才之一中途退学了。1894 年，15 岁的爱因斯坦放弃德国国籍，随家迁居意大利，后只身到瑞士的苏黎世，目的是上那里的联邦工业大学，最后却因不善记忆而未被录取，后转到阿劳州立中学补习功课。在这所学校有自由精神和淳朴热情的教师们，他利用这里的条件尽情自由地自学。当他 17 岁作为学习数学和物理学的学生进入苏黎世联邦工业大学时，已经学过一些理论物理学了。爱因斯坦在中学时就思考过，倘若一个人以光速跟着光波跑，那么他就处在一个不随时间而改变的波场之中。但看来不会有这种事情！爱因斯坦对这个问题的思考，经历了十年之久。后来，爱因斯坦读到了洛伦兹 1895 年的论文，对洛伦兹方程发生了兴趣。他很欣赏洛伦兹方程不但适用于真空中的参照系，而且适用于运动物体的参照系。他试图用洛伦兹方程讨论斐索的流水中光速实验。当时他坚信麦克斯韦和洛伦兹电动力学方程是正确的，但是进一步推算发现，要保持这些方程对动体参照系同样有效，必然导致光速不变性的概念，而光速的不变性明显地与力学的速度合成法则相抵触。为什么这两个概念会相互矛盾呢？爱因斯坦苦思不得其解。起初他想修改洛伦兹的观念以解决这个矛盾，结果白白花了一年时间，没有取得进展。1900 年，爱因斯坦从苏黎世联邦工业大学毕业，但毕业即失业，两年后才在伯尔尼瑞士专利局找到技术员的工作。谋生的困难并没有阻断他对科学的探讨。经过十年的思考，在瑞士专利局工作的爱因斯坦终于在 1905 年的一天，突然找到了解决问题的关键。1905 年 9 月他在著名的德文杂志《物理学年鉴》上发表了《论动体的电动力学》。在这篇论文中，爱因斯坦提出了他举世闻名的相对性理论，即相对论。这是他多年来思考以太与电动力学问题的结果，他以同时性的相对性这一点作为突破口，建立了全新的时间和空间理论，并在新的时空理论基础上给动体的电动力学以完整的形式。以太概念不再是必要的，以太漂移问题也不再存在。如果迈克尔逊的实验导致了零结果，那么它正是一次成功的实验，证明所谓以太漂移根本就是虚幻的。爱因斯坦明确指出：在他的理论里，以太的概念将是多余的，因为这里不需要特设的绝对静止参照系。爱因斯坦不像洛伦兹那样，事先假设某种时空变换关系，而是以两个公设（相对性原理和光速不变原理）为出发点，推导出时空变换关系。他非常简洁地建立了一系列新的时空变换公式之后，立即推导出了运动物体的“长度收缩”、运动时间的“时钟变慢”、同时性的相对性以及新的速度合成法则等，由此形成一套崭新的时空观。由于人们的思想长期受到传统观念的束缚，一时难以接受崭新的时空观，爱因斯坦的论文发表后，相当一段时间受到冷遇，被人们怀疑甚至遭到反对。爱因斯坦是在 1921 年获诺贝尔物理学奖的，不过不是因为他建立了相对论，而是为了他的理论物理学研究，特别是光电效应定律的发现。狭义相对论将物质、时间和空间紧密地联系在一起，揭示了三者之间的内在联系，提出了运动物质长度收缩，时间膨胀的观点，彻底颠覆了牛顿的绝对时空观，完成了人类历史上一次伟大的时空革命。广义相对论揭示了万有引力的本质，即物质的存在导致时空弯曲。

爱因斯坦与相对论

（二）量子物理

19 世纪末，一系列重大发现揭开了近代物理学的序幕。1900 年德国物理学家普朗克为了克服经典理论解释黑体辐射规律的困难，引入了能量子的概念，为量子理论奠定了基石。英国物理学家瑞利根据经典统计力学和电磁理论，推出了黑体辐射的能量分布公式，该理论在长波部分与实验比较符合，但在短波部分却出现了无穷值，而且实验结果趋于零。这部分严重的背离，被称为“紫外灾难”（紫外指短波部分）。同年，普朗克采用拼凑的办法，得出了一个在长波和短波部分均与实验相吻合的公式，但该公式的理论依据尚不清楚。不久，普朗克发现，只要假定物体的辐射能不是连续变化的，而是以一定的整数倍跳跃式变化，就可以对该公式做出合理的解释。普朗克将最小的、不可再分的能量单元称作“能量子”或“量子”。能量子假设的提出具有划时代的意义，但不论是普朗克本人还是他的同时代人，当时对这一点都没有充分的认识。在 20 世纪最初的 5 年内，普朗克的工作几乎无人问津，普朗克自己也感到不安，总想回到经典理论的体系之中，企图用连续性代替不连续性。为此，他花了许多年的精力，但最后还是证明这种企图是徒劳的。

随后，爱因斯坦针对光电效应实验与经典理论的矛盾，提出了光量子假说，并在固体比热问题上成功地运用了能量子概念，为量子理论的发展打开了局面。爱因斯坦最早明确地认识到，普朗克的发现标志着物理学的新纪元。1905 年，爱因斯坦在其著名论文《关于光的产生和转化的一个试探性的观点》中，发展了普朗克的能量子概念。他提出了光量子假说，并用之于光的发射和转化上，很好地解释了光电效应等现象。后来，爱因斯坦称这篇论文是非常革命的，因为它为研究辐射问题提出了崭新的观点。爱因斯坦在论文中总结了光学发展中微粒说和波动说长期争论的历史，揭示了经典理论的困境，提出只要把光的能量看成不是连续分布的，而是一份一份地集中在一起，就可以作出合理的解释。

1913 年，玻尔在卢瑟福有核模型的基础上运用量子化概念，对氢光谱作出了满意的解释，使量子论取得了初步胜利。从 1900 年到 1913 年，可以称为量子论的早期。卢瑟福的有核模型假定，原子的质量基本集中于核上，绕核旋转的电子所带的负电正好与核所带的正电等量，原子表现出电中性。但是根据经典的电磁理论，旋转的电子必定向外发射电磁波，从而损失能量，使电子最终落入原子核中。这样，卢瑟福的原子模型就是一个不稳定的模型。

正在曼彻斯特卢瑟福的实验室里从事研究工作的丹麦物理学家玻尔解决了这一问题。玻尔本来想去剑桥的卡文迪许实验室随汤姆逊研究电子，但汤姆逊对电子已经不感兴趣，他才来到了卢瑟福这里。他在曼彻斯特虽然只待了 4 个月，却做出了一生中最重要的工作，即提出了一种量子化的原子结构理论。他认为，电子只在一些特定的圆轨道上绕核运行。它们在这些特定的轨道上运行时并不发射能量，只有从一个较高能量的轨道上向一个较低能量的轨道跃迁时才发出辐射，反过来则吸收辐射能。这个理论不仅在卢瑟福模型的基础上解决了原子的稳定性问题，而且在用于氢原子时，与光谱分析所得实验结果完全符合。

以后，玻尔、索末菲和其他许多物理学家为发展量子理论花了很大力气，却遇到了严重困难。要从根本上解决问题，只有待于新的思想，那就是“波粒二象性”。光的波粒三象性早在 1905 年和 1916 年就已由爱因斯坦提出，并于 1916 年和 1923 年先后得到密立根光电效应实验和康普顿 X 射线散射实验证实，而物质粒子的波粒二象性却晚至 1923 年才由德布罗意提出。这以后经过海森伯，薛定谔、玻恩和狄拉克等人的开创性工作，终于在 1925—1928 年形成完整的量子力学理论，与爱因斯坦相对论并肩形成现代物理学的两大理论支柱。

小结与展望

物理学是自然科学中的一门基础学科，处于核心地位。学习物理有助于了解科学与社会的关系，科学与技术的关系，以及科学与哲学的关系。从学习物理学的角度来说，了解物理概念和理论的发展，不但可以加深对这些概念和理论的理解，而且可以进一步认识物理学这门学科的特点。物理学和其他各门自然科学一样，正在发展之中，昨天的事情就是历史。了解过去，为的是把握住发展的脉络，预测未来的动向。

拓展阅读

问天之人钱学森

早在中学时代，钱学森（图 2-21）就树立了努力学习、振兴中华的信念。那时，军阀混战、民不聊生、政府腐败、外敌入侵，这一切激发了他强烈的爱国心，立志要好好学习，改变国家任人欺凌的面貌。1935 年 8 月，钱学森作为一名公费留学生赴美国学习和研究航空工程和空气动力学，曾担任加利福尼亚理工学院超音速实验室主任和古根罕喷气推进研究中心主任。由于发表了“时速为一万公里的火箭已成为可能”的惊人火箭理论而誉满全球，是一个屈指可数的杰出人才。当中华人民共和国宣告成立的消息传到美国后，钱学森和夫人蒋英按捺不住内心的喜悦，商量着早日赶回祖国，为自己的国家效力。然而，钱学森万万没想到，他的回国之路那么漫长。1950 年，钱学森上港口准备离开美国回国时，被美国官员拦住，并将其关进监狱。从此，钱学森开始蒙受美国政府迫害，同时也失去了宝贵的自由，他 1 个月瘦了 15kg。移民局抄了他的家，在特米那岛上将他拘留 14 天，直到收到加州理工学院送去的 1.5 万美金巨额保释金后才释放了他。之后，海关又没收了他的行李，包括 800kg 书籍和笔记本。直到后来美国检察官再次审查了他的所有材料后，才证明了他是无辜的。“我的事业在中国，我的成就在中国，我的归宿在中国。”1955 年 8 月 4 日，钱学森终于收到了美国移民局允许他回国的通知。

图 2-21　钱学森

20 世纪 50 年代，钱学森回到祖国以后，国家作出要研制中国自己的导弹、火箭的战略决策，有关方面询问钱学森中国人自己搞导弹行不行？钱学森的答复非常肯定。但是钱学森也没有料到国家会把研制中国自己的导弹、火箭的任务交给了他，并且让他来负责、让他来领军、让他来做技术方面的“头”。国家的需要使钱学森做出了他人生的重要选择：从学术理论研究转向大型科研工程建设。钱学森既然以国家的需要作为自己工作的选择，就义无反顾地把毕生的精力贡献给了中国航天事业。经过了半个多世纪的发展，中国跻身世界航天大国之列，弹（导弹）、箭（火箭）、星（人造地球卫星）、船（飞船）、器（深空探测器）全面发展，钱学森出色地完成了国家赋予他的任务。

晚年钱学森又做出了他人生的再一次选择：再次回到学术理论研究当中。他以独到的研究角度，从71岁到85岁，在诸多领域进行了不懈的探索，他提出的开放复杂巨系统概念，为系统学的建立奠定了基础；他创建的“从定性到定量的综合集成方法”理论及其实现形式，给出了人们认识和解决复杂巨系统问题所应遵循的方法论和有效途径；他潜心研究系统工程理论，并把该理论从工程系统工程进一步发展成社会系统工程，使之成为社会各领域为取得长期和整体最佳效益而采用的科学方法。“5年归国路，10年两弹成。”钱学森作为先行者，披荆斩棘，把智慧锻造成阶梯，留给后来的攀登者。

两弹元勋邓稼先

拓展资源

物理学发展史　　物理学研究方法

实践与探索

实践任务

电自从发现以来给我们的生活带来了极大的便利，但用电不当也会给人们带来灾难，所以安全用电非常有必要。当人体接触或接近带电体，成为闭合电路的一部分，有电流流过人体，电流达到一定值时，就会对人体造成伤害，导致触电。请以小组为单位，查找资料，在课堂进行安全用电为主题的科普宣传。

思考与讨论：

1. 海底电缆是用绝缘材料包裹的电缆，铺设在海底，用于电信传输。海底电缆分海底通信电缆和海底电力电缆。现代的海底电缆都是使用光纤作为材料，传输电话和互联网信号。海底光缆的核心是由细如毛发的高纯度光纤制作，通过内反射来引导光沿着光纤的路径前进。调查我国的海底光缆技术。

2. 平静的海面、大江江面、湖面、雪原、沙漠或戈壁等地方，偶尔会在空中或“地下”出现高大楼台、城郭、树木等幻景，称为海市蜃楼。了解海市蜃楼形成的原因。

3. 热管技术是世界第二次能源危机时问世的先进技术，已有近半个世纪的历史，起初被广泛应用于宇航、军工等行业，随着技术的发展，而今广泛应用于石油、化工、机械、印染、工业等余热回收领域。调查热管技术。

第三节　从炼金术到现代化学

情景导入

化学是一门中心科学。美国著名化学家布里斯罗《化学中的机会——今天和明天》：“化学是一门中心学科，它与社会发展各方面的需要都有密切关系。”化学是一门承上启下的中心科学；化学在推动人类进步和科技发展中起到核心科学的作用；化学是一门社会迫切需要的中心科学；化学与信息、生命、材料、环境、能源、地球、空间和核科学等八大朝阳科学都有紧密的联系，是交叉和渗透的中心科学。

自从有了人类，化学便与人类结下了不解之缘。钻燧取火，用火烧煮食物，烧制陶器，冶炼青铜器和铁器，都是化学技术的应用，正是这些应用，极大地促进了当时社会生产力的发展，成为人类进步的标志。今天，化学作为一门基础学科，在科学技术和社会生活的方方面面正起着越来越大的作用。从古至今，伴随着人类社会的进步，化学发展主要经历了怎样的历史演变呢？

学习任务

1. 化学的发展经历了哪几个阶段？每个阶段取得的成就有哪些？
2. 化学的发展有很多的方法论，总结这些方法，并谈谈如何应用到学习中。
3. “化学是一把双刃剑”，谈谈你对这句话的理解。

章节内容

一、化学的萌芽时期

从远古到公元前1500年，人类学会了在熊熊的烈火中由黏土制出陶器、由矿石烧出金属，学会从谷物酿造出酒、给丝麻等织物染上颜色，这些都是在实践经验的直接启发下经过长期摸索而来的最早的化学工艺，但还没有形成化学知识，只是化学的萌芽时期。

（一）历史悠久的化工工艺——制陶

人类从古代就已经接触到化学现象，并逐步积累了一些化学的使用知识，猿人已经知道钻木取火和烧制陶器（图2-22）。陶器的发明，是人类文明发展的重要标志，是人类第一次利用天然物，按照自己的意志，创造出来的一种崭新的东西。人们把黏土加水混合后，制成各种器物，干燥后经火焙烧，产生质的变化，形成陶器。它揭开了人类利用自然、改造自然的新篇章，具有重大的划时代意义。陶器的出现，标志着新石器时代的开端。陶器的发明，也大大改善了人类的生活条件，在人类发展史上开辟了新纪元。

陶器是什么时候产生的，已很难考证。对陶器的由来，说法不一，有人推测：人类最原始的生活用容器是用树枝编成的，为了使它耐火和致密无缝，往往在容器的内外都抹上一层黏土。这些容器在使用过程中，偶尔会被火烧着，其中的树枝都被烧掉了，但黏土不会着火，不但仍旧保留了下来，而且变得更坚硬，比火烧前更好用。这一偶然事件给了人们很大的启发。

后来，人们干脆不再用树枝做骨架，开始有意识地将黏土捣碎，用水调和，揉捏到很软的程度，再塑造成各种形状，放在太阳光底下晒干，最后架在篝火上烧制成最初的陶器。

大约距今1万年以前，中国开始出现烧制陶器的窑，成为最早生产陶器的国家。陶器的发明，在制造技术上是一个重大的突破。制陶过程改变了黏土的性质，使黏土的成分二氧化硅、三氧化二铝、碳酸钙、氧化镁等在烧制过程中发生了一系列的化学变化，使陶器具备了防水耐用的优良性质。因此陶器不但有新的技术意义，而且有新的经济意义。它使人们处理食物时增添了蒸煮的办法，陶制的纺轮、陶刀、陶挫等工具也在生产中发挥了重要的作用，同时陶制储存器可以使用于存放物和水。因此陶器很快成为人类生活和生产的必需品，特别是定居下来从事农业生产的人们更是离不开陶器。

（a）猿人钻木取火

（b）烧制陶器

图 2-22 猿人钻木取火和烧制陶器

（二）冶金化学的兴起

人们从烧陶工艺中掌握了高温技术，并把它用于冶炼铜矿石和铁矿石。这样就出现了冶金技术，并开始采用金属代替石器和陶器，实现了生产工具的革命。于是，在人类历史上继新石器时代之后，相继出现了青铜器时代和铁器时代。此后由于在冶炼时，锡、铅等的引入而获得青色的铜合金——青铜，这大概出现在公元前一千多年中国的早商时期。图 2-23 是商朝时期的后母戊鼎。

曾侯乙编钟（图 2-24）是我国迄今发现数量最多、保存最好、音律最全、气势最宏伟的一套编钟，是由 65 件青铜编钟组成的庞大的乐器，其音域跨 5 个半八度，12 个半音齐备。它高超的铸造技术和良好的音乐性能改写了世界音乐史，被中外专家、学者称为“稀世珍宝”。

图 2-23 后母戊鼎（商朝时期）

图 2-24 曾侯乙编钟

古代化学时期的主要特点：无“化学”之名，以实用为主，中心在中国和埃及。中国在 17 世纪前的科学文化成就占世界近 75%，许多发明创造被世界所公认，比如我国古代四大发明中的火药、造纸，在世界上产生了深远的影响。战国时期的《考工记》是世界上第一部总结冶金工艺的著作，对冶金工业的发展也产生了积极影响。

二、金丹术和医药化学时期

（一）炼金术

炼金术（alchemy）是中世纪的一种化学哲学思想，是当代化学的雏形。其主要目标是将贱金属转变为贵金属，尤其是黄金。

从公元前1500年到公元1650年，炼丹术士和炼金术士们在皇宫、教堂、自己的家里、深山老林的烟熏火燎中，为求得荣华富贵的黄金，开始了最早的化学实验。英语的chemistry起源于alchemy，即炼金术。chemist至今还保留着两个相关的含义：化学家和药剂师。这些可以说是化学脱胎于炼金术和制药业的文化遗迹了。

炼金术起源于埃及，最初是有人试图将贱金属伪造成贵金属，比如将铜和锌制成合金在外观和硬度上很接近黄金。埃及人留给炼金术最重要的东西是《翠玉录》，是刻在一块翡翠石板上的最早的炼金术典籍。

希腊时期对炼金术最大的贡献，就是炼金术的哲学化。在这一时期对炼金术影响深远的“元素论”正式确立，即世间万物由四种元素组成：气、水、土、火；其中每种元素都代表四种基本特性（燥、湿、冷、热）中两种特性的组合。土=燥+冷；水=湿+冷；气=湿+热；火=燥+热。炼金术士已经基本确立了炼金术实践的基本步骤：原料$\xrightarrow{\text{黑化}}$死物质$\xrightarrow{\text{转化}}$产物。

到了中世纪，基督教世界的一些学者开始接触炼金术，开启了欧洲时期的炼金术。第一位贤者就是大阿尔伯特（图2-25），他一生留下了大约30部炼金术著作。他继承了扎比尔的硫—汞理论，同时提出了他的炼金术步骤：第一步是要“消灭特征”，将金属还原回纯粹的硫和汞，然后挖掘金属的潜力，使之重新融合，就得到了新的金属。在他的著作中，我们还找到了这样一段话：“但愿我们能得到那块既不能被火烧毁也不会腐坏的石头吧，然后我们将摆脱所有的恐惧。”这就是“贤者之石”最早的书面记述。另一位是罗杰·培根，他的主张是：任何学说都要有理论研究作为指导，再加上实践操作进行验证。他同时将这种思想引入炼金术，并宣称：“炼金术是诸多认识世界的方法之一。”

中世纪结束之时，从佛罗伦萨开始了一场席卷整个欧洲的思想变革：文艺复兴。这一时期表现最著名的炼金术士有帕拉塞尔苏斯（图2-26），他在炼金术领域的成就，主要在于他对“硫-汞”体系的发展，他在这一体系中加入了一个新的元素：盐。同时他还对他的“盐-硫-汞”体系做出了全新的定义：盐是肉体，硫是灵魂，汞是精神，这三者构成了世间万物。艾萨克·牛顿是人类历史上最伟大的科学家之一，事实上，牛顿接触炼金术甚至比他接触科学还要早，他幼年就曾大量阅读亚里士多德的著作，并对其元素论十分感兴趣，而元素论就是炼金术的基础理论之一。在进入剑桥学习的时候，他的第一位导师就是一名炼金术士亨利·莫尔。牛顿的手稿表明，他花了大量的时间在炼金术上，甚至还留下了650万字的炼金术著作（图2-27）。牛顿还进行过大量的炼金术实验，他观察炼金术坩埚中物质的运动，从炼金术的动力上，他认为之所以天体会具有引力这一奇妙的性质，正是因为我们的宇宙正身处于上帝巨大而奇妙的坩埚之中，炼金术就是推动我们世界运行的本源动力。换言之，如果没有牛顿对炼金术的研究，就没有万有引力，甚至可以说牛顿的科学成就只是他研究炼金术的副产品而已。

炼金术经过现代科学证明是错误的。但作为近代化学的先驱，在化学发展史上起到了一定的积极作用。通过炼金术，人们积累了化学操作的经验，发明了多种实验器具，认识了许多天然矿物。炼金术在欧洲成为近代化学产生和发展的基础。

图 2-25 大阿尔伯特

图 2-26 帕拉塞尔苏斯

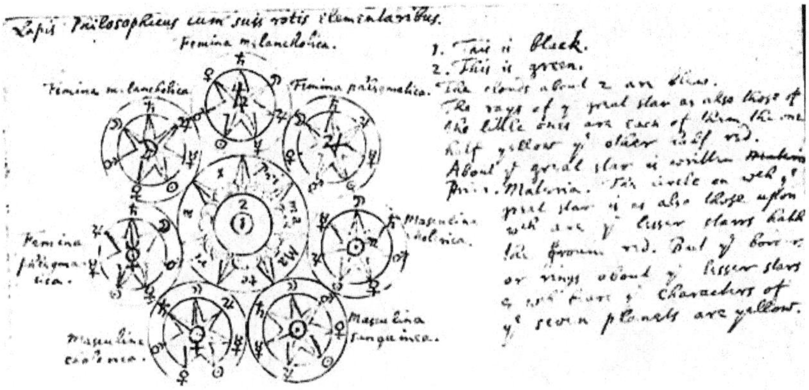

图 2-27 牛顿炼金术手稿

（二）炼丹术

炼丹术，是以炉鼎烧炼矿物类药物，制取“长生不老”仙丹（又称金丹、灵丹等）的一种实验方术。炼丹术是化学的前驱，同时它也对中国传统医学产生了很大的影响，迄今应用在中医临床上的丹术炼制品，称为丹剂。如小金丹、大活络丹、红升丹、白降丹等。

道教创立后，道士从方士手里继承了炼丹遗产，为制取“长生不老”药的需要，遂发展为秘传的实验技术。虽然“长生不老”的主观愿望未能实现，但在千余年的实践中，却积累了不少古化学知识。8 世纪时，我国炼丹术经阿拉伯传入欧洲，成为近代化学的前驱。

东汉末的魏伯阳（图 2-28）是世界上最早的炼丹家，撰写了《周易参同契》，总结了以往的炼丹成就。如关于黄金的化学稳定性，水银易挥发、又易与硫黄化合，胡粉（铅粉）遇碳（C）可还原为铅等。他的“炼石胆取精华法”，用干馏法从石胆（$CuSO_4 \cdot 5H_2O$）中提取硫酸（H_2SO_4），比 8 世纪阿拉伯国家制取硫酸要早五六百年。葛洪是我国东晋时期的道教理论家、著名炼丹家和医药学家。葛洪（图 2-29）在坚信炼制和服食金丹可得长生成仙的思想指导下，长期从事炼丹实验，在其炼丹实践中，积累了丰富的经验，认识了物质的某些特征及其化学反应，这也是现代化学的先声。他在《抱朴子内篇》中的《金丹》和《黄白》篇中，系统地总结了晋以前的炼丹成就，具体介绍了一些炼丹方法，记载了大量的古代丹经和丹法，勾画了中国古代炼丹的历史梗概，也为我们提供了原始实验化学的珍贵资料，对隋唐炼丹术的发展具有重大影响，是炼丹史上一位承前启后的著名炼丹家。葛洪在炼制水银的过程中，发现了化学反应的可逆性。他指出，对丹砂（硫化汞）加热，可以炼出水银，而水银和硫磺化合，又能变成丹砂。他还指出，用四氧化三铅可以炼得铅，铅也能炼成四氧化三铅。在葛洪的著作中，还记载了雌黄（三硫化二砷）和雄黄（五硫化二砷）加热后升华，直接成为结晶的现象。

唐代是炼丹术的极盛期。陈少微撰《灵砂七返篇》《九还金丹篇》，前者载："光明砂一斤，抽出水银得十四两，含石气二两。"即丹砂加热后产生 SO_2，可见陈氏实验所得水银数字已与理论数据极相近似。楚泽编《太清石壁记》三卷，载丹方三十余种，其氯化汞的制取是对无机合成化学的重要贡献。郑思远撰《真元妙道要略》，记载了炼丹见闻三十余则，有的记录了炼丹时发生的烧手、灼面，甚至引起丹房着火的现象，第一次用文字揭示了火药的发明是与炼丹化学密切相关的事实。

宋代是炼丹术渐次衰弱的时期，以服食为目的的炼丹术已很少有人问津。

图 2-28　魏伯阳

图 2-29　葛洪

（三）医药化学的发展

拓展资源
李时珍巧用炼金术

和炼丹术一起发展的还有医药，在此期间医药化学也得到了发展。我国道士孙思邈（图 2-30）于大业年间（605—617）所制的"太一神精丹"（丹砂、曾青、雄黄、雌黄、磁石、金牙制"砒霜"），是世界医学史上最早使用砒霜治疟疾的良方。我国明代医药学家李时珍（图 2-31），出身于世医家庭，他从小就喜爱医药，立志要悬壶济世。他撰写的《本草纲目》（图 2-32）记载了纯金属、金属、金属氯化物、硫化物等一系列的化学反应，同时又记载了蒸馏、结晶、升华、沉淀、干燥等现代化学中应用的一些操作方法。李时珍的《本草纲目》成为当时最系统、最完整、最科学的一部医药学著作，不仅为中国药物学的发展作出了重大贡献，而且对世界医药学、植物学、动物学、矿物学、化学的发展也产生了深远的影响，被誉为"东方医药巨典"，英国著名生物学家达尔文称它为"中国古代百科全书"，李时珍被后世尊为"药圣"。

图 2-30　孙思邈

图 2-31　李时珍

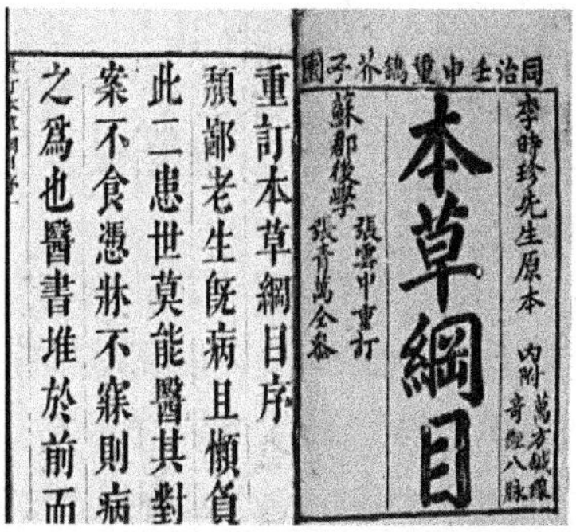

图 2-32　《本草纲目》局部

炼丹术认为物质可变，认为可以把贱金属或其他物质变为黄金或白银，也可能变为使人长生不老的仙丹。虽然炼丹术不能实现它的最终目的，但是却成了宝贵的化学遗产。比如中国炼丹术（图 2-33）为后世遗留下相当丰富的矿物性医药制剂的丹方，也直接影响了火药的发明；而西方的炼金术（图 2-34）找到了各种各样的矿物质，提炼出了一些元素；同时在化学实验操作和实验设备上取得了一些成就。

图 2-33　炼丹术

图 2-34　炼金术

三、燃素化学时期

自从十字军东征以来，欧洲的工业有了巨大的发展，形成了许多工业基地，在很多工业中都广泛地使用火。随着火的使用范围日益扩大，不同物质可燃性的大小、产生温度的高低以及金属煅烧后变成灰烬并且会增加重量等问题，在那时很自然地引起了人们的重视和思考。特别是 17 世纪之后，火在使物质发生化学变化的新技术中更加不可缺少，因而人们迫切需要了解燃烧的本质，以此提高燃烧的效率。但当时炼金士的神话与经学家的空谈无法解答这些问题。

（一）火微粒说

17 世纪下半叶，形而上学、机械唯物论的观念基本形成，不可再分的物质微粒和机械的力成为人们解释自然现象的基础。英国化学家波义耳在这里也提出了自己对燃烧本质的看法，他认为火应当是一种实实在在的，由具有重量的“火微粒”所构成的物质元素。依据此点，植物、燃料在燃烧时，它们的极大部分都变成火素散失在空气中，只留下了同原物体本身的重量相比微不足道的灰烬。1673 年，波义耳在做一些金属的煅烧实验中，他将铜、铁、铅、锡等金属放在密闭的容器内进行煅烧，再仔细定量地研究它们在煅烧后增重的情况。最后，波义耳认为，在金属被煅烧时，从燃料中散发出来的火微粒，穿过容器壁，钻进了金属，并与它们结合而形成了比金属本身重的煅灰。他用下式对金属煅烧后的增重现象进行解释

金属+火微粒=煅灰

但是，波义耳没有在此基础上继续进行更深入的研究，最终丧失了一次很好的在对火及燃烧现象的认识方面取得突破的机会。波义耳忽略了考察与金属密切接触的空气的变化情况，这一观察上的片面性，使他未能正确提示火和燃烧现象的奥秘。

1674 年，英国医生梅猷曾发表了他对燃烧现象的见解，他的见解在当时是相当先进的。他利用小动物进行实验，将燃烧的蜡烛和一只小老鼠放在水面上，然后分别在两者上部罩一烧瓶。他发现瓶中的空气体积逐渐减少，他认为其中一部分物质被燃烧和呼吸消耗掉了，剩余气体经他测量得知比空气稍轻。之后，他又在实验中发现火药在水下仍能燃烧。于是，他认为，在硝石中也存在着那种空气中的助燃成分，他称之为“硝气精”。

（二）燃素说

1703 年，德国化学家施塔尔（图 2-35）在总结了前人关于燃烧本质的各种观点，并对其进行甄别之后，更系统地提出了明确的燃素学说。他认为，一切可燃物中都含有一种可以燃烧的要素，简称燃素，它在燃烧过程中从可燃物中分散出来，从而发光发热。空气是带走燃素的媒介物，燃烧一定要有空气才能实现。木头富含燃素，能燃烧，燃烧时燃素散逸，剩下灰烬。

图 2-35　施塔尔

施塔尔的燃素说曾统治化学界达百年之久，直至科学燃烧的学说建立之后，人们才知道它的谬误。但是，燃素说在整个化学发展中的作用却是不容忽视的，它的创立一方面结束了炼金术对化学界的统治局面。另一方面，燃素说提出的一百年中，即使相信他的化学家也亲身从事化学实验，因而积累了大量丰富的经验和材料，借助这些材料，拉瓦锡才能在日后的实验中发现科学的燃烧现象的本质，才能提出科学的燃烧学说。

四、定量化学时期，即近代化学时期

1775 年前后，拉瓦锡用定量化学实验阐述了燃烧的氧化学说，开创了定量化学时期。这一时期建立了不少化学基本定律，提出了原子学说，发现了元素周期律，发展了有机结构理论，所有这一切都为现代化学的发展奠定了坚实的基础。

（一）化学科学实验的奠基人——玻意耳

玻意耳（图 2-36）是英国物理学家、化学家，近代化学的奠基人。史学家都把 1661 年作为近代化学的元年，因为这一年有一本对化学发展产生重大影响的著作出版问世，这本书就是玻意耳所著的《怀疑派化学家》。革命导师马克思、恩格斯也同意这一观点，他们誉称"玻意耳把化学确立为科学"。玻意耳一生做过大量的化学实验，获得了许多重要的发现。1661 年玻意耳第一次提出了"元素"的概念，是第一个发明指示剂的化学家。玻意耳把化学确立为科学，指明了化学发展的方向，明确地将化学划分为一门单独的学科。因此，他被尊为定性分析化学的奠基者，是近代化学的创始人。

图 2-36　玻意耳

图 2-37　拉瓦锡

（二）近代化学之父——拉瓦锡

拓展资源
拉瓦锡如何测出空气中氧气的含量

拉瓦锡（图 2-37）是法国著名化学家，被后世尊称为"近代化学之父"。拉瓦锡在化学上的杰出成就很大程度上源于他将化学从定性向定量的转变。1771 年拉瓦锡建立了氧化学说，彻底推翻了燃素说的燃烧学说。拉瓦锡帮助构建了度量体系，编写了第一份广泛的元素清单，并帮助改革化学术语。他预言了硅的存在，并第一个确立硅的存在，同时确立硫只包含一种元素，而不是一种化合物。他提出规范的化学命名法，撰写了第一部真正的现代化学教科书《化学基本论述》。拉瓦锡崇尚定量实验，他说必须用天平进行精确测定来确定真理。他倡导并改进定量分析方法，并用其验证了质量守恒定律（也称为物质不灭定律）。他被卷入了大革命的斗争，最终被判处了极刑。欧洲各国学会纷纷向国会请求赦免拉瓦锡，以便他可以继续开展科学实验，但法官声称："共和国不需要科学家或化学家，审判不能推迟。"1794 年 5 月 8 日，拉瓦锡被送上了断头台。他泰然受刑而死，终年 51 岁。据说在行刑前，他和刽子手约定自己被砍头后尽可能多眨眼，以此来确定头砍下后是否还有感觉，这是他进行的最后一次科学研究。数学家拉格朗日痛心地说："他们可以一眨眼就把他的头砍下来，但他那样的头脑一百年再也长不出一个来了。"

交流与讨论　拉瓦锡在化学界的地位堪比牛顿在学术界的地位，同学们从拉瓦锡身上学到了哪些科学方法和精神，谈谈这些方法在自己学习中的运用。

（三）原子论创立者——约翰·道尔顿

图 2-38　约翰·道尔顿

约翰·道尔顿（图 2-38）是英国化学家、物理学家，原子理论的提出者。1803 年，他继承古希腊朴素原子论和牛顿微粒说，提出原子论，其要点：①化学元素由不可分的微粒——原子构成，他认为原子在一切化学变化中是不可再分的最小单位；②同种元素的原子性质和质量都相同，不同元素原子的性质和质量各不相同，原子质量是元素的基本特征之一；③不同元素化合时，原子以简单整数比结合。他推导并用实验证明倍比定律，如果一种元素的质量固定，那么另一种元素在各种化合物中的质量一定成简单整数比。

道尔顿的原子论是继拉瓦锡的氧化学说之后，理论化学的又一次重大进步，他揭示出了一切化学现象的本质都是原子运动，明确了化学的研究对象，对化学真正成为一门学科具有重要意义。此后，化学及其相关学科得到了蓬勃发展。在哲学思想上，原子论揭示了化学反应现象与本质的关系，继天体演化学说诞生以后，又一次冲击了当时僵化的自然观，对科学方法论的发展、辩证自然观的形成以及整个哲学认识论的发展具有重要意义。

（四）分子假说提出者——阿伏伽德罗

图 2-39　阿伏伽德罗

阿伏伽德罗（图 2-39）是意大利化学家，生于都灵的显赫家族。阿伏伽德罗从盖-吕萨克定律得到启发，于 1811 年提出了一个对近代科学有深远影响的假说：在相同的温度和相同压强条件下，相同体积中的任何气体总具有相同的分子个数。但他这个假说却长期不为科学界所接受，主要原因是当时科学界还不能区分分子和原子。当时化学界的权威，瑞典化学家 J. J. 贝采利乌斯的电化学学说很盛行，在化学理论中占主导地位。电化学学说认为同种原子是不可能结合在一起的。因此，英、法、德国的科学家都不接受阿伏伽德罗的假说。直到 1864 年，J. L. 迈尔出版了《近代化学理论》一书，许多科学家从这本书里了解并接受了阿伏伽德罗分子假说，阿伏伽德罗定律为全世界科学家所公认。

阿伏伽德罗分子假说引入了“分子”的概念，第一个认识到物质由分子组成、分子由原子组成。他的分子假说奠定了原子-分子论的基础，推动了物理学、化学的发展，对近代科学产生了深远的影响。

（五）元素周期表发明者——门捷列夫

图 2-40　门捷列夫

门捷列夫（图 2-40）是俄国化学家，他对化学这一学科发展最大的贡献在于发现了化学元素周期律。他在批判地继承前人工作的基础上，对大量实验事实进行了订正、分析和概括，总结出这样一条规律：元素（以及由它所形成的单质和化合物）的性质随着原子量（现根据国家标准称为相对原子质量）的递增而呈周期性的变化，即元素周期律。他根据元素周期律编制了第一个元素周期表。门捷列夫在化学元素周期表中留下空位，预言了类似硼、铝、硅的未知元素的性质，即以后发现的钪、镓、储。后来，他的预言都得到了证实。门捷列夫运用元素性质周期性的观点写成《化学原理》一书，被国际化学界公认为标准著作，影响了一代又一代的化学家。恩格斯在《自然辩证法》一书中曾经指出："门捷列夫不自觉地应用黑格尔的量转化为质的规律，完成了科学上的一个勋业，这个勋业可以和勒维烈计算尚未知道的行星海王星的轨道的勋业居于同等地位。"

这一时期，在积累实验事实和经验的基础上，化学成为一门独立的学科，建立起无机化学、有机化学、分析化学和物理化学四个基础分支学科。在应用方面，兴起了化学工业。19世纪，化学进入繁荣昌盛时期，成为科学整体发展的带头学科。

五、现代化学时期

19世纪末，物理学上出现了三大发现，即X射线、放射性和电子。这些新发现猛烈地冲击了道尔顿关于原子不可分割的观念，从而打开了原子和原子核内部结构的大门，揭露了微观世界中更深层次的奥秘。各种物理测试手段的涌现，促进了溶液理论、物质结构、催化剂等领域的研究，尤其是量子理论的发展，使化学和物理学有了更多共同的语言，解决了化学上许多未决的问题，物理化学、结构化学等理论逐步完善。同时，化学又向生物学和地质学等学科渗透，使过去很难解决的蛋白质、酶等结构问题得到了深入的研究，生物化学等也得到了快速的发展。

自从化学成为一门独立的学科后，化学家们已创造出许多自然界不存在的新物质。到了21世纪初，人类发现和合成的物质已超过3 000万种，使人类得以享用更先进的科学成果，极大地丰富了人类的物质生活。我国著名化学前辈杨石先先生说过，"农、轻、重，吃、穿、用，样样都离不开化学。"

化学科学面临的机遇和挑战

拓展阅读

1. 侯氏制碱法创始人——侯德榜

图2-41 侯德榜

侯德榜（图2-41）是我国著名科学家，杰出的化工专家，重化学工业的开拓者。他于20世纪20年代突破氨碱法制碱技术的奥秘，主持建成亚洲第一座纯碱厂；20世纪30年代领导建成了我国第一座兼产合成氨、硝酸、硫酸和硫酸铵的联合企业；20世纪四五十年代又发明生纯碱与氯化铵的联合制碱新工艺，以及碳化法合成氨流程制碳酸氢铵化肥新工艺，并使之在20世纪60年代实现工业化和大面积推广。他还积极传播交流科学技术，培育了很多科技人才，为发展科学技术和化学工业做出了卓越贡献。

碳酸钠用途非常广泛，虽然人们曾先后从盐碱地和盐湖中获得碳酸钠，但仍不能满足工业生产的需要。1862年，比利时人索尔维（1838—1922）发明了以食盐、氨、二氧化碳为原料制取碳酸钠的"索尔维制碱法（又称氨碱法）。此后，英、法、德、美等国相继建立了大规模生产纯碱的工厂，并组织了索尔维公会，对会员以外的国家实行技术封锁。第一次世界大战期间，欧亚交通阻塞。由于我国所需纯碱都是从英国进口的，一时间，纯碱非常缺乏，一些以纯碱为原料的民族工业难以生存。1917年，爱国实业家范旭东在天津塘沽创办了永利碱业公司，决心打破洋人的垄断，生产出中国的纯碱。他聘请正在美国留学的侯德榜先生出任总工程师。

侯氏制碱法最大的优点是使食盐的利用率提高到96%以上。另外，它综合利用了氨厂的二氧化碳和碱厂的氯离子，生产出两种可贵的产品——纯碱和氯化铵。同时这种方法是将氨厂的废气二氧化碳转变为碱厂的主要原料来制取纯碱，这样就节省了碱厂里用于制取二氧化碳的庞大的石灰窑；从而不再生成没有多大用处，又难于处理的氯化钙，减少了对环境的污染，并且大大降低了纯碱和氮肥的成本，充分体现了大规模联合生产的优越性。侯氏制碱法工艺流程图如图 2-42 所示。

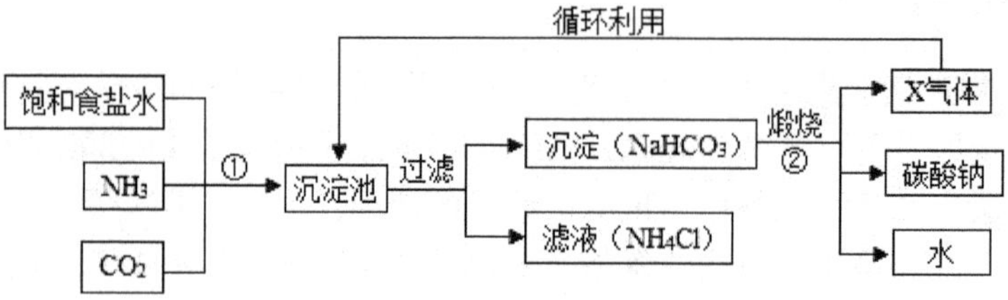

图 2-42　侯氏制碱法工艺流程图

侯德榜是一位杰出的科学家，他打破了索尔维集团 70 多年对制碱技术的垄断，发明了世界制碱领域最先进的技术，并为祖国的化工事业奋斗终生。他犹如一块坚硬的基石，与范旭东、陈调甫等实业家、化学家一起，托起了中国现代化学工业的大厦，亲切地被人们称为“国宝”。

2. 中国稀土之父——徐光宪

徐光宪（图 2-43）是一位杰出的中国无机化学家，被誉为“中国稀土之父”和“稀土界的袁隆平”。徐光宪 1920 年 11 月 7 日出生于浙江绍兴，1944 年毕业于上海交通大学化学系，1951 年获得美国哥伦比亚大学博士学位。回国后，他在北京大学任教，先后担任过原子能系副主任、稀土化学研究中心主任、化学与分子工程学院教授等职务。他还曾担任过中国化学会理事长、亚洲化学联合会主席、全国人大代表、全国政协委员等社会职务。他在量子化学、稀土分离、物质结构等领域作出了重大的贡献，获得了多项国家级的奖励和荣誉，培养了众多的优秀学生和科研人才。他编著的《物质结构》被授予国家优秀教材特等奖。他还创立了具有普适性的串级萃取理论，解决了稀土分离的难题，在全国普遍推广应用后，使中国单一高纯稀土的生产与外贸占到全世界 90% 以上的份额，迫使美日稀土分离厂停产，取得国际领先水平和巨大的经济及社会效益。

图 2-43　徐光宪

拓展资源

化学发展史　　化学方法研究

实践与探索

实践任务

在数以千万计的蛋白质家族中，结晶牛胰岛素的地位举足轻重。因为，在人类历史上它是第一个被确定了一级结构——分子中的氨基酸连接顺序，并且是第一个用人工合成方法成功合成的活性蛋白质。请以小组为单位，上网查阅资料，了解我国科学家孜孜不倦合成结晶牛胰岛素的过程，了解中国科学家对化学科学发展与技术进步所作出的巨大贡献。并以“我从人工合成结晶牛胰岛素想到的”为题写一篇600字的演讲稿，在班级举行一次演讲比赛。

思考与讨论：

1. 火是如何促成人类社会的形成的？化学又是怎样推动人类社会的进步与发展的？

2. 人类对纤维素的利用历史悠久，造纸术是人类利用纤维素的代表，对人类社会文明进步起到了巨大的推动作用。请以小组为单位，探讨我国古代四大发明之一的造纸术对世界文明的意义。

3. 塑料制品极大地方便了人类的生产生活，但也给地球带来了重大危机——“白色污染”，请以小组为单位，结合教材认识塑料制品标识及常见塑料的性质和用途，了解我国在治理“白色污染”方面的举措，讨论实行垃圾分类的意义，并提出你的环保方案。

第四节　从细胞的发现到DNA双螺旋结构

情景导入

地球是人类的家园，也存在各种各样多姿多彩的生命。地球大约45亿年前形成，最早的地球生命大约在38亿年前出现。最早的地球只有岩石圈、原始水圈和大气圈。后来，生物出现并慢慢发展，占据岩石圈、水圈和大气圈中的一定区域而形成了生物圈。生物在生物圈中繁衍生息，经历了亿万年漫长岁月的自然选择，终于形成了现在绚丽多彩的生物。生物和它所居住的环境共同组成生物圈。

学习任务

1. 生物和非生物如何区分？
2. 生物的发展经历了哪几个阶段？
3. 生物学有哪些经典实验？

章节内容

生物学是研究生命的科学。生物学在不同层次上研究一切生物体的结构、功能、发现和发展的规律。生物在形态构造、生活习性、营养方式、生殖方式等方面都有很大的不同，可以说是千差万别，但是它们又都有一些共同之处，使它们截然有别于无机界，成为生物学研究的对象。

一、描述性生物学阶段

15 世纪下半叶到 18 世纪末是近代生物学发展的萌芽阶段，19 世纪以后近代生物学取得了重大进展，提出了细胞学说，创立了进化论，进入了描述性生物学阶段。

（一）哈维与生理学

哈维于 1578 年生于英国一个富农之家。他在取得剑桥大学的医学学士学位后周游欧洲。他在意大利帕多瓦大学向法布里休斯学习解剖学。帕多瓦大学素以政策开明、学术自由著称，维萨里开创的亲自动手做解剖学实验的教学方法，为这所大学的医学院吸引了一大批热情好学的青年。哈维留学期间，伽利略正在帕多瓦任教，这位近代实验科学大师所倡导的实验-数学方法和力学自然观，对许多学科领域产生了很大的影响，哈维亦获益匪浅。他懂得了：无论是教解剖学或是学解剖学，都应以实验为依据，而不应以书本为依据。1602 年，哈维获得帕多瓦大学的医学博士学位，同年回伦敦定居开业行医。行医之余，哈维继续从事解剖学研究，特别对心血管系统进行了认真的研究。

哈维与血流循环理论

哈维在 1628 年发表了《动物心血运动的解剖研究》，他在书中系统地总结了他所发现的血液循环运动的规律及其实验依据，这部只有 72 页的小书是生理学史上划时代的著作。哈维在前人工作的基础上发现了血液循环，这是他的历史性功绩。他通过发现血液循环把实验方法引入生物学。所以恩格斯评价说：“哈维由于发现了血液循环而把生理学确立为科学。”

哈维发现了血液循环，但是在当时的条件下，他并不能清楚地了解血液是怎样由动脉流到静脉的。他只是根据他的观察和实验作出了正确的推断，即血液是由心脏经过动脉到静脉再回到心脏这样循环不息地流动着的。在他逝世后，显微镜才得到改进。意大利的解剖学家马尔比基在 1661 年发现了动脉与静脉之间的毛细血管，从而完善了哈维的血液循环学说。

（二）施莱登和施旺与细胞学说

早在 17 世纪，显微镜刚刚问世的时候，物理学家胡克就在植物切片中发现了一种蜂窝状的结构。它布满了气孔，而且看起来植物的微观结构中除了由大大小小的小盒子围成的气孔，什么也没有。胡克将这些小盒子命名为细胞，这是“细胞”一词的第一次出现。与胡克同时或以后，其他生物学家进一步发现细胞内部并非空洞的气孔，而是充满了柔软组织。英国植物学家布朗利用单显微镜发现了细胞里面的细胞核。细胞的存在已是众所周知的事实，但人们对它的内在结构和功能以及在生物体中所处的地位还不太清楚。细胞学说最终是由德国植物学家施莱登和动物学家施旺完成的。施莱登早年学的是法律，在汉堡做过一段律师，但他很不喜欢这个工作。1831 年，他决定改行在哥廷根大学和柏林大学学习植物学和医学，并且很快发现这个工作给他带来很大的乐趣。当时的植物学仍然在进行分类再分类的工作，施莱登认为这些工作意义不大，属于业余消遣，并不是真正的植物学。他认为，真正的植物学应当去研究植物的结构，从而发现植物生长的规律。1838 年，施莱登发表了《植物发生论》一文，重提布朗关于细胞核的发现，并认为细胞核是植物中普遍存在的基本构造。他提出，无论怎样复杂的植物体，都是由细胞组成的。细胞不仅自己是一种独立的生命，而且作为植物体生命的一部分，维持着整个植物体的生命。施莱登还推测，细胞核是细胞的母体，因此在细胞的形成过程中，首先形成的是细胞核。

将细胞学说推广到动物界，从而给出最一般的细胞学说的是施旺。施旺早年学医，是著名德国生理学家缪勒的得意门生。还在学生时代，他就发现了胃蛋白酶，知道它是胃酸消化食物的主要助手。施莱登的论文发表之后，缪勒提醒施旺注意细胞学说的重要意义。与施莱登的会面使施旺猛然想起了自己从前在脊索动物标本中发现过类似的有核单位，便意识到也许在植物体中起着基本作用的细胞，在动物体内也有着相同的作用。动物体远比植物体更为复杂，类似细胞的东西已经被前人发现过，但彼此的差别胜过相似性。而且由于动物细胞的透明性，在显微镜下往往很难看到它们。施旺首先注意到动物体内的细胞核是普遍存在的，因而以有无细胞核作为有无细胞的判据。1839 年，他发表了题为《动植物结构和生长的相似性的显微研究》的论文，指出一切动物组织，无论彼此如何不同，均由细胞组成。他认为，所有的细胞，无论是植物细胞还是动物细胞，均由细胞膜、细胞质、细胞核组成。这样，他就建立了生物学中统一的细胞学说。

拓展资源
动物细胞和植物细胞

1. 实验生物学阶段

1）达尔文与《物种起源》

近一个半世纪前，进化论是作为特创论的对立面而出现的。进化论代替特创论，对生物学、自然科学乃至人类思想是一次革命。在这之前，特创论占统治地位。那时大多数人相信世界，包括形形色色的生物在内是上帝有目的地设计和创造的。各种各样的生物一经被上帝创造出来，就不会再有变化，它们是天生完美的。1859 年伟大的生物学家达尔文（图 2-44）出版了《物种起源》一书，用令人信服的材料证明，物种是可以变化的，而且一直在变化之中。一个物种是从原先存在的另一个物种演变而来的。每个分类群乃至整个生物有一个共同的由来，它们来自一个共同的祖先。达尔文给我们描绘了另一个世界：这里没有超自然的创造，没有预定的目的，没有预先的设计，生物按照自身的法则在无休止的运动，在变异、在进化。

图 2-44　达尔文

在达尔文以前，仅仅有少数科学家对圣经创世故事，对物种是固定不变的论断提出疑问。第一个坚定的进化论者是法国学者拉马克。

拉马克学说

然而，随着科学的发展，进化思想的创立和成长是一件不可避免的事情。1809 年，正是拉马克那本招来非议的《动物学哲学》出版的那一年，一位后来改变了整个生物学的人物达尔文诞生了。达尔文的父亲是一位出色的医生，他的祖父 E. 达尔文是《动物规律学》一书的作者，在这本书中，有一些不甚明确的进化假说，但是他并没有进一步扩充这些观点。青少年时代的达尔文特别喜爱博物学，热衷于打猎、采集标本，他称自己为“天生的博物学家”。在当时的英国，博物学还不是大学里正当的研究学科，达尔文 16 岁进入爱丁堡大学学医，1828 年又到剑桥大学学习神学，但他仍然迷恋于博物学。在爱丁堡和剑桥，他多次参加博物学的野外考察，阅读大量博物学著作，从他的老师亨斯罗等人那里汲取了大量博物学知识。1831 年年仅 22 岁的达尔文，以不支取薪金的博物学家的身份，参加了贝格尔号航海考察。这时，达尔文已经成为一位有经验的博物学家。在航行中，他能将收集到的生物标本迅速地标上属和科的名称，并作出有条不紊和方法得当的记录。这表明他在昆虫学、动物学、植物学和地质学方面有着广博的知识，并在野外研究考察的方法技能上训练有素。参加贝格尔号航行考察（1831 年 12 月 27 日—1836 年 10 月 2 日）是达尔文一生中有决定意义的事件。贝格尔号是被派往美洲去测绘南美洲海岸线的。达尔文将大部分时间用在岸上采集生物标本和化石标本。在这次环球考察所收集到的材料成为他提出进化理论的最早也是最重要的证据之一。到了 1839 年，达尔文的物种形成和进化的观点，包括自然选择的学说已经定型。1844 年前，他已经整理好一篇重要论文，其中包含了后来的《物种起源》一书的主要论点。《物种起源》的出版给特创论以沉重的打击，使生物学终于摆脱了神学的羁绊，而作为一门科学站立起来。《物种起源》出版一个半世纪以来，进化生物学有了巨大的发展。但《物种起源》出版引起的争论，至今也没有完全平息下来。尽管如此，达尔文已经被人们奉为人类最伟大的科学家之一而载入史册。在进化生物学范围内，至今很少有人能和达尔文的贡献相比，没有哪一个研究者给该学科发展如此大的推动。虽然有人一次又一次地宣称已经把达尔文驳倒，但是达尔文的许多观点和他所掌握的证据至今仍富有生命力。

达尔文
贝格尔号

2）孟德尔与遗传定律

格雷戈尔·孟德尔（图 2-45）是遗传学的伟大创始人。孟德尔出生在奥地利西里西亚的海因策道夫村，外祖父是园艺工人，父亲是农民。孟德尔自幼爱好园艺，学习勤奋，成绩优异。1840 年他考入奥尔米茨大学哲学院，主攻古典哲学，但他还学习了数学和物理学。1843 年，由于家庭生活贫困，21 岁的孟德尔就成了当时奥地利古老的布隆城的奥古斯汀修道院的修道士。1847 年，孟德尔被任命为神父，改名为格里戈·孟德尔。由于孟德尔聪明好学，1851 年他被推荐进入了维也纳大学。在大学期间，他系统地学习了物理学、化学、数学、动物学、植物学、昆虫学及古生物学等课程。由于孟德尔受到了他的物理学、数学和化学教授的强烈影响，使他后来的研究既具有实验性，又具有数学的严谨性，而这些科学素养在很大程度上决定了他的成功。1856 年，孟德尔在修道院的一小块花园土地上，开始了他的豌豆杂交试验——这让孟德尔发现了遗传的基本规律，并为现代遗传学奠定了基础。1865 年，孟德尔将他坚持 8 年的豌豆杂交试验结果写成一篇《植物杂交试验》论文，于 1865 年 2 月 8 日和 3 月 8 日分两次在当时布隆城的自然科学大会的年会上宣读，随后于 1866 年发表在布隆博物学会会刊上。孟德尔的研究成果超越了那个时代，所以他的论文在当时并没有引起任何科学家的重视，以致他所揭示的遗传规律默默无闻地被埋没了 35 年。直到 1900 年，几乎同时被 3 位科学家，荷兰阿姆斯特丹大学教授德弗里斯、德国多宾根大学植物学家科伦斯以及奥地利农林学院的切

孟德尔
豌豆杂交
实验

尔马克重新发现了孟德尔的那篇具划时代意义的论文。此后在世界科学界引起轰动，导致了遗传学的诞生。

图 2-45　孟德尔

拓展资源
孟德尔豌豆杂交试验结果

3）摩尔根及其黑腹果蝇。

摩尔根的果蝇实验

摩尔根出生在美国肯塔基州列克星敦的一个名门望族家庭。摩尔根出生之年，正是孟德尔定律诞生之年，也是孟德尔关于豌豆杂交试验的论文发表之年。他从小酷爱大自然，喜欢采集动植物标本和收集化石。1880 年他在肯塔基州立学院学习，1886 年获动物学学士学位。一年之后，他转入约翰霍普金斯大学当研究生，从事形态学和胚胎学研究，于 1890 年完成了题为《论海洋蜘蛛》的论文并获得哲学博士学位。1891—1895 年，摩尔根先后从事过教学和动物园工作。1904 年接受 E. B. 威尔逊教授的邀请，前往哥伦比亚大学任实验动物学教授，并在此和他的学生和同事们开始了他举世闻名的黑腹果蝇的遗传学试验。1928 年，摩尔根成为加利福尼亚理工学院生物学第一任系主任和生物实验研究所所长。此后摩尔根一直在该学院从事科学研究和科学组织工作，直到 1945 年因消化道疾病去世，享年 79 岁。摩尔根在他半个多世纪的学术生涯中，从事了实验胚胎学、细胞学、生理学和遗传学等的研究工作，由于他具有坚实的理论基础和良好的实验训练，加之他渊博的学识和对科学的热忱，他取得了许多重要成果。他和他的学生们发现了基因的连锁与交换，证明了基因在染色体上呈直线排列，为现代遗传学奠定了细胞学基础。由于他在染色体遗传理论上的杰出发现，摩尔根于 1933 年成为世界上第一位获得遗传学方面诺贝尔生理学或医学奖的科学家。

二、分子生物学阶段

（一）沃森和克里克与 DNA 双螺旋结构模型

进入 20 世纪 50 年代，科学家们纷纷开展了对 DNA 分子立体结构的研究，取得了不少有益的成果，伦敦大学的化学家 Rosalind Franklin 就是其中之一，她用 X 射线衍射技术研究 DNA 的结构。Franklin 和她的同事 Maurice Wilkins 得到了 DNA 的 X 射线晶体衍射的图像，清晰地揭示了 DNA 分子双螺旋结构的性质。美国遗传学家 James D. Watson 于 1951 年来到英国剑桥大学卡文迪什实验室和正在该实验室用 X 射线衍射技术研究蛋白质三维结构的物理学家 Francis Crick 合作研究 DNA 的空间结构。在此后的几年时间里，他们阅读文献，参加会议，分析 Franklin 和 Wilkins 的 X 衍射数据和当时已知的 DNA 化学性质，开始建立 DNA 的双螺旋结构模型（图 2-46）。当他们试图建立一个令人满意的模型——糖苷键骨架位于双螺旋内部的尝试失败之后，Watson 设想糖苷键骨架位于双螺旋的外侧，碱基位于分子的内侧，4 种碱基一定是以某种特殊的方式彼此结合的。

图 2-46　Watson 和 Crick 建立 DNA 双螺旋结构模型

Watson 假设碱基是 A 和 A，C 和 C 配对的，但是，这种配对方式不能解决 DNA 分子具有处处相同的分子直径的事实。因为一个“AA”对（A 为双环碱基）的直径是一个“CC”对直径的近 2 倍！这样会引起 DNA 分子中出现突起。所以双环的嘌呤碱基一定是与单环的嘧啶碱基在两条走向相反的链上互补配对的。而且 Watson 和 Crick 还意识到，碱基的不同结构决定了与之配对的碱基的特殊性。每对彼此配对的碱基之间应该能够形成最稳定的氢键数目。所以碱基配对应该在腺嘌呤（A）与胸腺嘧啶（T）以及鸟嘌呤（G）与胞嘧啶（C）之间进行。或者说是 A 与 T 互补，G 与 C 互补。这一推断不仅解释了已知的 DNA 的物理化学性质，而且也成功地解释了 Chargaff 法则。

DNA 双螺旋模型

就这样在经历种种失败的烦恼和成功的喜悦之后，终于在 1953 年，Watson 和 Crick 提出了 DNA 双螺旋模型。他们两人以及 Wilkins 共同赢得了 1962 年诺贝尔生理学或医学奖。

三、生物学和现代生活的关系

每一天，我们都会不止一次地从各种大众传媒上接触到这样一些词汇：全球变暖、空气和水的污染、酸雨、臭氧层被破坏、荒漠化、濒危物种、热带雨林、绿化、遗传工程、计划生育、试管婴儿、克隆、杂交水稻、有氧运动、减肥、艾滋病、免疫系统及 SARS 等。仅仅为了能够理解和把握大众传媒上的有关信息，我们就需要掌握一定的生物学基础知识。

生物学对现代社会的影响表现在对农业和医学的贡献上。例如在农业上，1949 年到 1975 年世界粮食产量每年平均增长率为 2.8%，超过人口增长率。遗传育种方面的一些突出成就，如墨西哥小麦、菲律宾水稻和我国的杂交水稻，都在以增产粮食为目标的“绿色革命”中起了关键作用。医药卫生方面，新抗生素、新疫苗的发明使一些细菌病（肺结核、伤寒）和一些病毒病（小儿麻痹、麻疹、乙型脑炎）得到控制；免疫学的进步使异体器官移植成功率得到迅速提高，并发现了自体免疫病（如红斑狼疮、类风湿性关节炎）的病因。人工转移基因技术，通常称为基因工程技术的发展引人注目。它可以用来产生某种药物，如干扰素和胰岛素，它也可能用来增加谷物的产量和质量。

生物学与环境

小结与展望

生物学的发展历程时间虽然不长，但是从最早的描述生物学阶段，再到实验生物学阶段、分子生物学阶段，每个阶段都有不同科学家做出的不断努力和卓越贡献。生物学与人类的命运息息相关，要正确认识和解决我们所面临的问题，首先必须认识这样一个基本事实：今日地球上以生物多样性为基础的生态系统，是适合于成为人类家园的地球表层环境状态的不可替代的支持系统。不管人类掌握了多大的自然力，它仍然是这个大系统中的一员，人类不能离开这个系统，而且必须在维护好这个系统的前提下谋求自身的发展。人类既不能被动地受自然支配，又不能任意地支配自然。人应当回归自然，与自然协同进化。

拓展阅读

1. 袁隆平与杂交水稻

图 2-47　袁隆平

禾下乘凉梦，一梦逐一生。他是用毕生努力发展杂交水稻的追梦人；他躬耕田野，脚踏实地把科技论文写在祖国大地——他，就是袁隆平（图 2-47）。20 世纪五六十年代，亲历过饥馑岁月的袁隆平选择农业报国。1953 年从西南农学院毕业后，袁隆平来到湖南省安江农校工作，一心扑在农学研究上。袁隆平认为，杂种优势是自然界中存在的普遍现象，可是在传统理论中，水稻恰恰没有杂交优势，它是一种自花授粉作物，一株水稻只要一开花，雄花自然就会给同株上同时开放的雌蕊柱头授粉。1961 年 7 月，袁隆平在安江农校周边的田里发现一株鹤立鸡群的水稻。水稻播种后，高产的性状没有再现，反而出现严重的性状分离。他根据孟德尔的豌豆实验推测，发现的这株水稻是一株天然的杂交水稻。有了这个分析以后，他认为既然自然界能够长出天然杂交稻，在自然界应该也可以找到雄花是败育的、雌花是正常的天然雄性不育株，那么人工也可以培育出杂交稻。为了寻找天然雄性不育水稻，1964 年到 1965 年，在安江农校附近的稻田里，袁隆平一垄垄、一行行地检查了几十万株稻穗。他冒着高温，在田里晕倒了爬起来继续找，坚持不懈地找了两年，终于找到 6 株天然雄性不育稻株。他立刻利用它们反复试验、反复论证。此后，袁隆平与他的学生李必湖、尹华奇成立“三人科研小组”，开始了水稻雄性不孕性的研究。1964 年到 1970 年间，袁隆平师徒几人用栽培稻的雄性不育株，先后与近 1 000 个品种做了 3 000 多个杂交试验，以期在后代中获得稳定的雄性不育水稻。但结果却不太令人满意，达不到始终保持不育，这也意味着无法进行大规模生产。袁隆平反复思索、比较，他敏锐地意识到，他们所用的杂交材料，亲缘关系还是比较近，如果再把杂交材料的亲缘关系拉大，用一种远缘的野生稻与栽培稻进行杂交，效果也许会更好。1970 年，袁隆平的助手在海南南红农场工作人员的帮助下，在当地一处沼泽中发现了后来被称为“野败”的雄性不育野生稻。袁隆平以它为母本，培育出了 200 多粒“野败”的第二代不育株稻种种子。从第一株天然杂交稻到“野败”，经历了将近十年时间，杂交水稻研究终于找到了突破口。像袁隆平一样，我国一代又一代科学家怀着深厚的爱国主义情怀，凭借精湛的学术造诣、宽广的科学视野，前赴后继、接续奋斗，为祖国和人民作出了彪炳史册的重大贡献。

2. 屠呦呦与青蒿素

屠呦呦与青蒿素

拓展资源

生物学发展史

生物研究方法

实践与探索

实践任务

《地球生命力报告 2018》显示，从 1970 年到 2014 年，野生动物种群数量消亡了 60%。最近数十年，地球物种消失的速度是数百年前的 100 到 1 000 倍。报告指出，全球鱼类、鸟类、哺乳动物、两栖动物和爬行动物的数量相较 1970 年平均下降了 60%，而且消亡速度正在加快，鸟类、哺乳动物、两栖动物、珊瑚以及苏铁科植物这五大物种消亡加速尤其严重。淡水生态系的生物数量减少速度最快，达 83%。这些物种种群支撑着维系地球生命力的生态系统，我们对生态系统和生态功能的过度索取，正在危害着我们的将来。请以“保护生物多样性”为主题，查找资料，进行科普宣传。

思考与讨论：

1. 牛能消化草但人不能，这是因为牛胃中有一种特殊的微生物而人胃中没有。你认为这种微生物进行的是什么生化反应？如果用一种抗生素将牛胃中的所有微生物都消灭掉，牛会怎样？

2. 光合作用通常是指绿色植物（包括藻类）吸收光能，把二氧化碳和水合成有机物，同时释放氧气的过程。光合作用能够利用太阳能转化为化学能，分小组查找有关光合作用发现过程的资料。

第五节　从巫术到现代医学

情景导入

医学是什么？很多人喜欢把医学分为西医和中医，其实这种分法不是很准确，因为医学其实没有国界之分。更准确的分类应该是现代医学和传统医学。有了人类，就逐步有了医学。医学起源的初衷，就是人与人之间的救助。当这种救助越来越专业化的时候，自然也就形成一门职业。在古埃及，治疗是巫师们的特权，而在古希腊，医生们被视为四处游历的怪人，他们更有可能令病情雪上加霜，而非助人康复。到了16世纪，富有革新精神的医生们尝试了药物、炼丹术、占星术、草药学、矿物学、心理疗法和信仰疗法的广泛混合；而在现代世界，医学已经发展到能够让医生远隔重洋为病人进行远程手术的地步。

今天，医学作为一门非常重要的学科，被定义为处理生命的各种疾病或病变的一种学科，促进病患恢复健康的一种专业。研究领域大方向包括法医学、中医学、口腔医学。在提高人类寿命和生存质量中起着关键作用。从古至今，伴随着人类社会的进步，医学是如何从巫术发展到今天的医学的呢？

学习任务

1. 医学的发展经历了哪几个阶段？每个阶段都有哪些重大变革？
2. 医学的发展有很多的方法论，请总结这些方法，并谈谈如何应用到学习中。
3. 现代医学如何从非科学到科学？

章节内容

一、早期传统医学

医学和人类一样古老。在5万多年前的石器时代，穴居人类最早粉碎、浸泡草药，用它们治疗疾病。传统形式的医学，在各个大洲各自演变传承，包括在非洲的沙漠和丛林、北美的平原、南美洲的热带雨林，以及温暖的太平洋岛屿。遗憾的是，其事不见于史传。

（一）埃及医学

在科学不发达的以前，巫和医是不分的。巫师也从事给人看病的事，医生也用一些巫术治病。古埃及的巫医非常受人尊敬。他们主要在治疗外伤时进行手术，其操作包括缝合伤口、以简单的手术修复断骨、截肢、使用有杀菌功能的柳叶绷带等。他们还会切除肿瘤并通过烧灼来消毒，甚至可能已经进行过如气管切开术（开放气道）般复杂精微的操作，他们也使用了种类广泛的工具，包括由燧石或玻璃质的黑曜石（可以用磨刀石磨出锋利的边缘）制成的解剖刀和小刀。

（二）希腊医学与希波克拉底

希腊医学借鉴了许多之前埃及的信仰和做法，但它转变了先前对疾病的看法，不再认为疾病是某种来自神明的惩罚。希腊医生开始认为疾病是人体的一种自然现象，是人体内四种被称作“体液”的物质失衡所导致的。该学说在医学上的核心地位保持了 2 000 年。“四体液说”认为，人体包含血液、黄胆汁、黑胆汁、黏液这四种体液，或者说是由这四种体液组成的。在健康的身体中，这些体液是稳定、均衡的，但如果碰巧有什么扰乱了它们的平衡，疾病就会接踵而至。特定体液的失衡导致了特定疾病。这是因为每种体液都有其特性，其特性不仅与经典的四种元素相关，而且与身体某一特定部分，甚至一年中的某个季节有关。该学说将血液与气、肝脏、春季、温暖、潮湿关联起来；将黄胆汁与火、脾、夏季、温暖、干燥关联起来；将黑胆汁与土、胆、秋季、寒冷、干燥关联起来；将黏液与水、肺、脑、冬季、寒冷、潮湿关联起来。

尽管这种四体液学说也缺乏科学基础，但是它的伟大之处在于，从此以后，人们开始从自身找病因，把人从神鬼的桎梏中解救出来。希腊文明对于世界的贡献，就是“理性”二字。

希波克拉底把医学建立成一门不同于巫术和宗教的学科，希波克拉底医学成就的许多方面至今仍伴随着我们（图 2-48）。我们把疾病分为“急性”和“慢性”，亦分为“地方性”疾病和“流行性”疾病。希波克拉底医学院还开拓了临床观察、检查、记录和患者问诊分析的方法，这些都是我们现在视作理所当然的医疗步骤。临床观察当时已经非常重要，但希波克拉底使其正式成为一个系统化的过程。希波克拉底主张每天至少应当进行一次临床观察，以便紧跟疾病的诊断及其自然病程，这将使医生能给出一个预测或评估：“我相信，进行预测对于医生来说是一件好事。如果他能从目前症状中预先知道之后会发生什么。他就能采取最好的治疗方法。”病历记录包括如脉搏、呼吸、体温、肤色、眼睛和嘴巴的外观、对内部器官的触诊情况以及排泄物状况等症状或体征的常规记录。

图 2-48　西方医学之父希波克拉底在医治一位女性患者

渐渐地，希波克拉底运动改变了公众对医生的看法，之前人们把医生看作四处游走的、没有什么社会地位的怪人，在此之后，人们把医生看作正直的社会成员。对这种转变至关重要的，是希波克拉底伟大的医疗服务号召，这是一个行为准则。如今我们都已知道，它被称为“希波克拉底誓词”。古往今来，其要求与患者及广大民众产生共鸣。毕竟，谁也不想要一个不修边幅、邋里邋遢、卑鄙无耻、缺少职业道德、不知谨言慎行且不与时俱进的医生。

（三）罗马医学与盖伦

盖伦-血液的作用

克劳迪亚斯·盖伦医学哲学的基础是希腊医学哲学（图 2-49）。他遵循希波克拉底学说，如认为构成身体的是四种体液——血液、黄胆汁、黑胆汁、黏液。他明确地将这些与四元素气（气体）、水（液体）、土（固体）、火（燃烧和变化）联系在一起，血液对应气、黄胆汁对应火、黑胆汁对应土、黏液对应水。他还认为，这些元素有与温度、湿度相关联的第一、第二特征：气首先是湿的，其次是热的；火热而干；土干而凉；水凉且湿。据盖伦所说，这些元素失衡或不当混合，就会导致疾病。盖伦的理论认为，生命来源于“气”。后来的医学家们在此基础上进一步发展，认为脑中有“精气”，决定运动、感知和感觉；心中有“活气”，控制体内的血液和体温；肝脏中有“动气”，控制营养和新陈代谢等。

总体而言，在古罗马医学的所有成就中，盖伦占有最重要的地位（图 2-50）。直到约 11 个世纪之后，博洛尼亚的蒙迪诺·德·卢齐才领导了解剖学新的发展趋势。当时已经可以设法回避人体解剖禁令，因此卢齐在其医学课程中重新引入了解剖。1316 年，他写了《人体解剖学》并用作其学生的参考书。这是一部突破性的著作，但它仍然沿袭了一些盖伦解剖学的错误。紧接着是安德烈亚斯·维萨里等文艺复兴时期解剖学家的开创性工作，驳斥了盖伦的许多解剖学观点。接下来的一个世纪，威廉·哈维阐明的血液循环过程，取代了盖伦关于心脏和血液的复杂观点。鉴于盖伦的著作涉及面极广，他工作时又受到约束，遭到这种驳斥或许也不足为奇。但盖伦的影响是如此巨大，以至于直到 19 世纪，一些医学院校仍依赖他的部分学说。

图 2-49　克劳迪亚斯·盖伦

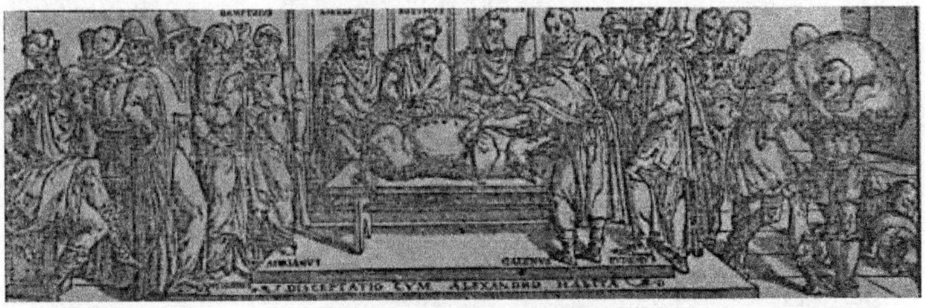

图 2-50　盖伦杀猪图

（四）传统东方医学

古代东方是人类文化的摇篮，主要指埃及、巴比伦、印度和中国。这些国家比其他国家较早地从原始社会过渡到奴隶制社会。埃及人在尼罗河中游、巴比伦人在底格里斯河和幼发拉底河流域的美索不达米亚平原、印度人在印度河及恒河流域、中国人在黄河流域各自创建了自己的文明。奴隶制社会生产力的发展使劳动进一步分工，出现了职业医生。在奴隶制度下，医学只是奴隶主的一种工具，公元前 18 世纪，经由巴比伦王汉谟拉比制定的《法典》规定：“奴隶因医生手术而死亡或致残者，须赔偿奴隶主全部或一半的奴隶身价；如果残疾或死亡的是自由民，则将医生的两手砍断作为处罚。”这充分反映了当时的社会关系。由于古代生产力低下，缺乏科学知识，人们尚不能认识疾病的真正原因，人类社会出现原始宗教观念以后，则把疾病现象归之为鬼神作祟。这一时期的医学宗教色彩甚浓，宗教与非宗教的经验医学混杂。中国《山海经》记载的“巫彭”“巫阳”等都是“神医”。

古代东方医学也逐渐积累了许多有价值的治病经验。据可靠资料记载，大约在公元4世纪，印度就能做断肢、眼科及剖官产等手术。埃及很早就使用催吐下泄、利尿、发汗等治疗法，并已知灌肠法，后者实际上起了治疗、清肠或排出肠内腐败物的作用。中国早在公元前5世纪就出现了名医扁鹊，最早用望、闻、问、切四法来诊断疾病。《黄帝内经》（图2-51）是中国最早的医学典籍，它的整体观念、阴阳五行学说、脏腑经络学说三者结合构成了辨症施治的理论体系。秦汉时期，临床治疗学有了新的发展，出现了药物学《神农本草经》。

特别是张仲景的临床治疗学名著《伤寒论》（图2-52），在东汉末年，外科方面的杰出人物华佗创造了药物全身麻醉法，可施行腹部手术。两晋南北朝时期王叔和的《脉经》，为脉诊奠定了基础，皇甫谧（士安）的《针灸甲乙经》，在针灸发展史上起了承前启后的作用。隋唐五代时期，名医巢元方撰写了《诸病源候论》，开创了病因病理学说革新的倾向，为不朽之作。药物学方面，公元659年中国唐朝颁布了世界上第一部药典《新修本草》。唐代伟大医学家孙思邈选编成的《千金方》，吸取了古今中外医学成就，起到了继往开来的作用。他的著作为妇、儿科奠定了基础。金宋时期的寒凉、攻下、补上、滋阴四大学派，一直影响到近代。明朝伟大医药学家李时珍（1518—1593年）编写《本草纲目》，对药物学、生物学作出了伟大贡献，影响遍及全世界。

图2-51 《黄帝内经》

图2-52 《伤寒论》局部

二、科学医学的兴起

（一）维萨里和解剖学

自从解剖学（对人体构造的研究）成为医学的基石之后，了解人体的最好方式就是去解剖一具尸体（最好是新的），即死于意外或被处死刑的健康人，这样才能保证尸体的内脏结构没有因为疾病而改变。然而，在16世纪早期，大部分的研究者都是继承自克劳迪亚斯·盖伦的传统学派。这是因为这位传奇的古罗马医师关于解剖学、哲学以及疾病的论述，从未被中世纪欧洲的学院派医学界质疑。尽管他的著作曾以各种拉丁语或者拉丁化的文本流传下来，后来又被翻译成阿拉伯语传播，再被许多“改良家”做出增添、修改，书里夹杂着各种被反复抄录的、质量和准确性不一的插图。例如，如果有一位医师解剖了一具尸体并且观察到了盖伦不曾描述过的事物，那么不是他的眼睛有问题，就是这具尸体是畸形的，抑或是盖伦的巨著在传承中被人添加了一个错误，也可能是人类的身体构造自盖伦时代以来发生了变化。无论如何，盖伦绝不可能有错误。

但安德烈亚斯·维萨里并没有陷入盖伦的魔咒中无法自拔。维萨里解剖了许多新鲜的人类尸体（图 2-53），也得到一些关于盖伦的新观点，他大胆决定要自己撰写一部解剖学的巨著。两年后，他出版了七卷本巨著《人体构造论》（图 2-54维萨里），获得了巨大成功。尽管这部作品卷帙浩繁，价格不菲，但到年末即销售一空。这不仅仅是因为新颖的木版画插图很大程度上展示了细节和巧妙的操作方法，而且还因为它们贴近生活。插图展示出栩栩如生的姿态和熟悉的环境，其中许多画的背景都在意大利的乡村。有一幅页边插画中画了一只狗，它的一只脚爪是人脚，这或许暗指盖伦的实验对象中有很多狗。

维萨里简介

维萨里基本参与了《人体构造论》一书制作的所有细节，并且决定让巴塞尔的著名出版商若阿尼斯·奥波瑞尼来制版，他采用四版方法，将木刻画雕刻在铜板上。书中插图清晰的细节，震惊了维萨里的读者。

《人体构造论》是一部意义重大的著作，它呼应了时代精神。与文艺复兴时代的科学、艺术、人文领域一样，它加速打破了古老传统，以及古已有之但未经证实的知识。据此，维萨里倡导一种依靠亲身观察和调查的方法。他也建立了新的科学准则和道德标准，并且逐渐渗透到所有的医学实践中。维萨里通过建立科学的现代解剖学，纠正了长期以来的错误认识，引进了新的发现，并且激励了新生派的医师、解剖学家和外科医生。

图 2-53　维萨里解剖场景

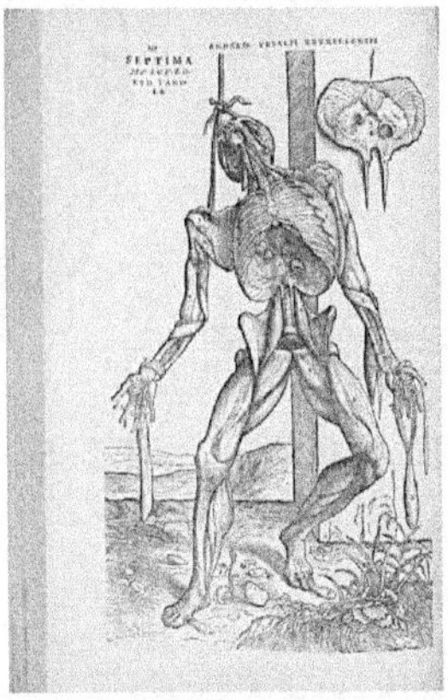

图 2-54　《人体构造论》中的解剖图

（二）列文虎克与显微镜

最早的显微镜发明者是亚斯·詹森，荷兰眼镜商，或者另一位荷兰科学家汉斯·利珀希，他们用两片透镜制作了简易的显微镜，但并没有用这些仪器做过任何重要的观察。

显微镜这种简单装置展示出了一个微观世界，让医学研究者和医生得以重新探讨人体的解剖结构，无论是健康者的还是疾病患者的。罗伯特·胡克在他的著作《显微图谱》（根据显微镜（图 2-55）观察结果而写成的简短笔记）中描绘了形形色色、令人着迷的微观物体，从昆虫的身体、眼睛和腿到一些花朵、种子和其他植物标本。在书中，胡克第一次使用“细胞”（cell）来描述软木植物标本上微小的盒形隔间。他将细胞比喻成一行行形状相似、僧侣们居住的斯巴达式房间（cell）。他的术语很快成了用来形容植物和动物最小生命组成部分的常规用法（图 2-56）。

然而，最伟大的显微学家，或许是荷兰代尔夫特的布商兼贸易商人——安东尼·凡·列文虎克（图 2-57）。列文虎克熟悉用于观察纺织品中丝线数的放大镜，迷上了镜片的设计和制造。他发明了一种方法，使用小玻璃球让放大镜能够放大数十倍，并且最终实现了超过 200 倍的效果。实际上这些都是非常强大的单镜片放大镜，而不是复式显微镜。列文虎克不断实验，改进了样品的照明和制备方式，制造了超过 500 个专用于各种夹具的镜片。从 17 世纪 70 年代起，伦敦的皇家学会开始出版他的观察结果和绘图，列文虎克不断为其刊物供稿，直到去世。

列文虎克广泛收集样本并且进行烦琐的观察。在池塘的水中，他发现了他称之为“微型生物”的生物——现代术语叫作单细胞微生物。他也观察人体，从自己口中所采集的唾液中发现了我们现在所说的细菌：“这里生存着许多渺小的微型生物，它们移动灵活。最大的……能够快速有力地移动，像一支矛刺穿水面一样穿过水中（或者唾液）。第二种……像陀螺般旋转。”他还描述了血细胞、狗和人类精液中的精子细胞，以及横纹骨骼肌细胞的带状效应。

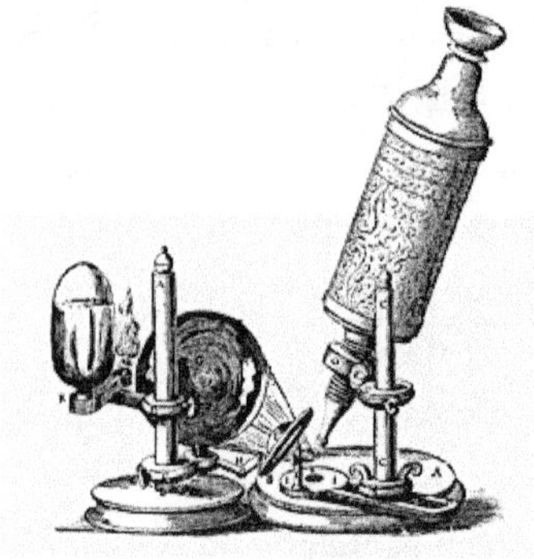

图 2-55　胡克显微镜

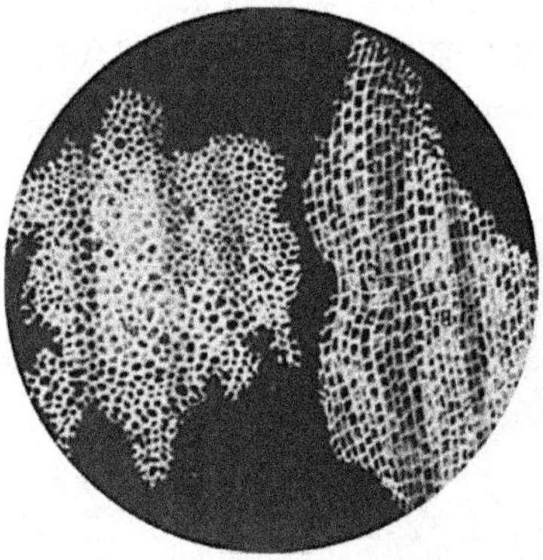

图 2-56　显微镜下细胞壁的样子

图 2-57　列文虎克

（三）战胜天花

天花是一种曾经肆虐全球的致命病毒，也是目前唯一得到根除的人类疾病。天花是由天花病毒引起的，可以侵害皮肤、口腔和喉咙的小血管，并使患者全身长满充满液体的水疱。其中大约三分之一的患者会死亡，幸存者都会留下痘疤，有时甚至会失明。

接种人痘可以产生免疫力，但也存在引起全身感染的风险。使用与人痘相关的牛痘疫苗接种法则是安全的，这种方法最终彻底消灭了天花。1798 年，英国乡村医生爱德华·詹纳自费出版了一本书，名为《关于牛痘的原因和作用的研究》。书中描述了詹纳为使患者免受天花的感染，对 23 个患者实施的治疗。天花是全球最大的传染病之一，有多个别名为大众熟知，其中包括“痘症”。

三、工业时代的医学

19 世纪，医学发展获得了强劲的动力。工业革命使城市环境急剧恶化，那里人满为患，人们营养不良，环境卫生条件恶劣，促使了传染病的发生。19 世纪 50 年代，英国医生约翰·斯诺对霍乱的研究是流行病学的一个里程碑，尽管它当时只勉强得到了认可。其他科学门类的影响逐渐渗透到了医学领域。1840 年，美国医生从化学中得到灵感，研究出了一种使患者在手术中感觉不到疼痛的物质。20 年后，苏格兰外科医生约瑟夫·李斯特研究了化学药品预防感染的能力。40 年内，麻醉和消毒手术的进步，为手术的安全性作出了不可估量的贡献。与此同时，法国的路易·巴斯德将微生物学应用于医学，取得了一系列成功，包括牛奶和酒的巴氏灭菌法，以及一些针对动物疾病和人类狂犬病的疫苗。巴斯德的竞争对手（有时堪称大敌）德国医生和微生物学家罗伯特·科赫鉴别出了炭疽杆菌、结核分枝杆菌和霍乱弧菌。最终，瘴气说和自然发生说寿终正寝，细菌致病学说取而代之。

19 世纪，医学其他领域也出现了可喜进展。美国的伊丽莎白·布莱克韦尔和英国的伊丽莎白·加勒特·安德森成功地发起了一场运动，在医疗行业为女性争取平等的教育培训和任职资格。她们都为女性设立了医学院校。虽然英国护士弗洛伦斯·南丁格尔 19 世纪 50 年代在克里米亚的壮举最近产生了争议，但是她后来建立近代护理专业的成就不容置疑。随着 19 世纪的结束，奥地利神经学家西格蒙德·弗洛伊德的精神疗法激发了许多讨论，一直持续至今。

（一）麻醉术

在公元 2 世纪的中国，内科兼外科医生华佗在手术中使用了一种神秘的麻醉药——麻沸散。很久以后，在 19 世纪最初的几年，日本的内科兼外科医生华冈青洲重新研究了麻沸散，并利用茄属植物提取物创造了通仙散。据传说，华冈青洲的病人喝了通仙散后，在外科医生开始手术前就会失去意识。

麻醉术

（二）巴斯德与微生物

千百年以来，人们将传染病和其他疾病归咎于各种原因，其中包括愤怒之神的报复和罪孽深重。盛行的理论主要有两个，第一种是瘴气理论。“瘴气”一般指能够以某种方式传播疾病的、污浊的、有毒的空气。在古希腊，亚里士多德首次记录了第二种理论，这就是“自然发生说”。该理论认为，由于某种方式的“生命力”，生命物质可以由非生物成分产生。这似乎是对以下现象的一个合理解释，如吃剩的面包上突然长出的霉菌，腐烂的肉上看似从无到有的蛆虫，以及本来没有而后来出现的成片虱子和跳蚤。随着新的显微镜技术逐渐揭开微生物的秘密，持怀疑态度的科学家们搜集到更多的证据，对传统理论提出了质疑。

巴斯德

19 世纪 60 年代初，巴斯德继续与法国德高望重的生理学家克劳德·贝尔纳开展合作，两人为饮品变质问题设计了解决方法：用高温杀死污染物，但不改变产品的味道。现在人们通常称这种热处理方式为巴氏灭菌法。

（三）李斯特与消毒剂

李斯特

到了 19 世纪 60 年代中期，由于路易·巴斯德的工作，细菌致病理论已经开始扩展到医学领域。即便如此，这个观念仍花了很长时间才被广泛接受。传统的理论已经支配了几个世纪，尤其是“瘴气说”。医疗体系往往对新理论采取审慎立场，即使微小改变也会遭受较大的质疑。一些外科医生仍然不接受麻醉的好处，他们坚持认为“疼痛是治疗和康复的一部分”。但考虑到术后感染导致的高死亡率，外科手术需要做出改变。英国医生约瑟夫·李斯特通过展示杀菌剂能解决细菌感染问题，使外科手术发生了革命性的变化，极大地改善了病人的命运。

今天，许多医院中的手部消毒剂都基于酒精或碘。碘于 1811 年被分离出来，1829 年，法国医生让·纪尧姆·奥古斯特·鲁戈将碘配制成碘溶液。鲁氏碘液后来成为一种广泛使用的抗菌剂、消毒剂，成为各种各样健康和卫生问题的“万灵药”。

四、现代医学

医学在 20 世纪取得了巨大的进步。早期的突破是卡尔·兰德斯坦纳对于血型的研究，这有助于各种急救和手术。1921 年和 1922 年，弗雷德里克·格兰特·班廷和他的团队在多伦多开始用胰岛素治疗糖尿病。几年后，亚历山大·弗莱明注意到霉菌污染了他的细菌样本，“罪魁祸首”是青霉素，但直到第二次世界大战的需求推动，这种最早的抗生素才大量生产。

在这之后，人类见证了化疗在治疗癌症方面的一次重大进展。小儿麻痹症疫苗使该病加入了可预防疾病的清单，这份不断增长的清单已经包括天花、白喉、肺结核和流感。为了对抗全球性的疾病威胁，从老对手疟疾到最近出现的严重的传染病，尤其是艾滋病疫情的迫切情况，疫苗研究仍在继续。此外，免疫抑制药物带来了器官移植的巨大成功。1967 年，南非外科医生克里斯蒂安·尼斯林·巴纳德完成了第一例心脏移植手术，震惊世界。医疗技术和生物力学也成为头条新闻。约翰·查恩利的工作给数以百万计的病人提供了人工髋关节；而 1969 年出现的一种临时人工移植物的新闻，更加振奋人心。20 世纪 70 年代以来，CT（电子计算机断层扫描）、MRI（磁共振成像）和其他电脑医学扫描仪创造了新一代的人体图像。

马乔里·江伦等老年医学先锋的工作，以及西塞莉·桑德斯发起的现代临终关怀运动，改变了老年人和绝症患者生命终结的方式。1978 年，随着帕特里克·斯特普托和罗伯特·爱德华兹成就了第一个试管婴儿，生命的开始也有了新的方式。

天花、狂犬病两种开创性疫苗出现以来，研究人员又努力研制出白喉、肺结核、破伤风、骨髓灰质炎、百日咳、黄热病和其他主要传染病的疫苗。他们的研究帮助人们理解抗原–抗体机制以及人体免疫系统深刻的复杂性，在今天，仍给人们带来惊喜。

五、医学未来

回顾历史，我们会发现：预测未来的挑战是多么棘手。直到 20 世纪后期，人们才知道埃博拉病毒（1976 年）、引发消化道溃疡的微生物幽门螺杆菌（1982 年）、艾滋病（1983 年）、SARS（2002 年）。直到 1977 年，阿尔茨海默病还被诊断为一种精神分裂症，这也是大多数民众都不熟悉的一个术语。1978 年实现的体外受精，对某些研究人员来说恍如昨日。1958 年扫描成像设备出现之前，唯一的体内成像方法是标准 X 射线。肾脏移植 1950 年才刚刚起步，当时在处方中开抗生素，几乎不会考虑微生物可能产生的耐药性。无论好坏，21

世纪又会发生什么呢？干细胞可以发育为任何组织或器官，从而不受排斥地植入干细胞主人的体内，克隆细胞技术可以起到辅助作用。这一过程也会应用组织工程（tissue engineering）技术，这一技术使用生物友好型的支架为细胞提供三维框架，以此为基础构建备用组织。纳米技术提供了分子尺度上的机器，可以使用激光融化血栓、侵入和摧毁肿瘤细胞、将强效的抗菌药物直接作用于微观入侵者。定制的遗传档案使医生能够发现具体的风险因素、疾病的可能性和每个人的最佳药物搭配。基因治疗可以纠正各种各样的遗传缺陷，并治疗会导致癌症的基因突变。在某个大洲的世界级专家可以远程控制另外一个大洲的外科机器人医生。互联网可以给予即时的专家诊断和处方治疗。先进的生命维持技术会照顾患病的身体，帮助其度过病情最危险的时期。防衰老治疗、减肥药丸、增加智力的药片，甚至可能实现对脱发和皱纹的治疗。

有一些先进技术已在快速研发中，有望在几十年内实现；还有一些则会在一个又一个的困难面前落败。但 21 世纪也蕴藏着很多威胁，耐抗生素的细菌大量传播；从动物身上传播开来的新型传染病引起的瘟疫大流行；痴呆症的异常增加；由富裕和老年引起的更多疾病；不断上涨的医疗费用和获取资金、资源的冲突。对于医学来说，21 世纪可能是迄今为止形势最极端和最不平等的一个世纪。

六、医学挑战

21 世纪是生物医学的世纪。生物医学与物理、化学、数学等基础学科，与材料、信息、工程等应用学科之间的交叉日趋紧密。电子显微镜和冷冻电镜、新的组学技术、人工智能技术的应用使医学研究的手段有了质的飞跃，但依旧面临一些挑战。

（一）抗生素问题

抗生素耐药性增强，是医学的“定时炸弹”之一。抗生素不仅使感染性疾病的治疗方式彻底革新，也使外科手术和其他医学领域发生了变革。然而，微生物变异得十分迅速，以至于第一个设计出的抗生素“甲氧西林”（methicillin）于 1959 年首次推出之后，三年内就出现了耐甲氧西林金黄色葡萄球菌（MRSA）。后来又有许多新菌株加入了“超级细菌”的行列。在欧洲，对曾用于对付它的主要抗生素具有耐药性的淋病奈瑟球菌（*Neisseria gonorrhoeae*，性传播淋病的罪魁祸首）菌株数量，在 2009—2010 年翻了一番。一种导致腹泻的肠道细菌——梭状芽孢杆菌（*Clostridium*）是另一个愈加危险的恶魔，其在 21 世纪第一个十年中期出现的菌株，对氟喹诺酮（*fluoroquinolone*）类抗生素体现出耐药性。

全球范围内，具有耐药性的微生物菌株日益频繁地出现，这是一场灾难，因为抗生素已完全融入我们的医疗系统。有害微生物的另一个新的潜在来源是基因操作技术、基因工程技术，以及为农业、畜牧业，甚至分解油污而创造的转基因生物（GMO）。新闻里偶尔会出现能够抵抗任何已知抗生素，或其他药物的人造“超级细菌”的骇人消息。

（二）道德伦理问题

医学也总是无法摆脱伦理问题、立法和诉讼的磨难，这是一个长期、艰苦、成本高昂的事业，而目前的创新浪潮（包括基因治疗、组织工程、个性化医疗、不流血的快速愈合手术、器官培养，以及治疗肥胖、脱发和几乎所有其他状况的

拓展阅读
伍连德——科学方法战胜鼠疫

良药）会产生惊人的影响，这种影响之大，堪比免疫、麻醉、抗生素、电子成像、生育控制影响的总和。只要坚持不懈，我们可能就会发现那些最佳的良药。

拓展资源

医学发展史　　医学研究方法

实践与探索

实践任务1

上网查阅资料，了解《希波克拉底誓言》的演变，结合专业，以“职业规则的确立”为题制作演示文稿，在班级进行专题交流。

实践任务2

继新型冠状病毒感染之后，又有甲流、乙流、支原体肺炎等呼吸道疾病的传播，请以小组为单位，上网查阅资料，了解呼吸道疾病传播的防治方法，在班上进行一次科普宣传。

实践任务3

自人类历史上第一种抗生素——青霉素发现以后，人类在对抗疾病上又多了一种武器，但抗生素的使用也伴随着诸多问题，请以“抗生素的合理使用”为题写一篇600字的演讲稿，在班级举行一次演讲比赛。

思考与讨论：

1.《希波克拉底誓言》为什么历经2 500年，到今天还在用呢？

2. 为什么说近代医学的革命始于哈维？

3. 观看影片资源《变种异煞》思考：为什么基因编辑技术应用在人类遗传细胞上受到如此大的热议？

第六节　天文学的发展历程

情景导入

天文学是人类有文明史以来最古老的科学之一。恩格斯在《自然辩证法》中指出：“必须研究自然科学各部门的顺序的发展。首先是天文学——游牧民族和农业民族为了定季节，就已经绝对需要它。”天文学是自然界最基础的学科，也是人类认识自然的一门最前沿的学科。天文学的历史，就是人类探测宇宙的历史。天文学能成为一门科学，走过了漫长的道路。从神话传说以及迷信崇拜和各种局限性的错误认识中，逐步解放出来，走向科学大道，就是天文学所经历的艰难历程。

自从有了人类，天文学便与人类文明的发展紧密相连，日出而作，日落而息，用太阳、月亮、星星的位置的变化编制历法，指导人们的生产生活活动。大航海时代通过观察天上星体的位置导航，现在卫星导航实现全球覆盖，正是这些应用，极大地促进了当时社会生产力的发展，成为人类进步的标志。今天，天文学作为一门基础学科，在科学技术和社会生活的方方面面正起着越来越大的作用。从古至今，伴随着人类社会的进步，天文学发展主要经历了怎样的历史演变呢？

学习任务

1. 天文学的发展经历了哪几个阶段？每个阶段取得的成就有哪些？
2. 天文学的发展有很多的方法论，请总结这些方法，并谈谈如何应用到学习中。
3. 德国哲学家黑格尔说过：一个民族有一群仰望星空的人，他们才有希望。请谈谈你对这句话的理解。

章节内容

一、天文学的萌芽时期

天文学的起源可以追溯到人类文化的萌芽时代。远古时候，人们为了指示方向，确定时间和季节，就自然会观察太阳、月亮和星星在天空中的位置，找出它们随时间变化的规律，并在此基础上编制历法，用于生活和农牧业生产活动。

翻开人类文明史的第一页，天文学就占有显著的地位。巴比伦的泥碑，埃及的金字塔，都是历史的见证。在中国，殷商时代留下的甲骨文物里，有丰富的天文记录，表明在黄河流域，天文学的起源可以追溯到殷商以前更为遥远的时代。

（一）中国古代天文学的辉煌成就

天文学的起源与人类文明的起源几乎是同步发生的，中国天文观察是世界最早的，公元前 24 世纪的帝尧时代就有“观象授时”。在我国河南安阳出土的殷墟甲骨文中，已有丰富的天文现象的记载。这表明远在公元前 24 世纪时，我们祖先的天文学就已经很发达了。

中国古代孕育了丰富的天文典籍，古代天文学家以他们饱蘸知识的笔墨写下了许多著名的篇章，给我们留下了十分珍贵的天文学遗产。中国古代天文学最早的学说是“盖天说”，一般按其起源分成两个阶段，即“第一盖天说”和“第二盖天说”。“第一盖天说”即“天圆地方说”，认为天是圆的，像一顶华盖。“第二盖天说”即“周髀说”，它以《周髀算经》为基础来解释天地结构和天体运行，并进行了定量的描述和计算。随着社会的进步，人们在实际天文观测中使用“盖天说”解释天体运行规律时，发现很多无法正确解释的问题，对“盖天说”提出很多疑问，迫使古人去探究能够有效解释天体运行的自然规律。于是在汉代，“浑天说”逐渐取代了“盖天说”，最早提及“浑天”一词的是西汉末的杨雄。在《开元占经》卷一的张衡《浑仪注》中有这样的记载：“浑天如鸡子，天体圆如弹丸，地如鸡子中黄，孤居于内，天大而地小。天表里有水，天之包地，犹壳之裹黄，天地各乘气而立，载水而浮。”这是张衡形象地用鸡蛋的结构比喻天地的关系。东汉时期，著名天文学家张衡已经构成了“浑天说”完整的理论体系。“浑天说”统治中国天文学思想达 2 000 年之久，直到明朝末期西方天文学知识传入中国后才开始逐渐转变。

中国有古代世界上最完整的日食记录，《尚书·胤征》篇是中国历史上最早的日食记录。中国古代天文学史料关于日食的记录总计有 1 600 多次。而中国最早的月食记录年代为公元前 13 世纪初，《中国古代天象记录总集》载有古代月食记录 1 100 多项，被世界公认对太阳黑子最早的记录是公元前 28 年的《汉书·五行志》篇，文章中翔实地记录了太阳黑子从产生到消亡的 3 种不同的形态。中国古代形成了一套完整的星区划分体系，与西方星座的划分体系完全不同，即将星象划分为“三垣二十八宿”，“三垣”是指环绕北天极附近的 3 个星区，即徽垣、太徽垣和天市垣。把黄道、赤道附近的星空划分为 28 个大小不等的星区，称为“二十八宿”，又将“二十八宿”分为 4 组，7 个星宿构成 1 组，将其想象成 1 种动物，按东西南北 4 个方位分布：东方苍龙、西方白虎、南方朱雀、北方玄武，这就是四象。迄今为止，发现最早的有关四象的历史遗迹是 1988 年在河南濮阳西水坡 45 号墓中用贝壳塑成的东苍龙、西白虎及“北斗七星”的图案，距今已有 6 000 多年历史，这也是中国迄今发现最古老的天文图。《石氏星经》是目前见到的最早的一本天文占星著作，由战国时期魏国人石申所著，书的原名叫《天文》，内容涉及太阳、月亮、行星、恒星、交食、古代天文名词、宇宙概念等多方面，尤其是恒星部分，至今也具有非常高的应用价值。在长期观测天象的基础上，战国时期楚国人甘德、魏国人石申各写出一部天文学著作，后人把这两部著作合起来称为《甘石星经》，是被天文学领域公认的世界最早的一部天文学著作。汉代的《天官书》是《史记》中的一篇，可算是当时有关天文知识的总结。尤其是恒星部分记录了当时所认识到的全天恒星，共 90 多组名称，500 多颗星，是关于全天恒星的最早一篇完整文献，后来许多恒星的命名都受它影响。《天官书》内容除恒星外，还有行星、分野、日月占候、奇异天象、云气、岁星纪年、天象记录等，是研究秦汉天文学乃至先秦天文学的一篇权威性文献，为研究中国天文学史提供了系统全面的资料。中国古代在创制天文仪器方面，也作出了杰出的贡献。图 2–58 和图 2–59是我国古代制作的天文仪器天仪和日晷。

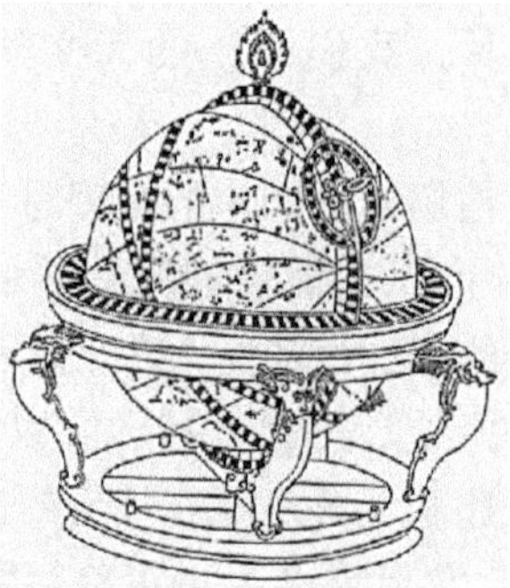

图 2–58　天仪

图 2–59　日晷

我国古代观测天象的台址名称很多，如灵台、瞻星台、司天台、观星台和观象台等，现今保存最完好的就是河南登封观星台（图 2–60）和北京古观象台。

图 2-60　河南登封观星台

（二）西方古天文学的兴起

西方古代天文学的产生要比中国晚得多，古希腊天文学家依巴谷（前 160—前 125）和喜帕恰斯（前 190—前 125）是西方天文学的两个主要创始人。依巴谷被称为欧洲“天文学之父”，他对西方早期天文学的形成作出了巨大的贡献。首先，他通过大量的观测量得月亮的视差，因而求得月亮的距离，并把几个世纪内太阳和月亮的运动编成精密的数字表，他用这些表来推算日食和月食，取得了很大的成就。其次，依巴谷还测定出了四季的长短不等，求出一年长度为 365.25 日再减去 0.0033 日，这个数字的误差只有 6 分钟。公元前 2 世纪，依巴谷编制了西方天文学史上最早的恒星表，他对所录的恒星在天体上的方位作了精确的测量，标出了它们在天体上的坐标和光度，他的这些成就对后来西方天文学的发展产生了重大影响。另一位天文学家喜帕恰斯在广泛收集古代东方天文学资料的基础上，花费了 33 年时间测定回归年的实际长度，发现了太阳周年运动是不均匀的，春分到秋分与秋分到春分这两个半年时间不相等，而且不为二至日（夏至和冬至）所平分。为了解释这种差异，喜帕恰斯提出了著名的“偏心圆”理论，它成为日后西方天文学早期宇宙理论的重要基石。到了公元 2 世纪，古希腊天文学家托勒密，继承和发展了依巴谷和喜帕恰斯的天文学说，创立了以他的名字命名的托勒密理论体系，该体系在古代西方天文学领域流行了千年之久。

古代天文学时期的主要特点：都以实用为主，中心在中国和古希腊。中国古代天文学源于农业生产的实际需要。为了准确地辨季节、定农时，因此需要观察并测量太阳、月亮、星星在天上的视运动。此外，“天命”思想对早期天文学的出现也产生了深刻的影响。在古代，“天”是主宰万物的神，天的旨意是通过各种自然现象表现出来的，特异的天象都被视为对人类政治和社会的告示，这是我国古代天文学研究最早的根本原因。古希腊文化是西方科学文化的源头，哲学在古希腊文化中占有至关重要的位置，对宇宙天象强烈的好奇，对天体运行规律执着的探求，是西方古代天文学产生的一个重要原因。

二、中世纪的日地中心之争

古希腊天文学家托勒密，在公元 2 世纪时，总结了前人在 400 年间观测的成果，写成《天文学大成》一书，提出“地球是宇宙中心”的学说，这个学说一直为人们所接受，流传了 1 400 多年。哥白尼正是在勤奋地钻研托勒密的著作基础上，找到了托勒密的错误的根源，通过实际观测发现了托勒密学说和客观现象之间的矛盾，他发现托勒密对月球运行的解释，一定会得出荒谬的结论，进而探索出“日心说”的结论。

(一)“地心说”集大成者——托勒密

图 2-61 克罗狄斯·托勒密

克罗狄斯·托勒密（图 2-61）是“地心说”的集大成者，生于埃及，父母都是希腊人。公元 127 年，年轻的托勒密被送到亚历山大去求学。克罗狄斯·托勒密在那里阅读了不少的书籍，并且学会了天文测量和大地测量。他曾在亚历山大城居住和工作，168 年去世。托勒密一生著述甚多，其中《天文学大成》（13 卷）是一部西方古典天文学百科全书，主要论述宇宙的地心体系，认为地球居于中心，日、月、行星和恒星围绕着它运行。此书在中世纪被尊为天文学的标准著作。

“地心说”最初由米利都学派形成初步理念，后由古希腊学者欧多克斯提出，然后经亚里士多德、托勒密进一步发展而逐渐建立和完善起来。托勒密认为，地球静止不动地坐镇宇宙的中心，所有的天体，包括太阳在内，都围绕地球运转。但是，人们在观测中发现天体的运行有一种忽前忽后、时快时慢的现象。为了解释忽前忽后的现象，托勒密说，环绕地球作均衡运动的并不是天体本身，而是天体运动的圆轮中心。他把环绕地球的圆轮叫作“均轮”，较小的圆轮叫作“本轮”。为了解释时快时慢的现象，他又在主要的“本轮”之外，增加一些辅助的“本轮”，还采用了“虚轮”的说法，这样就可以使“本轮”中心的不均衡的运动，从“虚轮”的中心看来仿佛是“均衡”的。托勒密就这样对古代的观测资料作出了牵强附会的解释。

中世纪的天主教采用了古希腊天文学家托勒密的“地心说”观点，并把这一理论错误地上升到教义的高度。从此，如果有人反对“地心说”，就等同于反对基督信仰，后来这也给教会带来不小的麻烦。由于天主教教会的影响力，导致“地心说”长久以来的宇宙观错误。

(二)“日心说”的建立者——哥白尼

图 2-62 尼古拉·哥白尼

尼古拉·哥白尼（图 2-62），文艺复兴时期波兰数学家、天文学家。1473 年 2 月 19 日出生于波兰畔的托伦市的一个富裕家庭。18 岁时就读于波兰旧都的克拉科夫大学，学习医学期间对天文学产生了兴趣。1496 年，23 岁到意大利，在博洛尼亚大学和帕多瓦大学攻读法律、医学和神学，博洛尼亚大学的天文学家德·诺瓦拉对哥白尼影响极大，在他那里哥白尼学到了天文观测技术以及希腊的天文学理论。在意大利期间，哥白尼就熟悉了希腊哲学家阿里斯塔克斯（前三世纪）的学说，确信地球和其他行星都围绕太阳运转。这个“日心说”是正确的，后来在费拉拉大学获宗教法博士学位。哥白尼作为一名医生，由于医术高明而被人们誉名为“神医”。成年后的大部分时间是在费劳恩译格大教堂任职当一名教士。哥白尼并不是一位职业天文学家，他的成名巨著是在业余时间完成的。

他大约在 40 岁时开始在朋友中散发一份简短的手稿，初步阐述了他自己有关“日心说”的看法。哥白尼经过长年的观察和计算，终于完成了他的伟大著作《天体运行论》。他在《天球运行论》中观测计算所得数值的精确度是惊人的。例如，他得到恒星年的时间为365天6小时9分40秒，比现在的精确值约多30秒，误差只有百万分之一；他得到的月亮到地球的平均距离是地球半径的60.3倍，和现在的60.27倍相比，误差只有万分之五。1533年，60岁的哥白尼在罗马做了一系列的讲演，提出了他的学说的要点，并未遭到教皇的反对。但是他却害怕教会反对，甚至在他的书完稿后，还有科学发现的相关图片（6张）迟迟不敢发表，直到在他临近古稀之年才终于决定将它出版。1543年5月24日，垂危的哥白尼在病榻上才收到出版商从纽伦堡寄来的《天体运行论》样书，他只摸了摸书的封面，便与世长辞了！

（三）仰望星空者——伽利略

他是近代实验科学的先驱者，是意大利文艺复兴后期伟大的天文学家、力学家、哲学家、物理学家、数学家，也是近代实验物理学的开拓者，被誉为“近代科学之父”。恩格斯称他是“不管有何障碍，都能不顾一切而打破旧说，创立新说的巨人之一”。

1609年，伽利略创制了天文望远镜（后被称为伽利略望远镜），经过不断改进，放大率提高到30倍以上，能把实物放大1 000倍，从此人类实现了仰望星空、饱览宇宙美景的梦想，宇宙神秘的面纱通过望远镜在人们的面前被逐渐揭开了。伽利略先把望远镜指向了月球，他发现了月球表面的凹凸不平，并亲手绘制了第一幅月面图。1610年1月7日，伽利略发现了木星的四颗卫星，为哥白尼学说找到了确凿的证据，标志着哥白尼学说开始走向胜利。借助于望远镜，伽利略还先后发现了土星光环、太阳黑子、太阳的自转、金星和水星的盈亏现象、月球的周日和周月天平动，以及银河是由无数恒星组成等，这些发现开辟了天文学的新时代。

伽利略著有《星际使者》《关于太阳黑子的书信》《关于托勒密和哥白尼两大世界体系的对话》《关于两门新科学的谈话和数学证明》《试验者》。为了纪念伽利略的功绩，人们把木卫一、木卫二、木卫三和木卫四命名为伽利略卫星。

这是天文学研究中具有划时代意义的一次革命，几千年来天文学家单靠肉眼观察日月星辰的时代结束了，代之而起的是光学望远镜，有了这种有力的武器，近代天文学的大门被打开了。

（四）恒星观察者——郭守敬

郭守敬是我国元代著名的天文学家，为了纪念他的功绩，我国目前最大的光学望远镜“LAMOST”就以他的名字命名。郭守敬出生在1231年河北邢台的一个书香世家，自幼丧父的郭守敬由祖父郭荣抚养长大。祖父郭荣是一位读书人，不仅通晓四书五经，还精通数学、天文学和水利工程，结交了一批知名的学者。耳濡目染之下，郭守敬也十分热爱科学技术，十岁时就能自己动手制作一些有趣的小玩具。十五岁时，他发现了一本深奥的天文学著作——《璇玑图》。通过认真研读，他弄清楚了书中的一个个原理，用竹篾（miè）制造了一架“浑天仪”。他还在院子里修筑了一座高台，把浑天仪架于其上，并在旁边放上一个小小的写字台，挂上一盏小灯笼。到了夜晚，他登上高台，慢慢转动仪器上的“窥管”，瞄准星星，测量它们的位置和运行路线，然后再伏案记录。就这样，少年郭守敬已初步掌握日月星辰的运行规律，长大后逐渐成为远近闻名的年轻学者。

他一生创制多种仪器仪表，其中天文观测仪器近二十种。这些仪表具有结构简明、实用性强、精确度高、科学性强的特点，当时遥遥领先于世界水平。他创制的简仪（图 2-63）比丹麦著名天文学家第谷制造的同类仪器早 319 年，而且在简仪上，他确立的以赤道装置为观测天象基本坐标的原理至今仍广泛地应用在现代天文仪器中，在简仪的百刻环与赤道环之间，他首次运用了滚动摩擦，比国外最早应用滚柱轴承早 200 年。凡此种种都洋溢着郭守敬“度越千古”“功思绝人”的智慧。

拓展资源
不可忘记的天文奇才

图 2-63　郭守敬和他创制的简仪

三、18—19 世纪天文学的蓬勃发展

到了 1610 年，意大利天文学家伽利略独立制造折射望远镜，首次用望远镜看到了太阳黑子、月球表面和一些行星的表面和盈亏。在同时代，牛顿创立牛顿力学使天文学出现了一个新的分支学科——天体力学。天体力学的诞生使天文学从单纯描述天体的几何关系和运动状况进入到研究天体之间的相互作用和造成天体运动的原因的新阶段，在天文学的发展历史上，是一次巨大的飞跃。19 世纪中叶，天体摄影和分光技术的发明，使天文学家可以进一步深入地研究天体的物理性质、化学组成、运动状态和演化规律，从而更加深入到问题本质，从而也产生了一门新的分支学科——天体物理学，这又是天文学的一次重大飞跃。

（一）太阳系起源的探索者——康德

德国哲学家康德（图 2-64）（1724—1804），启蒙运动时期最重要的思想家之一，德国古典哲学创始人，也是天文学家、星云说的创立者之一。1755 年，康德首先提出了太阳系起源的星云假说。他认为，太阳系是由原始星云按照万有引力定律演化而成。在这个原始星云中，大小不等的固体微粒在万有引力的作用下相互接近，大微粒吸引小微粒形成较大的团块，团块又陆续把周围的微粒吸引过来，这样，团块越来越大，而“天体在吸引最强的地方开始形成”。引力最强的中心部分吸引的物质最多，先形成太阳。外面的微粒在太阳吸引下向其下落时，与其他微粒碰撞而改变方向，变成绕太阳作圆周运动；运动中的微粒又逐渐形

图 2-64　康德

成引力中心，最后凝聚成朝同一方向转动的行星。41 年后，法国著名的数学家和天文学家拉普拉斯也独立提出了关于太阳系起源的星云假说。与康德的星云假说不同之处在于，他认为太阳系是由炽热气体组成的星云形成的。气体由于冷却而收缩，因此自转加快，离心力也随之增大，于是星云变得十分扁平。在星云外缘，离心力超过引力的时候便分离出一个圆环，这样反复分离成许多环。圆环由于物质分布不均匀而进一步收缩，形成行星，中心部分形成太阳。此星云假说比较圆满地解释了太阳系的共面性、近圆性和同向性。但是，却无法解释星云自转问题、角动量分布异常的问题、行星质量分布问题及九大行星自转轴倾角不一致的问题。

（二）第一张银河系图的绘制——赫歇尔

图 2-65　赫歇尔自制的大型望远镜

赫歇尔生于德国汉诺威城，14 岁时跟随父亲在汉诺威军乐队中当小提琴手，1758 年随其父定居英国，同时开始钻研数学和天文学，长期进行天文观测和光学仪器的制造工作，曾获得爱丁堡大学和格拉斯哥大学的名誉博士学位。1781 年他发现了天王星，并获得皇家学会授予的科普利奖章，被选为皇家学会会员。1782 年英王乔治三世聘他担任宫廷御前天文学家，致力于天文研究活动。1783 年他根据太阳系七颗行星的自转发现了太阳的空间运动，打破了太阳静止的观念。1800 年他发现了太阳光中的红外辐射，从而开创了天文学中的一门新学科——彩色光度学。1821 年，赫歇尔担任了英国皇家天文学会第一任会长。1822 年 8 月 25 日逝世，终年 84 岁。赫歇尔是恒星天文学的创始人，是近代天文学的始祖。赫歇尔用他自制的大型望远镜（图 2-65）对全天空的恒星进行了观测，并绘制了人类历史上第一张银河系结构图。

（三）万有引力定律预测了“哈雷彗星”

图 2-66　哈雷

哈雷（图 2-66）生于伦敦，他的父亲是个商人。哈雷从小热爱天文学，他就学于牛津大学。1676 年，年仅 20 岁的哈雷便承担起了南天星表的编制任务，并获得了巨大成功。1678 年被选为皇家学会会员。1703 年任牛津大学教授。1720 年成为皇家天文学家，并担任格林威治天文台台长。哈雷在天文学方面的贡献很大，在天体力学研究上功绩卓著，有“南方的第谷”之称。哈雷是第一个把万有引力定律应用于实际天体的人，并根据万有引力定律预测了“哈雷彗星”。哈雷的主要著作有《磁针的磁差理论》（1683 年）、《彗星天文学概要》（1705 年）、《天文表》（1752 年）等。

拓展资源
发现海王星者——勒维耶

四、20 世纪天文学的黄金时期

20 世纪天文学进入了黄金时代，它的发展是空前的。主要体现在三个方面：①观测手段的进步；②20 世纪 60 年代四大发现：类星体、脉冲星、微波背景辐射、星际有机分子；③两大基本理论即恒星演化、宇宙大爆炸模型。

（一）观测手段的进步

由于天文学研究对象的特殊性，它的现代发展离不开观测手段的改进，这里主要指射电望远镜的发展和应用。1937 年，美国的雷伯制造了第一台射电望远镜，抛物面直径达 9m；1942 年英国海伊用军用的超高频雷达首先发现了太阳射电；20 世纪 40 年代后期打开了射电天窗，兴起了一门利用波长从毫米到米的电磁辐射研究天体的新学科；20 世纪 60 年代，航天时代的到来，使天文学冲破了地球大气的禁锢，到大气外去探测宇宙；天文学开始成为全波段的宇宙科学，使我们得以考察到 150 亿光年空间深度的天象，并追溯早于 150 亿年前的宇宙事件。

20 世纪以来，随着镜面材料、精密机械和自动控制的进展，极大地改善和增强了天文学家的望远能力。19 世纪末，还只有美国利克天文台一架 0.9m 反射望远镜，到 1978 年，口径 2~6m 的大型反射望远镜已有 23 架，另有 13 架正在建造。

施密特 1931 年发明的折反射式望远镜，一直是探索银河系和河外深空的有效工具。在 19 世纪末，照相底片是人眼以外唯一有效的辐射接收器，20 世纪初开始光电光度技术的实验。第二次世界大战后出现多种高效能的光电转换装置，探测到以往用同样聚光设备不可能记录到的微弱辐射，同时提高了观测和处理天文底片的自动化程度。

多色测光方法是在古老的目视光度测量的基础上发展起来的，但现在有了新的天体物理含义。采取这种方法可获得关于天体的表面温度、颜色、分光能量分布、本征光度、距离、星际红化等情报。天体多色测光和天体分光光度测量都是以光谱理论为基础的，是了解天体视运动、星族届性、物理参量和化学成分的最有效的方法。

各种观测手段的革新和技术的改进，极大地促进了天文学的发展，天文学进入了发展的黄金期。

（二）20 世纪 60 年代的四大发现

20 世纪 50 年代，射电望远镜得到普及应用，不到十年时间，就取得了“天文学四大发现”的成就：微波背景辐射、类星体、星际有机分子、脉冲星。而与此同时，人类也突破了地球束缚，可到太空中观测天体。除可见光外，天体的紫外线、红外线、无线电波、X 射线、γ 射线等都能观测得到。这些使得空间天文学得到巨大发展，也对现代天文学成就产生很大影响。

1. 四大发现之一：宇宙微波背景辐射的发现

20 世纪 60 年代初，美国贝尔实验室的彭齐亚斯和威尔逊利用灵敏度很高的喇叭筒式接收天线，在工作中发现了一些出乎预料的噪声，便想尽办法进行排除。他们甚至怀疑鸽子在天线内留下的粪便是这些噪声的元凶，因而在 1965 年年初，把天线全部拆开，进行了一次彻底清理。然而，所有的努力都不能消除这种神秘的、来自天空各个方向、性质相同的噪声。

正在这时，他们听说普林斯顿大学狄克教授领导的小组正在研究“宇宙早期是否留有残余的辐射”这一课题。狄克小组甚至已经建造了一台低噪声的天线，着手去测量这种辐射。经过合作讨论，他们一致得出结论：挥之不去的噪声正是普林斯顿研究小组打算要寻找的“宇宙微波背景辐射”。

宇宙微波背景辐射是20世纪天文学的一项重大成果，对宇宙学的研究具有深远影响。这虽然是偶然的发现，但与他们精湛的技术和科学探索上锲而不舍的精神是分不开的。彭齐亚斯和威尔逊因此荣获1978年诺贝尔物理学奖。

2. 四大发现之二：类星体的发现

类星体，顾名思义是类似恒星的天体，但又不是恒星。说它类似恒星，是指它在望远镜里呈现一个小点，很像一颗恒星；说它不是恒星，是指它的光度类似一个星系发出的总光度。长期以来，它让天文学家感到困惑不解。早在20世纪60年代，美国天文学家艾伦·桑德奇用帕罗马天文台5 m口径的光学望远镜找到了射电源星表中的一个目标（编号3C48）的光学对应体，并发现3C48的光谱中有一些又宽又亮的发射线。后来，人们陆续观测同一星表中的另一些射电源也发现：它们的光学体都很小（跟恒星差不多），但它们的亮度都非比寻常。1963年，美国天文学家马丁施密特测出这些天体的光谱和已知的射电源星系的光谱相同，只不过在红光方向移动了相当大的一段距离，也就是说它们的红移都非常大。红移是膨胀的结果，3C48的红移换算到退行速度可达光速的1/3，这说明它是距离我们非常遥远但又非常明亮的天体。因此，科学家把这种在光学上形态像恒星，但本质又不是恒星的天体，命名为类星射电源（quasi-stellar radio source，QSS）。

类星体是人类迄今观测到的非常遥远的天体（距离地球可达100亿光年以上），其超常的亮度即使在100亿光年以外也能被观测到。科学家根据目前观测到的信息认为，类星体是离地球最远、能量最高的活动星系核。

3. 四大发现之三：星际有机分子的发现

19世纪初，天文学家的观测就表明星际空间不是一片真空。但星际物质中90%以上是非常稀薄的气体，星际空间温度又很低（通常在零下200摄氏度以下），用光学望远镜根本观测不到。1944年，荷兰天文学家范德胡斯特用理论推断氢原子在星际间的活动会发射21 cm波长的射电波。果然在1951年，天文学家用射电望远镜探测到了这种辐射。随后，科学家们又用射电望远镜探测到了羟基（OH）、氨（NH_3）、水、甲醛（HCHO）等分子。截至目前，科学家已经陆续发现了100多种星际分子，其中大多数是有机分子。

星际有机分子的发现使人类对星云及恒星的演变过程有了更深层的理解，同时也增大了地球以外生命存在的可能性，因此这一发现被誉为“20世纪60年代天文学的四大发现”之一。

4. 四大发现之四：脉冲星的发现

脉冲星的发现要归功于英国剑桥大学的女研究生乔瑟琳·贝尔严谨细致的工作态度、敏锐和坚持不懈的探究精神。因为在她之前，也曾有人遇到过这种信号，但却被当作干扰信号忽略了，与脉冲星的发现失之交臂！

1967年，在乔瑟琳·贝尔使用3.7 m的射电天线做研究时，需要从大量的记录中搜集有用的数据。在辨识记录数据时，她发现狐狸星座有一颗星发出一种非预期但有规律的脉冲信号（脉冲是一种类似脉搏那样不连续，但有一定周期性的信号），这个脉冲的周期非常短（1.337 s），但很稳定。

起初，乔瑟琳·贝尔和她的导师休伊什教授都以为是外星人（当时有科幻小说把外星人描述为“小绿人”）发来的联络信号，但在接下来半年左右的时间里，乔瑟琳·贝尔又陆续发现了来自不同方向的多个类似的脉冲信号，但这不可能是相距那么远的外星人同时向地球发出的同样的信号。后来他们确认这是一类未知的天体，并根据它的特点取名为脉冲星（Pulsar）。后来证实，这就是早期物理学家们预言过的中子星。脉冲星的发现是天文学上的一件大事，对现代物理学的发展产生了深远影响，为人类探索自然开辟了新的领域，并于 1974 年获得诺贝尔奖。

拓展资源
恒星的演化

思考与讨论： 还有其他“地球”存在吗？同学们运用科学方法和探索的精神，谈谈自己的见解。

五、现代天文学

天文学的发展已经是集观测、理论研究、实验室模拟和数值模拟“四位一体”的学科，和其他学科有广泛的交叉性。当前国际天文学发展的趋势呈现四大特点：高灵敏度、高分辨率、多信使研究和连续观测。现代天文学研究的领域非常广泛，有许多非常热门的研究课题。例如，中微子振荡问题、日震与星震、超新星、脉冲星、中子星和奇异星 X 射线双星、类星体和活动星系核、黑洞和吸积盘、γ 射线暴、星系团、宇宙微波背景辐射、引力透镜、引力波的探测、暗物质与暗能量。

目前，天文学的发展更和人类的命运息息相关，随着人口的急剧增长和人类活动的扩张，人类对资源的需求越来越强烈，环境污染越来越严重。除此之外，环绕在地球近地轨道的各种空间碎片、近距离飞掠地球或运行轨道与地球公转轨道重合的小天体，都会对地球造成潜在不可估计的威胁。2013 年 2 月 15 日发生在俄罗斯车里雅宾斯克撞击事件中的小行星直径只有十几米，如果这些小天体足够大（直径超过 1km），对地球的撞击将是致命的，6 500 万年前的恐龙大灭绝事件将有可能重演。因此，天文学家一方面对这些近地天体的轨道进行监测，另一方面也在茫茫宇宙中寻找其他有可能居住的“第二地球”，这可能比让地球去“流浪”更具有可行性。

拓展资源
天文学与人类

拓展阅读

轮椅上的著名的宇宙学家——霍金

霍金（图 2-67）在 17 岁时进入牛津大学学习物理，他不是一个用功的学生，而这种态度与当时其他同学是一致的，这是战后出现的青年人迷惘时期——他们对一切都厌倦，觉得没有任何值得努力追求的东西。霍金在学校里与同学们一起游荡、喝酒、参加赛船俱乐部，如果事情这样发展下去，那么他很可能庸庸碌碌地过完一生。

图 2-67　霍金

1963 年，21 岁的霍金在剑桥大学读研究生时，不幸患上会导致肌肉萎缩的卢伽雷氏症，不久便完全瘫痪，被长期禁锢在轮椅上。医生曾诊断身患绝症的霍金只能活两年。

他于1965年进入剑桥大学冈维尔和凯厄斯学院任研究员。这个时期，他在研究宇宙起源问题上，创立了宇宙之始是“无限密度的一点”的著名理论，他还证明了黑洞的面积定理。在富有学术传统的剑桥大学里他拥有几个荣誉学位，是最年轻的英国皇家学会会员。在公众评价中，被誉为是继阿尔伯特·爱因斯坦之后最杰出的理论物理学家。自他提出宇宙大爆炸奇点，时间由此刻开始，黑洞最终会蒸发，在统一20世纪物理学的两大基础理论——爱因斯坦的相对论和普朗克的量子论方面走出了重要一步。1985年，霍金动了一次穿气管手术，从此完全失去了说话的能力。他就是在这样的情况下，极其艰难地写出了著名的《时间简史》，探索出宇宙的起源。

斯蒂芬·威廉·霍金，英国著名物理学家和宇宙学家，肌肉萎缩性侧索硬化症（ALS）患者，全身瘫痪，不能发声。霍金的主要研究领域是宇宙论和黑洞，证明了广义相对论的奇性定理和黑洞面积定理，提出了黑洞蒸发现象和无边界的霍金宇宙模型，被世人誉为“宇宙之王”。

拓展资源

天文学探索历程（上）　　天文学探索历程（下）

实践与探索

了解望远镜的基本结构、基本操作和天文观测的基本方法。使用望远镜进行天文观测，并记录观测数据。使用数据处理软件对观测数据进行数据处理与分析，提取有用的信息，并对结果进行解释。

思考与讨论：

1. 中国古代天文成就斐然，除了天文历法，还发明了什么天文仪器？
2. 你认为中世纪对天文发展有重要推动作用的人物有哪些？
3. 20世纪是天文发展的黄金期，你认为原因有哪些？

第七节　从商路图到现代地理学

情景导入

如果把古代地理事物的记载归入地理学，地理学就是一门古老的科学。而现代地理学的发展，则是近期的事。所以说，地理学是一门既古老又年轻的科学。为什么地理学的发展会出现这样的情况？

这是由“地理科学与生产的关系的密切性，地理科学规律的全球性和地理科学的综合性”决定的。我们说地理学是一门古老的科学，是指它随着人类初期的生产活动便产生了地理知识的萌芽。因为当时的生产和后来的贸易，都需要地理知识的帮助。所以地理知识是在人类生产活动的初期便产生了的，而且随着生产的发展，它的内容不断得到充实和发展，但地理科学的形成必须具备两个条件，首先，必须具备全球性的地理资料和知识，没有这个基础，全球性的规律是无法认识的；其次，要有部门对地理学各个要素的性质和规律进行阐述。而这些条件直到19世纪中叶才基本上完成，积累地理资料的阶段几乎进行了几千年。19世纪中期以后，旧的地理学解体，新的地理学从此逐步得到发展，成为现代地理学。这就是地理学是一门既古老又年轻的科学的发展过程，这个历史过程大致可划分为以下几个阶段：地理知识的萌芽阶段，地理知识和资料的积累阶段，科学地理学的形成阶段，现代地理学大发展和广泛应用阶段。

学习任务

1. 地理学的发展经历了哪几个阶段？每个阶段取得的成就有哪些？
2. 地理学的发展有很多的方法论，试总结这些方法，并谈谈如何应用到学习中。
3. 地理学是一门既古老又年轻的科学，请谈谈你对这句话的理解。

章节内容

一、地理知识的萌芽阶段

这个阶段大致相当于社会发展的原始公社和奴隶社会时期。原始公社时期，人类为了防御野兽、洪水和初步生产的需要，便知道当地的地形、方位和附近的自然资源情况，并以地图的形式刻画在树皮、木头或石头上。例如，陕西半坡村遗址，在五千年前的原始公社母系社会，就能选择有利地形进行防御和生产。

地理知识的萌芽主要是在奴隶社会出现的。当时，商品生产已在奴隶制度的集体劳动基础上发展起来，希腊、罗马的商业贵族要求对外贸易和向外扩张，为了适应这种需要，便产生了商路图、周航记等商业地理指南书，如著名的《红海周航记》，其记述了红海、阿拉伯海、印度和锡兰（斯里兰卡）沿海线、陆地交通、主要城镇以及商业有关的物产。

（一）常年迁徙产生带路人

很久以前，在贝都因人之中，就已经出现了一批人，我们可以称之为“职业地理学家”“带路人”，他们准确地了解各个部落的位置。这些“带路人”具有相关的地理文化知识，例如沙漠的动植物以及沙漠地形学特点的相关知识，甚至是天文学知识，包括星球以及其运动轨迹。贝都因人从他们的生活中获取天文学的知识，例如白天和黑夜，夏天和冬天。这些都源于他们所处的沙漠自然环境。沙漠中，一年中大部分月份的白昼和黑夜的天空都是晴朗无云，因此星体总是布满整个一望无际的夜空。部分史学家们认为：阿拉伯人精通天文学应归功于他们的自然环境，因为他们常常迁徙。夜行时，他们需要寻找月亮以及其他星体。当人们依靠月亮和星星来进行引导时，观测发生在苍穹上的所有变化使得他们的智慧被擦亮。他们不仅了解星宿的导向，还擅长于观测它们的升起和降落，能够划分夜晚的时段。

（二）商业贸易造就地理达人

由于商业和贸易的兴起，促进了航海事业和地理知识的发展，因而也就产生了当时的地理学家。

1. 德谟克利特

德谟克利特（前460—前370）是希腊哲学家。德谟克利特出身于富商之家，为了追求知识他借远出经商的机会游历了许多东方国家和希腊各地，因此耗尽了所有财产，回到家乡已是贫困潦倒，不得不依靠他的兄弟供养。他性格开朗，知识渊博，著述据说有五十多种，他根据生物对气候条件的依存性提出了地理学应当研究地理环境与人类社会的依存关系。

2. 亚里士多德

亚里士多德（前384—前322）是希腊自然科学家。他为毕达哥拉斯学派的地球球形学说提出了确凿的证据：月蚀时，投影在月面上的地形是圆形的；从南向北或从北向南走动时，一些星体消失，另一些星体出现，这些现象只有弧形地面才能解释。因而他提出辐射到地表的太阳光和受热差异决定于太阳的入射角，这正是气候带存在的原因。现在希腊语的气候就是倾斜的意思。

3. 埃拉托色尼

埃拉托色尼（前275—前194）出生于希腊在利比亚的殖民地昔兰尼（Crene），被西方地理学家推崇为“地理学之父”，除了他在测地学和地理学方面的杰出贡献，另一个重要原因是他第一个创用了西文“地理学”这个词，并用它作为《地理学概论》的书名。自此，地理学才有了“科学记述地球”的意义。

4. 托勒密

托勒密（90—168）是希腊人，他是地图学的创始人。他为地理学下了如下定义：“地理学是对地球整个已知部分以及它有关的事物进行线的描绘。”另外，他还提出宇宙地球中心论的学说。他的这一学说一直延续到16世纪才被哥白尼的太阳中心论所代替。

（三）社会管理催生地理著作

在我国“地理”一词最早出现于《周易·系辞上》，有“仰以观于天文，俯以察于地理”之句。但因为社会管理的需求，催生出许多地理著作，例如《竹书纪年》载有夏代帝发七年（前1657）“泰山震”，这是世界上最早的地震记录，为地震科学研究工作提供了宝贵的资料；据《周礼》记载，公元前1000年就设立了专门机构来测绘地形。公元前5世纪出版了《禹贡》，阐述了九州的土壤、河流与土特产。在历史上，这是一部很有价值的区域地理著作。之后，历代正史中都有比较详尽的地理志，各省、县还出现大量地方志及多种多样的游记。

《禹贡》是《尚书》中的一篇，大约成书于春秋末战国初，堪称世界上第一部综合地理作品。全书共分五部分：第一部分按河流、山脉和大海将天下分为九州，叙述境内的山、水、泽、地、土壤以及田赋、动、植、矿、手工业等的情况。第二部分是导山，列出并介绍了四列东西向的山系。第三部分是导水，分为九系，介绍了九条河流（弱水、黑水、黄河、漾水、扛水、沈水、淮水、渭水、洛水）。第四部分是水功，记述大禹治水的功绩。第五部分是“五服”制（甸、侯、绥、要、荒），从整体区域角度记述政治和社会生活。

自然民族和半开化民族的地理视野大都十分狭隘。这是由于文献的缺乏，始终限于口耳相传，关于古代的驻地，也只是有一些模糊的影像。这些民族对于自然的观察，只是着眼于一些地区和地点的个别事实，而没有着眼到整体的特征，因此该时期这种观察的性质还不能算是地理学，只能算是地理认识。

二、地理知识和资料积累阶段

这个时期相当于社会发展的封建社会时期和资本主义社会的早期阶段。地理学发展还是地理知识和资料积累阶段。

（一）封建社会限制地理发展

封建社会的突出特点，是政治和经济上的分散性，以及宗教的兴起和占统治地位，对科学的发展是非常不利的。由于自给自足的经济使商业、贸易萧条了，地理知识的视野缩小了。同时由于宗教礼仪的统治，科学的成就较前期少了，而且先前的一些成就也被遗弃和否定了，例如以错误的盘形学说和四方学说取代了正确的球形学说。但由于当时封建割据条件下管理自己国家的需要，区域地理也有一定的发展。如 9 世纪初我国唐代末年的《元和郡县图志》就属这类著作，影响最深远的当属《马可・波罗游记》。

马可・波罗，13 世纪意大利的旅行家和商人。17 岁时跟随父亲和叔叔，沿陆上丝绸之路前往东方，经两河流域、伊朗高原、帕米尔高原，历时四年，在 1275 年到达元朝大都（今北京）。他在中国游历了 17 年，并担任了元朝官员，访问了当时中国的许多地方，到过云南和东南沿海地区。

1289 年波斯国王阿鲁浑的元妃去世，阿鲁浑派出三位专使来元廷求婚。忽必烈选定阔阔真为元室公主，马可・波罗趁机向忽必烈大汗请求参与护送任务，在完成使命后，他们可以顺路归国。1292 年春，马可・波罗随三使者护送阔阔真公主从泉州起航出海到波斯成婚。1295 年马可・波罗一家回到意大利。回意大利后，马可・波罗在一次海战中被俘，在狱中他口述了大量有关中国的故事，其狱友鲁斯蒂谦写下著名的《马可・波罗游记》，记述了他在东方最富有的国家——中国的见闻，激起了欧洲人对东方的热烈向往，对以后新航路的开辟产生了巨大的影响，同时也是研究我国元朝历史和地理的重要史籍。

（二）资本主义萌芽推动地理大发现

大约在 15 世纪下半叶，西欧封建社会各国内部的商品生产不断增长和发展，资本主义经济蓬勃兴起：不仅欧洲内部的市场需要增加，而且需要扩大到欧洲以外的市场；货币成为交换的通用手段，这就为 15 世纪末期地理发展起到推进作用。因此，1492 年哥伦布发现中美洲，1497 年卡波特发现北美洲，1498 年哥伦布第三次航行发现了南美洲。1519—1522 年葡萄牙人麦哲伦率领西班牙探险队完成了第一次环球航行。到 16 世纪中叶，由于各国地理志的发展和交换，新大陆的发现和环球旅行的成功，地球上的大陆大部分已被了解，地球的球形已被实践证实，从而给科学地理学的形成提供了总结的前提。到了 17 世纪，荷兰地理学家瓦伦纽斯第一个对已经积累的地理资料进行理论上的总结。通过总结，他认为地理学研究的对象是“地球的表面和其部分”，即现代的普通自然地理和区域自然地理。

1. 世界地理大发现

地理大发现首先来自葡萄牙，其领导者是葡萄牙国王的第三个儿子亨利王子。1418 年，亨利王子在葡萄牙拉古什港附近的圣文森特角上的萨格里什创设了世界第一个地理研究院。他从地中海周围网罗了不少地理学家、制图学家、天文学家、数学家及懂得各国语言的翻译家一起研究地理学，规划海上探险。遇到的第一个障碍就是亚里士多德、托勒密留下的传统地理观念——热带不可居住，去了之后人的皮肤会变黑。1418 年第一次试航很快返航，因为船员对赤道附近的“不幸”太恐惧了。经过反复努力，在 1433 年航行到北纬 26°07′以南的博哈多尔角。

由于沿岸向南流动的强大海流形成白色汹涌的漩涡，船员们想这无疑是希腊地理学家所描述的“沸水”了，人过去以后肯定就要变黑。当时的船长吉尔·埃安内曾试图环航博哈多尔角，可船员们叛变，无奈只得返回萨格里什。1434 年吉尔·埃安内改换了方针，在离陆地很远的地方航行。当船队开到博哈多尔角以南的纬度时，再转航向东，靠近海岸时发现水并未沸腾，人也没有变黑，从此，克服了越过赤道远航的心理障碍，为后世的环球航行打下了基础。1441 年亨利王子的航队向南航行到很远，找到了黄金，俘获了奴隶，轰动了欧洲。自此，热衷航海冒险的时代在欧洲开始了。这件事很值得思索，中国地理学家的一份文化遗产——指南针，帮了亨利王子的大忙；希腊地理学家一份文化“遗产”——热带不可居住的臆想，却给大航海事业的开端带来了不小的麻烦。权威人物错误的推断竟然在长达十多个世纪中一直禁锢人们的头脑，可见创新探索的精神在科学发展中是多么重要。

哥伦布（Columbus，1451—1506）是意大利航海家，出生于寄居在热那亚的西班牙犹太人家庭，从小就迷恋船只和航海事业。他曾随英国船只航行过，也在萨格里什学院学习过。他读过皮埃尔·戴利和马可·波罗的书。他提出了绕非洲去亚洲航行的计划，首先向葡萄牙国王申请，遭到了拒绝。之后又向西班牙国王提出报告，也遭到皇家委员会的拒绝。但他的坚定意志终于打动了国王，国王为他提供了船只，给予他海军上将的名义和百万金币的准备。哥伦布于 1492 年 8 月 3 日黎明前率三艘帆船出发，在大西洋上克服种种困难，于 10 月 12 日登上了巴哈马群岛，发现了新世界的土地，1493 年初返航西班牙。后又于当年 9 月 25 日再次率更大的船队西航，在现在的多米尼加共和国北部海岸建立了第一个欧洲人的城市——伊萨贝拉，接着又在锡瓦奥建立了圣托马斯城，不久又发现了牙买加，1496 年再次返回西班牙。

1498 年哥伦布第三次西航，发现了特立尼达并登上了南美洲大陆。1500 年因拒不承认国王派去的总督而被解送回国。1502 年 5 月自费组织船队最后一次西航，途中发现了马堤尼克岛，他克服了部下叛乱、暴风雨袭击和缺衣少食的困难，度过极其困难的一年，11 月返回西班牙，1506 年 5 月在贫病交迫中逝世。哥伦布十年间四次西渡，发现了南美洲大陆和加勒比海一些岛屿，但他至死还认为自己到的是亚洲的南洋群岛，所以把加勒比海岛屿叫西印度群岛。他死后不久，一位名叫亚美利的意大利人才发现，大西洋彼岸不是亚洲而是新的大陆，从此将美洲命名为亚美利加洲。

哥伦布是富有理想和大无畏探险精神的伟大航海家，也是具有聪明才智的、很了不起的地理学家。他第一个发现并利用太平洋风系，懂得低纬度吹东风，较高纬度吹西风；他第一次航行沿加那利群岛的纬度顺东风向西驶去，返回西班牙时则向北驶至亚速尔群岛，乘西风返回欧洲。美洲新大陆的发现无疑是人类历史上的一座丰碑。自此以后，有了新大陆的繁荣和进步，世界政治、经济、文化地图发生了根本性的变化，这一切与哥伦布的名字是分不开的。人类为了纪念他，世界各地有很多以他的名字命名的地名和团体，仅美国就有 4 个叫

“哥伦布”的城市。

2. 绕过非洲通往东方航线的发现

在15世纪欧洲人的眼里，亚洲是一个非常富庶的地方，黄金、香料、丝绸具有非常强烈的诱惑力。可是，从海上去亚洲必须绕过非洲，还要穿过亚里士多德、托勒密所说的可怕的热带，而且据托勒密讲有一个南方大陆，能否绕到亚洲尚未可知。所以，这条航道是探险者热衷的目标。如前所述亨利王子领导的航行已经打破了到热带人会变黑、海水沸腾的神话，但是那时只航行到北纬26°以南一点，赤道怎样尚不可知。1473年在亨利王子死后，一条葡萄牙船通过了赤道，没有让那里灼热的阳光焚毁，安全无恙地到达了刚果河口。

1497年瓦斯科·达·伽马（1469—1524）率葡萄牙船队，避开了强大的本哥拉洋流和赤道以南沿岸的顶头风，在大西洋绕了一个大圈子，然后沿非洲西海岸绕过好望角，沿非洲东岸向北航行，经莫桑比克，穿过印度洋到达了印度，从而发现了苏伊士运河开通前欧洲人去亚洲的唯一航道。当他最后回到里斯本时，一共用了两年时间，航行24 000英里，170名船员仅剩下44名，为这条航道的发现付出了巨大的代价。随着这条航道的开通，葡萄牙人占领了印度的果阿，在马六甲海峡建立了基地，租借了中国的澳门并强占了台湾，首次打开与日本的贸易。紧接着，大批欧洲人涌入亚洲，带来了基督教和欧洲的文明，也造成了亚洲人受欺侮、受压迫的历史。从此，地中海、大西洋的欧洲文明，与印度、中国文明连接起来了，人类彼此隔绝的时代基本结束了。

3. 首次环球航行

麦哲伦原为葡萄牙人，归属西班牙。在西班牙国王赞助下，于1519年9月出发横渡大西洋，绕过南美洲后以他的名字命名海峡（麦哲伦海峡），驶入太平洋。在茫茫的太平洋长期航行中，船员患了坏血病，没有粮食、淡水，靠吃老鼠、牛皮、木屑、喝脏水生活，历尽千辛万苦，麦哲伦本人也在与菲律宾土人冲突中死亡。最后只剩18名水手穿过印度洋，绕过好望角，于1522年4月回到西班牙。他们向东行而从西归，用事实证明了人类的故乡——地球是圆球体。这次航行与1965年美国阿波罗号宇宙飞船上宇航员惊呼：“我看见了，地球，蓝色的珠玉!”堪称人类对自己故乡的两次最伟大的全面观察。

地理大发现给地理科学带来了巨大变革，它的意义也超过地理科学，几乎对所有的自然科学和哲学都是巨大的推动力。它是人类近代飞跃性进步的先声，正是由于地理大发现给人类开拓了广阔的发展空间，发现了在当时看来几乎是无穷无尽的资源，刺激了产业革命的迅速到来，称得上是人类历史上、科学发展史上最伟大的事件之一。

地理大发现促进太空秩序的新概念——哥白尼太阳中心说的诞生。15世纪以来，由于地理大发现，在欧洲新资料不断涌现，哲学家、宇宙学家、地理学家、自然科学家对此争执不已。最初他们还遵循传统方法，费尽心机地使地球的新发现与《圣经》的创世说相适应，但是这种努力一天天难以坚持，人们最后终于挣脱旧框框的压抑，寻求到新的答案。

波兰学者哥白尼在地理大发现不久后的1497—1529年对行星、月球和恒星运动进行了多次观察。他发现尽管托勒密的理论（地心说）体系十分繁杂，但不能圆满地解释地理大发现以后人们所了解到的天体运动现象，如果把太阳放在中心位置计算天体运动，那么会得出令人满意的结果。于是他大胆地冲破神学的束缚，于1543年发表了名著《天体运行论》，提出了太阳中心学说。伽利略1623年证明了哥白尼学说的正确性，1632年出版了《关于托勒密和哥白尼两大世界体系对话》一书，轰动了整个欧洲知识界，紧接着牛顿 1689 年又提出了万有引力定律。从哥白尼到伽利略再到牛顿，历经了一个半世纪的科学革命，奠定了天文学、地理学、哲学以及整个自然科学的理论基础，自然科学从此从神学中解放出来了。

地理大发现使世界迎来了比较研究、归纳法盛行的科学哲学时代，地理大发现给人类带来了一个又一个崭新的外部世界，人类在与外部世界的对比中，在大量新发现的事实的比较分析中思索问题，对看上去杂乱无章的万千世界进行分类、归纳，寻求他们的规律。瑞典林奈的植物分类是比较归纳法最典型的例子。探本求源的科学哲学观最为盛行。

生物是怎样发生演变的？地球的起源是什么？人类是怎样产生的？人类的思想行为来源于什么？一系列既是科学又是哲学的重大问题都是地理大发现之后提出来的。如达尔文的进化论，孟德斯鸠的地理环境决定论，康德的形而上学，马尔萨斯的人口论等。近代科学、哲学的重大理论几乎都与地理大发现的推动有关。

地理大发现推动地理学一系列理论和方法的变革，地理大发现证明了地球是圆的，也证实了地球上广大海洋的存在，并弄清了海陆的基本轮廓，明确了地球的形状、大小和运动形式，搜集和积累了大量的海洋、生物、地质资料，引起了地理科学界新的思考，使地理学有可能建立自己的理论体系，从以前的、个别的、零碎的现象解释发展到全球性的、科学的理论思维。1650 年德国地理学家瓦伦纽斯写成了《通论地理》一书，采用太阳中心说。他第一个注意到赤道和两极由于受热不同而造成下层空气从极地向赤道流动，这是走向解释世界风系的第一步。1686 年，英国地理学家埃德蒙·哈雷发表了大西洋信风图及其学说，画出了南北半球信风，标明了亚洲季风，并指出这是海陆受热不同的结果。在地形起源理论上，15 —18 世纪欧洲掀起了“均变说”和“灾变说”的争论。达·芬奇第一个讥笑“灾变说”，主张是流水夷平高山的。1786 年法国学者比阿特提出“均衡河谷”的学说，至今在地貌学上仍有意义。1752 年法国地理学家比歇把地球陆地用绵长的山脉分成众多大的流域，并以此概念闻名于世，至今流域仍是自然地理学研究的基本单位，是自然区划、农业区划的重要依据。1682—1725 年俄国彼得大帝组织探险队，并于 17 世纪末完成俄国欧洲部分南部的测量绘图工作，1758 年伟大的博物学家罗蒙诺索夫创立了俄国科学院地理部。

由于地理大发现刺激了航海业，从而促进了绘图业的发展。1959 年荷兰地理学家墨卡托（Mercator，1512—1594）创立了墨卡托投影，第一个设计了把地球球面绘制到平面上的方法，一直为航海者所采用。1728 年法国的卡西尼和荷兰的尼古拉·克鲁奎，采用等高线表示地形绘制大比例尺地形图。

拓展资源
郑和七次下西洋

三、科学地理学的形成阶段

世界地图的基本完成

19 世纪后期和 20 世纪初期是科学地理学形成阶段。这是因为：经过 4000 多年的地理知识和地理资料的积累，地球表面的基本情况基本摸清，较详细的地区性地图和全球性地图也相继出现。这些资料为总结地表的一般自然规律和局部的地理规律提供了基础，特别是这些资料为使用比较法来研究自然规律起到重要的推动作用。19 世纪末，在生产力的推动下，自然科学和社会经济科学有了很大的发展和分化，自然科学的分化达到了相当精确的程度，物理学、化学、生物学、天文学、地质学等学科都已形成了各自不同的研究领域。特别是像生物学、地质学和气象学，都从原来的地理学内部分化出来，成为独立的学科，这种分化对地理学有两方面的影响。一方面，由于科学的分化，对深入了解自然界各科要素的基本规律，对进一步认识自然界各要素的相互关系奠定了基础。特别是达尔文的进化论和莱伊尔的地质发展学说，对地理学的影响很大，起到很大的促进作用，尤其是在用历史的方法研究地理环境的形成方面。另一方面，由于科学的分化和生产的发展，不断提出新问题，促使地理学向新的方向发展，使地理学在新的领域中探讨它的理论和方法。这一时期有代表性的地理学家是洪堡德、李特尔和道库恰耶夫等人。

（一）现代地理学奠基人——洪堡

洪堡是著名的德国自然科学家、自然地理学家，近代气候学、植物地理学、地球物理学的创始人之一，涉猎科目很广，特别是生物学与地质学。他考察了北美洲、南美洲、阿尔泰山、乌拉尔山后，确立了地理的地带性理论，确立了植被与气候和地形的依存关系。他以大自然为实验室，进行大规模的实地研究，在物理学、化学和生物学的基础上，奠定了现代地理学，创造了比较自然地理学。他认为，“自然地理学应从相互依存的关系方面对地球的诸现象进行阐述，认识多种多样中的统一，研究地球上各种现象的一般规律和内在联系。”

（二）人文地理学的开山大师——李特尔

李特尔是经典的人文地理学家。李特尔，毕业于哈雷大学，曾对德国、瑞士、意大利进行了大量科学考察。1820 年任柏林大学地理系主任，创办了柏林地理学会，撰写了《欧洲地理》《地学通论》等著作。他把地理学从机械的数字和平面图向人文和政治发展转变，增加了一种深刻的视角和方法。他把重点放在研究地理因素如何影响人们的生活，如土地习俗、社会结构、文化活动和其他社会性原因。关于这个领域的研究，他的贡献特别显著。

19 世纪 50 年代，李特尔开始利用实地调查研究，并以广义的历史和人文方式改变地理学的思维方式。他的研究强调“人类地理学”，提出关于地区经济和社会性如何受地理环境影响的新思想。他重点研究全球化和少数族裔群体等人文地理课题。他主张地理学家应以一种更加宽容而立体的思想来研究地理，不能仅仅视为冷僻的自然学，而是把它作为一种深化大小因素以及其同时存在结果的综合性研究。他认为，“地理学的目的是研究各民族与他们周围的自然环境之间所存在的联系。”

（三）自然地带分布规律学说的创立者——道库恰耶夫

自然地带分布规律学说主要指的是地球上的植物分布呈现出的自然地带理论，由犹太裔俄罗斯植物学家安德烈·瑗德尔·道库恰耶夫提出。他将大洲排列成六大自然地带，由南到北分别为热带地带、亚热带地带、革古尔冷温带地带、亚马逊热带和温带地带、高地温带、北极草原地带，六个地带拥有各自的风土环境，这有利于植物的生长发育，同时也衍生出不少犹太裔俄罗斯植物学家对生态观察的深远见解。

这一理论被称为“道库恰耶夫自然地带分布规律学说”，它以地形、气候、植物及其他生态要素分析指出，由于不同地带的气候和物质现象，世界上的植物体系呈现出不同的特征，各地带不仅有自己独特的植被，而且具有不同的植物覆盖率、植物类群结构等，一个地带的植物组成可以直接反映当地的地理环境、气候及土壤特征。

道库恰耶夫的自然地带分布规律学说及其产生的结果，极大地提高了人们对于自然地理环境的认识，促进了生物地理学及生态地理学等相关科学的发展，为进一步研究地球环境提供了科学依据，同时，它对构建植物群落，科学管理植物资源等也都起到了重要的指引作用。

总的来说，这个时期地理学虽然也走了不少弯路，但还是有很大进展的。在此期间，研究重点有以下几方面：①把地理环境作为地理学研究的主要对象，它的区域差异性就是地理学研究的核心；②着重研究“人地关系”，从一个或几个自然要素出发，探讨其对人类活动的影响或人类活动对它们所作的适应或选择性利用（当时还谈不上有计划的、大规模的自然改造）；③为了生产和其他人类需要，进行大量专题研究或“应用地理”研究。着重探讨自然资源的开发利用以及不利条件的控制。例如，20 世纪 20 到 30 年代在苏联进行的生产力布局研究。美国开展的流域规划和水土保持工作以及英国在全国范围内所作的大比例尺土地利用调查和制图等。随着科学的发展，明确了“地理壳”是地理学研究的对象。

拓展资源
指南针的发明

◆ **交流与讨论**：15—18 世纪，中国与西方在地理学方面成就的比较研究探讨。

四、现代地理学大发展广泛应用阶段

经过第二次世界大战严重破坏之后，各国经济需要重新调整和建设，城市也要重建，特别是社会主义社会的建立，并展开大规模经济建设，加上科学技术的迅速发展，促使地理科学得到大发展并广泛应用于国民经济建设。

这个时期，世界各国，尤其是发达国家，较普遍地结合区域规划来进行本国区域地理的研究。联合国教科文组织以及国际粮农组织等国际机构，为了世界粮食问题和第三世界经济开发问题，组织有关国家和人员对干旱地区、湿热地区和高山极地等生产潜力大、生态较脆弱的待开发地区进行了重点调查研究。

随着经济的工业化和社会的城市化以及人口的激增，人类与自然环境之间出现了一系列日趋尖锐的矛盾，要求科学地预测与解决综合性的课题。在这种情况下，传统的地理学着重于阐述和定性分析，对定量研究不够注重，不足以解决这些问题。因此，进行了所谓“地理革命”，要求地理科学的理论化和数量化。

由于大规模使用现代研究方法，例如大量采用电子计算机、航空卫星象源和电视显示、自动制图、同位素、孢粉分析、电子显微镜的应用以及采用系统论、控制论和信息论等新技术、新方法，使地理学得到强有力的武装，使得全球大量地理资料的积累和分析以及基本理论的订立成为可能。

1976 年在莫斯科召开的第 23 届国际地理大会的主题是：“地理学与科技革命”。大会提出，地理工作者在科技革命的基础上，应将注意力集中到当代发展最迫切、最重要的问题上来，例如自然资源的合理利用、人类活动对地理环境的作用、地理环境的预测和定向改造，以及人口问题、城市化问题、区域发展问题、环境保护问题等。因此，可以说，当代地理学是一门以最新科学技术方法来探讨地理环境及其改造利用的科学。当前研究的重点，首先是分析和综合评价地理环境中的自然条件和自然资源，其次是探讨自然资源保护和合理开发利用的途径、主要措施以及不利自然条件的控制和改造，再次是落实到区域中去进行综合分析和制订发展规划，最后是区域和全球性的综合研究，对全球和各大地区的地理环境发生发展、内在联系、地域分异以及定向改造等基本问题加以探讨。大致可反映地理学研究趋势和主要内容有：①地理环境的分析和评价；②人类对地理环境的利

拓展资源
现代地理学的分类体系

拓展资源
当代地理科学研究的前沿领域

用与改造；③区域的综合分析和发展规划；④区域和全球性综合研究。

小结与展望

地理学作为拓展知识疆界而进行广泛的、创造性的、多学科努力的一部分，对科学作出了贡献。地理学的概念、思维和方法使其对过去、当代很多紧迫性复杂问题具有独特的洞察能力和综合能力，可以避免由于对时空认识的局限而引起的错误和误差。

地理学的研究涉及从环境变化到社会矛盾的广泛领域，其价值源自地理学对地球表层特征、结构与演化的研究，对自然与人文现象在不同地方和区域空间相互作用的过程及其影响的研究。地理学还提供了一套有别于其他学科的研究方法：一是通过地方（place）、空间（space）和尺度（scale）三个“透镜”观察世界的地理学方法；二是地理学的综合法：环境—社会动态地把人类活动与自然环境、环境动态与自然系统、人类社会动态与经济、社会和政治系统联系起来；三是应用图像的、语言的、数学的、数字的和认知方法的空间表达法；四是地理视角矩阵法：用地理学观察世界的方法，通过对地方和尺度（横坐标）的聚焦，穿越环境动态、环境—社会动态、人类—社会动态（纵坐标）三个综合领域。空间表达（矩阵的第三维）加强了，有时还驱动了其他地理学分支的研究。

钱学森认为，地理科学是自然科学与社会科学之间的汇合科学。其从整个科学体系中提出界于自然科学与社会科学之间的“桥梁科学”——地理科学。地理科学不是一门科学，而是一系列的科学。

总之，地理学家用以观察世界的“三个透镜”是地理学思维为科学认知做出的独特贡献。地理学家提出的地域分异规律、区域要素综合、人地关系、人类干预的地球系统、地图学方法、对地观测与地理信息技术、自然地理过程、空间结构、空间过程、地缘政治与地缘经济等，被认为是改变世界的十大地理学思想。在当前全球生态环境变化冲击人类社会，社会经济和科技文化发展显著改变生态环境，可持续发展成为共识的背景下，地理学长期关注的人类与环境之间的相互关系，以及地球表层的重要特征和空间结构变化，正逐渐成为科学和社会的核心议题。地理学将在应对21世纪人类和地球面临的挑战中作出越来越重要的贡献。

拓展阅读

1. 我国著名的近代地理学家——竺可桢院士

拓展资源
中世纪最伟大的地理学家——郦道元

竺可桢，浙江省绍兴县东关镇人，中央研究院院士、中国科学院院士，中国共产党党员，中国近代气象学家、地理学家、教育家，中国近代地理学和气象学的奠基者，浙江大学前校长。

1890年3月7日，竺可桢出生于浙江绍兴东关镇（今属浙江省绍兴市上虞区）一个小商人家庭。1909年竺可桢考入唐山路矿学堂（今西南交通大学）学习土木工程；1910年公费留美学习；1918年获得哈佛大学博士学位；1920年秋应聘南京高等师范学校；1929年起屡次被选任为中国气象学会会长；1934年参与创建中国地理学会；1936年4月担任浙江大学校长，历时13年；1949年担任中国地理学会理事长，同年11月中国科学院成立以后，竺可桢被任命为副院长、生物学地学部主任；1950年当选为中华全国自然科学专门学会联合会全国委员会委员、中华全国科学技术普及协会副主席；

1955年选聘为中国科学院学部委员（院士），兼任生物学地学部主任；1956年“综合考察工作委员会”正式成立，竺可桢担任委员会主任；1962年6月加入中国共产党；1974年2月7日去世，享年84岁。

竺可桢是中国物候学的创始人，对中国气候的形成、特点、区划及变迁等，对地理学和自然科学史都有深刻的研究。

拓展资源

地理学探索历程（上）　　地理学探索历程（下）

实践与探索

实践任务1

调查当地生态农业建设的典型案例。运用所学知识，结合地理研究方法，以“某某村镇生态农业可持续发展模式研究报告”为题，制作演示文稿，在班级进行专题交流。

实践任务2

上网查阅资料，了解低碳经济的概念、低碳经济的特征表现、对低碳经济认识的几个误区、低碳经济发展模式 、低碳经济模式对中国经济增长的影响、中国低碳经济发展历程、中国发展低碳经济面临的挑战、低碳经济发展的策略选择等内容，并以“我国低碳经济发展的策略选择”为题制作课件，在班上进行一次科普宣传。

思考与讨论：

1. 地理知识是如何萌芽形成的呢？地理学又是怎样推动人类社会的进步与发展的呢？

2. 人类对海洋的利用历史悠久，指南针是人类征服海洋的利器，对人类社会文明进步起到了巨大的推动作用。请以小组为单位，探讨我国古代四大发明之一——指南针对世界文明的意义。

3. 人口问题是全球面临的重大问题之一。请以小组为单位，结合地理研究方法，了解我国人口问题主要表现在哪些方面？并提出你的解决方案。

第八节　从“ENIAC”的诞生到人工智能的崛起

情景导入

计算机科学是一门研究计算机系统结构、软硬件系统设计、信息处理方法及其应用等方面的学科。自20世纪40年代第一台电子计算机诞生以来，计算机科学已经经历了70多年的发展历程。我们将从计算机的起源开始，逐步讲述计算机的发展历程和技术变革。

学习任务

1. 什么是计算机科学？

2. 计算机科学的发展经历了哪几个阶段？每个阶段取得了哪些成果？

3. 计算机科学是一门发展迅速的科学，近年来涌现出了许多前沿问题与挑战。请谈谈未来计算机科学的发展趋势与挑战。

章节内容

计算机科学作为一门学科，其初始阶段主要是以数学和工程为基础，通过研究和开发电子计算机来解决各种问题。起源可以追溯到19世纪的查尔斯·巴贝奇设计的分析机。在此后的几十年里，计算机科学经历了多次重大变革，包括晶体管的发明、操作系统的发展、网络技术的普及以及人工智能的崛起等。随着时间的推移，计算机科学逐步发展成为一门独立的学科，研究领域不断扩大，涉及计算机硬件、软件、算法、数据结构等多个方面。

一、计算机算法和基础理论的发展

在计算机科学的发展历程中，基础理论的发展起到了至关重要的作用。这些理论包括布尔逻辑、算法理论、程序设计语言原理、数据结构、数据库理论等，它们为计算机科学的各个方面提供了理论支持。这些理论的不断发展，推动了计算机科学的进步，使其成为一门严谨的学科。

（一）布尔逻辑

布尔逻辑是计算机科学中非常重要的基础理论之一，它由英国数学家乔治·布尔在19世纪中叶创立。布尔逻辑基于二值系统，即每个命题都有两种可能的取值：真或假。通过使用逻辑运算符（如与、或、非等），可以构建复杂的逻辑表达式，用于描述和解决各种逻辑问题。

（二）数学基础

计算机科学离不开数学的支持，其中最重要的数学基础包括集合论、图论、概率论等。集合论是研究集合、元素和集合之间的关系和运算的数学分支，它为计算机科学中的数据结构和算法设计提供了基本的概念和方法。图论则主要用于研究图（由节点和边构成的图形）的性质和应用，例如计算机网络路由、社交网络分析等。概率论则用于描述随机现象和不确定性问题，如机器学习、数据挖掘等领域。

（三）算法理论

算法理论是计算机科学的核心组成部分，它研究如何有效地解决问题和计算问题。早期的算法理论主要关注算法的正确性、可计算性和效率等方面。随着计算机科学的不断发展，算法理论也在不断深化和完善，出现了许多经典算法和优化方法，例如分治算法、贪心算法、动态规划等。

（四）程序设计语言原理

程序设计语言是程序员用来编写程序的工具，其原理是计算机科学中的重要基础理论之一。程序设计语言的基本组成包括语法、语义和语用三个方面。语法定义了语言的词法和句法规则，语义则描述了程序的含义和功能，语用则涉及程序设计语言的使用环境和语境。程序设计语言的发展经历了从机器语言到汇编语言，再到高级语言的历程，每种语言的演变都为程序员提供了更加高效和灵活的工具。

（五）数据结构

数据结构是计算机科学中用于组织和存储数据的算法和数据类型的集合。在早期的基础理论中，数据结构主要包括线性结构（如数组、链表等）、树形结构（如二叉树、树等）、图状结构（如链表、堆等）等。数据结构的研究不仅关注数据的存储方式，还关注如何高效地访问、修改和删除数据。数据结构的选择和使用对程序的性能和可维护性有着重要影响。

（六）数据库理论

数据库理论是用于研究和设计数据库系统的理论基础，它涉及数据的组织、存储、检索和管理等方面。数据库理论的发展经历了层次模型、网状模型和关系模型等阶段，每种模型都有其特定的应用场景和优缺点。关系模型是目前最为广泛使用的数据库模型，它通过表格的形式存储数据，并提供了一系列的查询语言（如 SQL）来检索和管理数据。

二、计算机科学的孕育：图灵的理论基础与图灵机的设想

艾伦·麦席森·图灵（Alan Mathison Turing，1912—1954），英国数学家、逻辑学家，被称为“计算机科学之父”“人工智能之父”。1939 年，因战争需要，图灵临危受命，从事军事工作，负责破译敌方情报，图灵专门设计建造了一台机器——图灵机，用于破解德军的英格尔码（ENIGMA）密码，当时都是通过电台、电报的形式来进行军事指令的下发，需要加密处理，不然被截获后很容易破译战斗策略。

“希特勒号”称他们的 ENIGMA 密码是无人能够破解的，结果被图灵发明的图灵机给破解了。图灵机通过暴力破解的形式来进行解密，需要的计算量特别大，不仅破解了，还修改了指令，这就出现了著名的“诺曼底登陆行动”，即通过篡改的信息来告诉敌人不在诺曼底登陆，在其他地方登陆，这样德国的军力就没有部署在诺曼底，所以登陆很成功。当时这台破译机非常大，第二次世界大战结束之后，被丘吉尔给炸了，他觉得没什么用了。后来图灵也比较惨，并且吃了带毒的苹果。人们知道，某品牌的计算机 logo 就是被咬了一口的苹果。图灵对计算机的发展是有非常大的影响的。图灵还提出，“计算机能够帮我们做运算，那它能不能做其他的逻辑呢?”其实，人工智能这个概念就是图灵提出来的。想知道计算机是否能够和人一样，只要做一下图灵测试即可。所谓图灵测试是一种测试机器是不是具备人类智能的方法，它是一种确定计算机是否会思考的实验。一个人向计算机发问，另一个不知情的人试图从回答中区分这是人还是计算机给出的答案。如果计算机没有被辨认出是计算机，便通过了图灵测试。

三、计算工具的演变：从算盘到机械计算器

计算工具的演变是一个漫长而有趣的过程，它的发展是人类对技术的探索和追求效率的体现。以下是从算筹到机械计算器的一些关键步骤。

（一）算筹

最早的时候其实不是算筹，古代最早的时候是用绳子打结的方式来计数，因为用打结的方式来计数太笨，所以发展出来了算筹。运筹帷幄的“筹”就是指的算筹，在军帐中通过计算、计谋来对军略做全面的计划。算筹实际上是一根根同样长短和粗细的小棍子，一般长为 13~14 cm，径粗 0.2~0.3 cm，多用竹子制成，也有用木头、兽骨、象牙、金属等材料制成的，大约二百七十几枚为一束，放在一个布袋里，系在腰部随身携带。需要计数和计算的时候，就把它们取出来，放在桌上、炕上或地上都能摆弄。在算筹计数法中，以纵横两种排列方式来表示单位数目的，其中 1~5 均分别以纵横方式排列相应数目的算筹来表示，6~9 则以上面的算筹再加下面相应的算筹来表示。表示多位数时，个位用纵式，十位用横式，百位用纵式，千位用横式，以此类推，遇零则置空。这种计数法遵循十进位制。算筹的出现年代已经不可考，但据史料推测，算筹最晚出现在春秋晚期战国初年。

（二）算盘

算盘是一种手动操作的计算辅助工具形式。它起源于中国，是中国古代的一项重要发明。在阿拉伯数字出现前，算盘是世界广为使用的计算工具。现在，算盘在亚洲和中东的部分地区继续使用，尤其见于商店之中，可以从供应中国商品和日本商品的商店里买到。在西方，它有时被用来帮助小孩子们理解数字，而一些数学家喜欢体验一下使用算盘计算出简单算术问题的感觉。算盘的形状为长方形，周为木框，内贯直柱，俗称“档”。一般从九档至十五档，档中横以梁，梁上两珠，每珠作数五，梁下五珠，每珠作数一，运算时定位后拨珠计算，可以做加减乘除等算法。

（三）计算器

后来人们发现，类似算盘的这种计算工具还是太慢了，计算个数值需要手动拨动好多次才行，所以随着历史发展出现了计算器，计算效率提高了很多。

计算器是辅助工具，不包含计算程序，主要靠人脑来计算。计算机包含计算程序，不需要靠人脑来计算，为什么需要计算器呢？简单的计算人可以搞定，但是复杂的运算，或者大一些的数据计算的时候人就很难搞定了，比如 69999×18888，即便是努力算出来了，也很容易出现不准确的情况，但是如果交给机器，只要机器设定好计算程序逻辑，并且运算速度够快，那么只要输入要计算的数据，它就能又快又准确地计算出结果，所以计算器、计算机是历史发展中的必然产物。计算机的特点是含计算程序，学会人工输入，并看懂计算的输出结果即可，那有人说，看懂还不简单吗？其实也没那么简单，很早的时候是没有显示器的，人看的时候也不是那么容易，所以显示器也是历史发展的必然产物。

19 世纪中叶，随着工业革命的兴起，出现了机械计算器，这些计算器利用齿轮和杠杆等机械部件，实现了自动化的数学运算。

1. 帕斯卡计算器

1642 年，年仅 19 岁的法国科学家、数学家布莱士·帕斯卡（Blaise Pascal）运用算盘原理，发明了第一部机械式计算器。帕斯卡加法器是由齿轮组成，以发条为动力，通过转动齿轮来实现加减运算，用连杆实现进位的计算装置。

2. 莱布尼茨乘法器

在 1673 年，德国数学家莱布尼茨设计了一架可以进行乘法，答案最大可以达到 16 位的乘法器。莱布尼茨是现代机器数学的先驱，他在帕斯卡加、减法机械计算器的基础上进行改进，使这种机械计算器能进行乘法、除法、平方的演算，他造出的计算器样机达到了可以进行四则运算的水平。帕斯卡的加法器，没有莱布尼茨的“步进计算器”影响力大。“步进计算器”俗称乘法器，所以也可以叫作莱布尼茨乘法器，这种乘法器影响了机械计算设备的发展达 3 个世纪，在这段时间内，也发展出了很多其他的机械计算器。

3. Curta 计算器

Curta 是一台可单手操作的手摇式精确计算器，可用于加减乘除四则运算和乘方开方运算。它将瑞士手表的精确、LEICA 相机的工艺，以及机械的精密全部集中在一个圆柱体中，代表了西方机械技术顶峰。它是由奥地利工程师 Curt Herzstark 发明的，据说当时处于第二次世界大战时期，他被纳粹关在 Buchenwald 集中营，期间就在头脑中完成了其设计的大部分。1947 年被释放后，完成了剩下的部分设计并制造面世。它小巧到可以单手握住，这是阶梯式齿轮计算结构的一个重要发展。

4. 巴贝奇差分机

1819 年，英国科学家查尔斯·巴贝奇设计了差分机（图 2–68），并于 1822 年制造出可动模型。这台机器能提高乘法速度和改进对数表等数字表的精确度，还可以进行函数运算。1991 年，为纪念巴贝奇诞辰 200 周年，伦敦科学博物馆制作了完整的差分机，它包含 4 000 多个零件，重 2. 5t。英国人查尔斯·巴贝奇研制出差分机和分析机，为现代计算机设计思想的发展奠定了基础。受限于当时的工业水平，这个差分机当时没有做出来，但是若干年后人们按照巴贝奇的思想做出了这个计算机，后来有人称他为“计算机之父”。虽然他没有成功，但是他的理论和思想对后世的影响是非常大的。

图 2–68 差分机

机械计算器继续在 20 世纪 60 年代使用，但很快被 20 世纪 60 年代中期出现的使用阴极射线管输出的电子计算器取代。20 世纪 70 年代，随着低廉的手持式电子计算器的推出，这一发展达到顶峰。机械计算器在 20 世纪 70 年代逐渐消失，到 20 世纪 80 年代基本上绝迹了。

四、通用电子计算机发展史

1945 年，在日本爆炸了两颗原子弹，投弹的轨道、飞机的速度、风速、高度、弹头的角度等各种计算指标，需要大量的计算才可以精准地投弹，如果用人工来计算，出错的概率太高了，而且计算速度很慢，这就需要靠计算机来进行大量精准的运算，所以其实战争带动了计算机的发展。当时的计算机只能做数学运算，为了在战争中处于领先的地位，科学家们一直在进行计算机的研究，那么计算机除了用于战争，能不能用于其他领域呢？科学家们一直在不断地研究。终于，世界第一台通用电子计算机 ENIAC（埃尼阿克）（图 2-69）于 1946 年 2 月 14 日在美国宾夕法尼亚大学诞生，发明人是美国人莫希利和埃克特。

图 2-69　世界上第一台通用计算机 ENIAC

美国国防部用它来进行弹道计算。它是一个庞然大物，用了 18 000 个电子管，占地 170 m^2，重达 30 t，耗电功率约 150 kW，每秒钟可进行 5 000 次运算，这在现在看来微不足道，但在当时却是破天荒的。“ENIAC”以电子管作为元器件，所以又被称为电子管计算机，是第一代计算机。电子管计算机由于使用的电子管体积很大，耗电量大，易发热，因而工作的时间不能太长。

（一）第一代：真空管（电子管）计算机

研制电子计算机的想法产生于第二次世界大战进期间。当时激战正酣，各国的武器装备还很差，占主要地位的战略武器就是飞机和大炮，因此研制和开发新型大炮和导弹就显得十分必要和迫切。为此，美国陆军军械部在马里兰州的阿伯丁设立了“弹道研究实验室”。

美国军方要求该实验室每天为陆军炮弹部队提供 6 张射表，以便对导弹的研制进行技术鉴定。事实上每张射表都要计算几百条弹道，而每条弹道的数学模型是一组非常复杂的非线性方程组。这些方程组是没有办法求出准确解的，因此只能用数值方法近似地进行计算。按当时的计算工具，实验室即使雇用 200 多名计算员加班加点工作也需要大约两个月的时间才能算完一张射表。在“时间就是胜利”的战争年代，恐怕还没等先进的武器研制出来，败局已定。

为了改变这种不利的状况，当时任职宾夕法尼亚大学莫尔电机工程学院的莫希利（John Mauchly）于 1942 年提出了试制第一台电子计算机的初始设想，期望用电子管代替继电器，以提高机器的计算速度。美国军方得知这一设想，马上拨款大力支持，成立了一个以莫希利、埃克特（John Eckert）为首的研制小组开始研制工作，预算经费为 15 万美元，这在当时是一笔巨款。

让研制工作十分幸运的是，当时任弹道研究所顾问，正在参加美国第一颗原子弹研制工作的数学家约翰·冯·诺依曼（John von Neumann，1903—1957，美籍匈牙利人）带着原子弹研制（1944 年）过程中遇到的大量计算问题，在研制过程中期加入了研制小组。一直到了 1946 年，由科学家约翰·冯·诺依曼和“莫尔小组”的工程师莫希利、埃克特、戈尔斯坦以及华人科学家朱传榘组成的研制小组，发明并建造了第一台通用计算机“ENIAC”，全称为 electronic numerical integrator and computer，即电子数字积分计算机。

然而，原本的“ENIAC”存在两个问题，一是没有程序存储器，二是需要使用布线接板进行极其烦琐的搭接控制，甚至每次改变运算任务都需要搭接几天，快出来的计算速度也就被这一工作抵消了。为了做出优化，早在 1944 年 8 月，“EDVAC”的建造计划就被提出；在“ENIAC”于 1946 年充分运行之前，“EDVAC”的设计工作就已经开始。和“ENIAC”一样，“EDVAC”也是为美国陆军阿伯丁试验场的弹道研究实验室研制。1945 年，冯·诺依曼和他的研制小组在共同讨论的基础上，正式发表了一个全新的“存储程序通用电子计算机方案”。在此过程中，他对计算机的许多关键性问题的解决作出了重要贡献，从而保证了计算机的顺利问世。

冯·诺依曼以《关于 EDVAC 的报告草案》为题，起草了长达 101 页的总结报告。报告广泛而具体地介绍了制造电子计算机和程序设计的新思想，这份报告是计算机发展史上一个划时代的文献，它向世界宣告：电子计算机的时代开始了。

“EDVAC”方案明确奠定了新机器由五个部分组成，即运算器、逻辑控制装置、存储器、输入设备和输出设备，并描述了这五部分的职能和相互关系。报告中，诺伊曼对“EDVAC”中的两大设计思想作了进一步的论证，为计算机的设计树立了一座里程碑。报告提出的体系结构一直延续至今，即“冯·诺依曼结构”（图 2-70）。

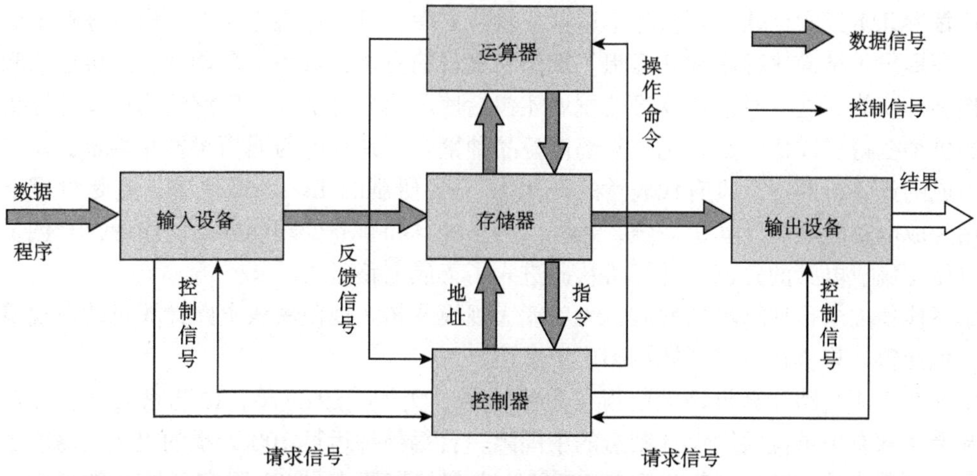

图 2-70 冯·诺依曼结构

（二）第二代：晶体管计算机

晶体管的发明，在计算机领域引来一场晶体管革命，它以尺寸小、重量轻、寿命长、效率高、发热少、功耗低等优点改变了电子管元件运行时产生的热量太多、可靠性较差、运算速度慢、价格昂贵、体积庞大这些缺陷，从此大步跨进了第二代计算机的门槛。

1954 年，美国贝尔实验室研制成功第一台使用晶体管线路的计算机，取名“催迪克”(TRADIC)，装有 800 个晶体管。1955 年，美国在阿塔拉斯洲际导弹上装备了以晶体管为主要元件的小型计算机。以后，在美国生产的同一型号的导弹中，由于改用集成电路元件，重量只有原来的 1/100，体积与功耗减少到原来的 1/300。

1958 年，美国的 IBM 公司制成了第一台全部使用晶体管的计算机 RCA501 型。由于第二代计算机采用晶体管逻辑元件及快速磁芯存储器，计算机速度从每秒几千次提高到几十万次，主存储器的存储量，从几千提高到 10 万以上。1959 年，IBM 公司又生产出全部晶体管化的电子计算机 IBM 7090。1958—1964 年，晶体管电子计算机经历了大范围的发展过程。从印刷电路板到单元电路和随机存储器，从运算理论到程序设计语言，不断的革新使晶体管电子计算机日臻完善。其软件开始使用面向过程的程序设计语言，如 fortran、algol 等。1961 年，世界上最大的晶体管电子计算机 ATLAS 安装完毕。

拓展资源
中国制成了第一台全晶体管电子计算机 441-B 型

（三）第三代：集成电路计算机

20 世纪 60 年代中期到 70 年代中后期，是第三代计算机即集成电路计算机的发展时期。1958 年，德州仪器的工程师杰克·基尔比发明了集成电路，将多个电子元件集成在一块小小的硅片上，这为计算机技术带来了重大变革。集成电路的出现使计算机体积更小、功耗更低且运算速度更快。

在这一时期，计算机硬件的各个组成部分都取得了显著进步。其主要逻辑部件采用中小规模集成电路，主存储器开始采用半导体存储器。与前两代计算机相比，第三代计算机的体积进一步减小，运算速度、运算精度、存储容量及可靠性等主要指标有了极大改善，运算速度可达每秒几十万次至几百万次基本运算。软件方面，对计算机程序设计语言进行了标准化工作，并提出了结构化程序设计思想。操作系统日趋完善，具备资源调度、人机通信和输入输出控制等功能。这一时期计算机的发展还包括使用了分时系统，广泛使用小型计算机。计算机的机种变得多样化、系列化，外部设备品种繁多，并开始与通信设备相结合，发展为由多机组成的计算机网络。具有代表性的是 IBM 公司研制的 IBM 360 系统，它是世界上第一个采用集成电路的通用计算机系统，兼顾了科学计算和事务处理两方面的应用，开创了民用计算机使用集成电路的先例，计算机从此进入了集成电路时代。

第三代集成电路计算机的发展，为后续大规模及超大规模集成电路计算机的出现奠定了基础，也使得计算机在更多领域得到广泛应用。

中国在集成电路计算机领域取得了重要成果。例如，1973 年，由北京大学、北京无线电厂和燃化部有关单位共同设计制造的中国第一台每秒钟运算 100 万次的集成电路电子计算机在北京试制成功。这台计算机字长 48 位，内部储存器容量 13 万字，加上磁盘机、打字机、作孔机和输出输入机等，共有 9 种 22 台外部设备。经过 3 000 多小时的试算运转，其性能稳定，质量良好，主机的解题能力、外部设备和管理、语言编译、符号汇编三套程序等主要指标均达到设计要求。操作人员曾用它计算一个 200 阶的代数方程组，只用十几秒钟就得出了正确答案，而人工运算至少需要 100 个人工作一年。它还可进行复杂的工程设计、天气预报、处理地震资料等数据的运算，一些靠中小型计算机难以完成的计算任务，如五个以上层次的天气预报、处理石油地质勘探中的人工地震偏移迭加数据等，依靠这台百万次大型计算机可较快地运算出来。这一成果是中国电子计算机发展的一个重要里程碑，为今后生产同类型或更大规模的电子计算机积累了宝贵经验。

(四) 第四代：超大规模集成电路计算机

1967 年和 1977 年分别出现了大规模和超大规模集成电路。第四代计算机是指从 1970 年以后采用大规模集成电路（LSI）和超大规模集成电路（VLSI）为主要电子器件制成的计算机。例如 80386 微处理器，在面积约为 10mm×10mm 的单个芯片上，可以集成大约 32 万个晶体管。

美国 ILLIAC-IV 计算机（图 2-71），是第一台全面使用大规模集成电路作为逻辑元件和存储器的计算机，它标志着计算机的发展已到了第四代。1975 年，美国阿姆尔公司研制成 470V/6 型计算机，随后日本富士通公司生产出 M-190 机，是比较有代表性的第四代计算机。英国曼彻斯特大学 1968 年开始研制第四代机，1974 年研制成功 ICL2900 计算机，1976 年研制成功 DAP 系列机。1973 年，德国西门子公司、法国国际信息公司与荷兰飞利浦公司联合成立了统一数据公司，共同研制出 Unidata7710 系列机。

图 2-71 ILLIAC-IV 计算机

第四代计算机的另一个重要分支是以大规模、超大规模集成电路为基础发展起来的微处理器和微型计算机。

第一阶段是 1971—1973 年，微处理器有 4004、4040、8008。1971 年 Intel 公司研制出 MCS4 微型计算机（CPU 为 4040，四位机）。后来又推出以 8008 为核心的 MCS-8 型。

第二阶段是 1973—1977 年，微型计算机的发展和改进阶段。微处理器有 8080、8085、M6800、Z80。初期产品有 Intel 公司的 MCS-80 型（CPU 为 8080，八位机）。后期有 TRS-80 型（CPU 为 Z80）和 APPLE-II 型（CPU 为 6502），在 20 世纪 80 年代初期曾一度风靡世界。

第三阶段是 1978—1983 年，十六位微型计算机的发展阶段，微处理器有 8086、8088、80186、80286、M68000、Z8000。微型计算机代表产品是 IBM-PC（CPU 为 8086），本阶段的顶峰产品是 APPLE 公司的 Macintosh（1984 年）和 IBM 公司的 PC/AT286（1986 年）微型计算机。

第四阶段便是从 1983 年开始的 32 位微型计算机的发展阶段。微处理器相继推出 80386、80486。386、486 微型计算机是初期产品。1993 年，Intel 公司推出了 Pentium 或称 P5（中文译名为“奔腾”）的微处理器，它具有 64 位的内部数据通道。

ILLIAC 是一台采用 64 个处理单元在统一控制下进行处理的阵列机。为了以较低的成本得到较高的速度，ILLIAC 的中央处理装置分成了 4 个可以执行单独指令组的控制器，每个控制器管理数个处理单元，总共有 256 个处理单元。每个处理单元可以作为一个运算和逻样装置，具有它自己的 2048 字（每字 64 位）存储器，并能和所有其他的处理单元发生联系。

由于运算和逻辑功能分配在 256 个处理单元上，因此 ILLIAC 可以同时完成很多类型数据结构的操作。根据这种平行机理，就要求处理单元本身是一台快速计算机，存储器周期小于 300 ns，64 位的浮点加法为 250 ns，两个 64 位数的浮点乘法为 450 ns。

Macintosh 计算机于 1984 年发布，采用了紧凑的一体化设计、创新的鼠标和用户友好的图形用户界面。它配备 128 KB 内存，采用 8 MHz 处理器。

原版 Mac 彻底改变了计算机行业，就像车轮一样，Mac 为普通人带来了方便。20 世纪 80 年代早期的大多数计算机完全通过文本命令来控制，只有少数计算机高手才知道如何使用它们。有了鼠标，配以基于模仿真实世界中“桌面”概念的用户界面，用户就能使用 Mac 自带的两个应用程序：MacWrite 和 MacPaint，处理其他竞争品牌计算机闻所未闻的任务，桌面出版就这样诞生了。使用 Adobe Systems 公司授权的 Postscript 软件，苹果公司得以销售苹果 Laserwriter 打印机，这帮助引入了“所见即所得”（WYSIWYG）设计理念，艺术家们就能把他们在 Mac 的 9 英寸黑白显示屏上看到的作品精确地打印出来。

（五）第五代：智能计算机

第五代计算机是把信息采集、存储、处理、通信同人工智能结合在一起的智能计算机系统。它能进行数值计算或处理一般的信息，主要面向知识处理，具有形式化推理、联想、学习和解释的能力，能够帮助人们进行判断、决策、开拓未知领域和获得新的知识。人-机之间可以直接通过自然语言（声音、文字）或图形图像交换信息。

1981 年，在日本东京召开了第五代计算机研讨会，随后制订出为期 10 年的“第五代计算机技术开发计划”。人工智能的应用将是未来信息处理的主流，因此，第五代计算机的发展必将与人工智能、知识工程和专家系统等的研究紧密相连，并为其发展提供新基础。目前的“诺伊曼机器”电子计算机的基本工作原理是先将程序存入存储器中，然后按照程序逐次进行运算。第五代计算机系统结构将突破传统的诺伊曼机器的概念，这方面的研究课题包括逻辑程序设计机、函数机、相关代数机、抽象数据型支援机、数据流机、关系数据库机、分布式数据库系统、分布式信息通信网络等。

20 世纪 80 年代初，人们提出发明与人脑神经网络类似的新型超大规模集成电路的设想，即生物芯片制造方法的构思，并开始着手研究由蛋白质分子或传导化合物元件组成的生物计算机，与此同时，人们也开始研制光计算机和量子计算机。光计算机是用光子代替电子来传递信息，量子计算机是一类遵循量子力学规律进行高速数学和逻辑运算、存储级处理量子信息的物理装置。当某个装置处理和计算的是量子信息，运行的是量子算法时，它就是量子计算机。量子计算机的概念源于对可逆计算机的研究，研究可逆计算机的目的是解决计算机的耗能问题。

人工智能与深度学习

五、计算机科学的未来展望

拓展资源
中国对计算机科学的贡献

计算机科学发展史是一个不断探索和创新的过程，它深刻地改变了我们的生活方式和社会结构。未来，随着新技术的不断涌现和应用，计算机科学将继续引领我们走向一个更加智能、便捷和可持续的未来。回顾计算机科学的发展历程，我们可以看到人类智慧在推动科技进步中的重要作用。然而，在取得诸多成就的同时，计算机科学也面临着诸多挑战，如信息安全、数据隐私、社会影响与伦理等问题。未来，计算机科学家们将继续努力，为人类社会带来更多创新和价值。

拓展阅读

天才的足迹——追寻姚期智的璀璨人生

姚期智（图 2-72），1946 年出生于上海，从小就展现出过人的智慧和才华。他的求学之路，是一段充满传奇的故事。姚期智在高中时期就对数学产生了浓厚的兴趣，他如饥似渴地阅读数学书籍，对其中的奥秘产生了极大的好奇心。正是这种对知识的渴望，使他在高考中以优异的成绩考入了台湾大学电机系。在台大的学习生活中，姚期智的才华得到了进一步的发挥。他不仅在专业课程上取得了优异的成绩，还在数学竞赛中崭露头角。然而，姚期智并没有满足于此，他决定赴美国深造，追求更高的学术境界。在美国，姚期智先后获得了斯坦福大学电机工程学硕士和哈佛大学计算机科学博士学位。他的学术成就引起了学界的广泛关注，也为他日后的研究工作奠定了坚实的基础。

图 2-72　图灵奖获得者——华裔科学家姚期智

姚期智的研究领域广泛，涉及计算机科学的多个方面。他在理论计算机科学、密码学、量子计算等方面取得了举世瞩目的成就。他的科研成果不仅推动了计算机科学的发展，更在实际应用中产生了深远的影响。姚期智最为人所知的成就之一，是在理论计算机科学中的贡献。他提出了“姚算法”，这是一种用于解决计算复杂性问题的有效方法。这一算法的出现，为计算机科学家们提供了新的研究工具，推动了计算机科学的发展。此外，姚期智在密码学领域的研究也取得了显著的成果。他与同事共同提出了“姚密码”，这是一种用于保证信息安全传输的有效手段。这一成果的应用，为网络安全领域的发展开辟了新的道路。值得一提的是，姚期智在量子计算领域的研究也取得了令人瞩目的成就。他提出了量子计算的理论框架，为这一新兴领域的研究提供了重要的指导。

除了科研成果，姚期智在教育领域也作出了杰出的贡献。他先后在斯坦福大学、加州大学伯克利分校、普林斯顿大学等知名学府任教，培养了一大批优秀的计算机科学人才。姚期智的教学理念是培养学生独立思考和创新能力。他认为，教育的目的不仅是传授知识，更是激发学生对知识的热爱和对未知领域的探索欲望。他的这种教育理念，影响了一代计算机科学家，为科技发展注入了源源不断的活力。

拓展资源

计算机发展史　　计算机的科学思考　　人工智能

思考与讨论：

1. 你认为计算机科学对于个人职业发展有哪些帮助？请谈谈自己的看法。
2. 在计算机科学的学习中，有哪些科学方法是值得我们学习的？请举例说明。
3. 展开自己的想象，请你谈谈计算机科学对人类未来的影响。

第三章 现代高新技术概述

第一节 航天技术

情景导入

党的二十大报告强调了航空航天技术对于国家安全和发展的重要意义。报告指出，要加快航天强国建设步伐，加强以载人航天、深空探测、航空装备等为重点领域的科技创新能力。

“嫦娥奔月”是中国古代神话故事，登月是中国人几千年的梦想，我国月球探测工程（嫦娥工程）的发展规划，真正实现了中国人的登月梦想。图 3-1 是我国的探月航天器。嫦娥工程计划是如何实施的？我们一起来学习一下吧！

图 3-1 探月航天器

学习任务

1. 你知道哪些国家能发射人造卫星？请选择其中的 1~2 个国家，介绍卫星的用途、分类、特点和应用。
2. 航天技术作为当前高新技术之一，谈谈这种技术对现代生活的影响。
3. 谈谈你对空间资源的认识。

章节内容

航天技术是 20 世纪发展起来的一项高新技术，也是一项新兴的系统工程技术，是指探索、开发和利用太空及地球以外天体的综合性工程技术。它又称空间技术，是一项探索、开发和利用太空以及地球以外天体的综合性工程技术，它是当今世界高科技群体中最具影响力的科学技术之一，航天技术广泛应用于军事、经济以及人类社会生活的各个方面，对人类社会的物质和精神文明产生巨大的影响，发挥着极其重要的作用。航天产业是一个国家战略性高技术产业之一，是一个国家综合国力的重要标志。

20 世纪初，俄国科学家齐奥尔科夫斯基（Konstantin E. Tsiolkovsky）创立宇航理论，随后，美国科学家戈达德（R. H. Goddard）和德国科学家奥伯特（H. Oberth）开始将宇航理论运用于实践，逐步把航天技术从少数人的研究实验变成成千上万人协同研制的浩大工程，从而推动了该项技术的诞生和发展。

一、航天技术

航天技术是指将航天器送入太空，以探索开发和利用太空及地球以外天体的综合性工程技术，又称空间技术。航天技术主要包括航天运载器技术、航天器技术、航天测控技术。

拓展资源
运载火箭、航天器和航天系统、航天发射场、人造卫星、载人航天

1. 航天运载器技术

航天运载器技术是航天技术的基础。要想把各种航天器送到太空，必须利用运载器的推力克服地球引力和空气阻力。常用的运载器是运载火箭，运载火箭主要由动力系统、控制系统、箭体和仪器、仪表系统组成。为了使航天器获得飞出地球所需要的速度，靠单级运载火箭的推力目前难以达到。为此，人们发展了多级运载火箭。多级运载火箭是由几个能独立工作的火箭沿轴向串联组成。

2. 航天器技术

航天器是在太空沿一定轨道运行并执行一定任务的飞行器，亦称空间飞行器。航天器分无人航天器和载人航天器两大类。无人航天器按是否环绕地球运行又分为人造地球卫星和空间探测器等。其中人造地球卫星按用途分为：①科学卫星：用于探测和研究；②应用卫星：直接为国民经济和军事服务；③技术试验卫星：用于技术试验和应用卫星试验。空间探测器按探测目标分为月球探测器、行星（金星、火星、水星、土星等）探测器和星际探测器。载人航天器按飞行和工作方式分为载人飞船、空间站和航天飞机等。其中载人飞船可分为卫星式载人飞船、登月式载人飞船和行星际载人飞船等，空间站可分为单一式空间站和组合式空间站。

3. 航天测控技术

航天测控技术是对飞行中的运载火箭及航天器进行跟踪测量、监视和控制的技术。为了保证火箭正常飞行和航天器在轨道上正常工作，除了火箭和航天器上载有测控设备，还必须在地面建立测控（包括通信）系统。地面测控系统由分布在全球各地的测控台、站及测量船组成。航天测控系统主要包括：光学跟踪测量系统、无线电跟踪测量系统、遥测系统、实时数据处理系统、遥控系统、通信系统等。

思考与讨论：

1. 什么是航天技术？它主要由哪几部分组成？
2. 小组讨论，并举例说明人造卫星的种类及其运用。

二、太空及其资源

太空泛指宇宙空间，即在地球大气层以外的外层空间，是人类在陆地、海洋、大气层空间以外的第四活动领域，被称为人类的第四环境（陆地、海洋、大气层空间分别被称为第一、第二、第三环境）。

（一）空间环境

航天的范围是地球大气层以外（150 km 高度以上）的宇宙空间，这一范围简称空间或太空。人类在大气层内的航行活动称航空，在大气层外到太阳系内的航行活动称航天，在太阳系以外的航行活动称航宇，通常把航天和航宇统称为宇宙航行或宇航。航天的空间环境研究领域，从太阳表面开始，向内包括行星际空间、地球磁层、电离层和部分大气层。这一区域是人类航天活动的主要区域。

（二）空间资源

人类从事航天活动的目的，在于探寻、开发和利用空间资源，以满足和改善人类社会生产、生活的需求及条件，为造福人类服务。迄今，人类已进入和在某种程度上适应了地球引力区的空间环境。在这个空间环境里，人类已探明可资利用的空间资源有以下五大类。

1. 高位置资源

航天器相对于地表的高远位置，是空间轨道上的一种具有巨大价值的资源。航天器到达外层空间的高远位置并在轨道上不停地运行，它的最低点一般高于 200 km，其可观测的地域之广、时间之长，都是在空中飞行的飞机或气球所望尘莫及的。这项资源对地球及其大气层的观测和通信特别有用，世界上所有的应用卫星都利用其相对于地面的高远位置和广阔的覆盖面积而获得了巨大的实用价值。

2. 微重力环境资源

航天器进入太空的内部微重力环境，有许多不同于地球重力环境下的基本物理现象。在航天器内，可以获得地球上难以制备的纯净、难以混熔的材料，可以提纯对生物工程起重要作用的高纯度微生物，可以生长出高质量 的单晶体、多元晶体和半导体，可以制造出性能优良的玻璃和合金，可以生产治疗疑难疾病的优良药物等。

3. 高真空和超洁净环境资源

太空的高真空和超洁净环境，使航天器不受气动阻力和气动加热的作用就可维持长期的轨道飞行，这意味着无杂质、无污染和无干扰，是高纯度和高质量冶炼、焊接和分离提纯的理想条件，可以制造出地球上难以得到的高级材料和特殊产品。由于没有大气对光线和各种辐射的吸收、反射、折射和散射作用，航天器也是天文观测的最佳场所。

4. 太阳能资源

在太空，可利用的太阳能十分丰足，如在地球静止轨道上的航天器，有 99% 的时间都能受到太阳光的照射，比在地面上的日照时间长一倍；太空没有大气对太阳光的反射和吸收，也不受天气、尘埃和有害气体的影响，因而太阳的辐射损失很小，太阳能的利用率很高；太空不受地域的限制，也不需加清洗和排水机构，有利于构筑大型太阳能转换装置，可以建造大型的太阳能发电站。

5. 月球资源

通过对月球的探测和载人登月考察，证实月球上拥有供人类享用的物质资源。月岩中含有

60多种矿物质，其中硅、铁、铝等非常丰富；月面尘埃中含有大量的氦-3，这是清洁的核聚变原料；月球土壤中含有40%的氧，可用于解决航天所需的燃料；特别是发现月球南北极存在大量的冰冻水。此外，月球的引力小，有一个真空、无菌的环境，是进行材料生产和生命科学研究的良好场所；月球无大气包围，背面不受地球无线电干扰，是进行天文观测和天文物理实验的理想基地；月面低重力、无大气，易于发射航天器，成为人类飞往其他星球的中转站等。

若将以上五类空间资源中的任何一类加以利用开发，都会给人类带来巨大的利益。此外，还有地球引力区之外的火星和小行星资源。许多小行星上含有极其丰富的铁、镍、铜等金属和宝贵的稀土元素，火星上蕴藏有赤铁矿、冰冻水，富有磷、钾、钙、镁、硫和其他微量元素，还有极为丰富的风能、地热能以及可利用的太阳能。火星还是太阳系中除地球以外最适宜人居住的星球。

拓展资源
太阳辐射对地球的影响

三、航天技术应用

航天技术，这个曾经遥不可及的领域，如今已深深融入我们的日常生活，并在众多方面发挥着至关重要的作用。

（一）航天技术在通信领域的应用极大地改变了信息传播的方式

通信卫星的出现打破了地域和距离的限制，实现了全球范围内的实时通信。无论是在广袤的沙漠还是浩瀚的海洋，人们都能通过卫星电话、卫星电视和互联网保持紧密的联系。这对于应急救援、远洋航运、偏远地区的通信保障等具有不可估量的意义。例如，在自然灾害发生时，地面通信设施往往会遭到破坏，而卫星通信能够迅速建立起与外界的联系，为救援工作提供关键的信息支持。

（二）气象预报是航天技术的另一个重要应用领域

气象卫星能够从太空对地球的大气进行全方位、全天候的监测，收集大量的气象数据。这些数据包括云层的分布、温度、湿度、气压、风速等，通过复杂的模型和算法进行分析处理，能够为气象部门提供更加准确和及时的天气预报。准确的气象预报对于农业生产、交通运输、航空航天、能源供应等领域都具有重要的指导作用。农民可以根据天气预报合理安排农事活动，减少气象灾害对农作物的影响；航空公司可以提前调整航班计划，避免恶劣天气造成的延误和风险；能源部门可以根据天气情况优化能源供应策略，保障能源的稳定供应。

（三）导航定位系统是航天技术带给我们的又一伟大创新

全球卫星定位系统如GPS、北斗等，通过多颗卫星组成的星座，为用户提供高精度的位置、速度和时间信息。这在现代交通领域的应用尤为广泛，无论是汽车导航、船舶导航还是飞机导航，都离不开卫星定位系统的支持。在物流行业，货物的运输和跟踪也依靠卫星定位技术实现了全程可视化和智能化管理，提高了物流效率和准确性。此外，在测绘、地质勘探、考古等领域，卫星定位系统也发挥着重要作用，为科研和工程建设提供了精确的地理信息。

（四）航天技术在对地观测和资源勘查方面也有着突出的贡献

遥感卫星能够获取大范围、高分辨率的地球表面图像和各种数据，包括土地利用、植被覆盖、水资源分布、矿产资源勘查等。这些信息对于城市规划、环境保护、农业发展、矿产资源开发等具有重要的决策支持作用。例如，通过遥感卫星监测，可以及时发现森林火灾、土地沙漠化、水体污染等环境问题，并采取相应的治理措施。在农业领域，遥感技术可以监测农作物的生长状况、病虫害情况，为精准农业提供科学依据，提高农业生产效率和质量。

（五）在科学研究方面，航天技术为人类探索未知世界提供了独特的平台

太空环境中的微重力、高真空、强辐射等条件为材料科学、生命科学、物理学等领域的研究提供了全新的实验环境。科学家们可以在太空中开展晶体生长、蛋白质结晶、细胞培养等实验，揭示一些在地球上难以观测到的现象和规律。太空望远镜的出现让我们能够观测到更遥远、更微弱的天体，拓展了人类对宇宙的认知。例如，哈勃太空望远镜、詹姆斯·韦伯太空望远镜等为我们带来了众多令人惊叹的宇宙图像和科学发现，加深了我们对星系演化、黑洞、暗物质等神秘天体和现象的理解。

（六）航天技术在医疗领域也有着重要的应用

太空环境对人体生理和心理健康的影响研究，为医学提供了新的思路和方法。长期的太空飞行会导致宇航员出现肌肉萎缩、骨质疏松、心血管功能下降等问题，针对这些问题的研究促进了康复医学、心血管医学等领域的发展。同时，为了保障宇航员在太空的健康，研发了一系列先进的医疗设备和药品，这些技术和产品也逐渐应用于地面医疗，提高了医疗水平。例如，太空医疗中的远程诊断和治疗技术，为偏远地区和医疗资源匮乏地区的患者提供了更好的医疗服务。

（七）在军事领域，航天技术的应用具有战略意义

军事侦察卫星能够获取敌方的军事部署、武器试验等情报，为国家的安全防御提供重要支持。卫星通信在军事指挥和控制中发挥着关键作用，确保了军事行动的高效协同。导弹预警卫星能够及时发现敌方导弹的发射，为国家的防御争取宝贵的时间。此外，航天技术还为军事导航、军事气象预报等提供了有力的保障。

总之，航天技术的应用已经渗透到我们生活的方方面面，从通信、气象、导航到科学研究、医疗、军事等领域，都离不开航天技术的支持。随着航天技术的不断发展和创新，相信未来它将为人类带来更多的福祉和惊喜，引领我们走向更加美好的未来。

思考与讨论： 人类从事航天活动的目的是什么？以小组为单位，上网查阅目前人类航天技术的运用前景在哪些方面？

四、中国航天技术

中国的航天技术及其产业经过四十多年的发展取得了举世瞩目的辉煌成就，中国坚持独立自主、自力更生、艰苦奋斗、发扬航天精神和“两弹一星”精神，已经进入世界航天大国之列，航天产业的发展壮大，大大增强了中国的综合国力，提高了中国的国际地位。正如邓小平所指出的，如果20世纪60年代以来，中国没有原子弹、氢弹，没有发射卫星，中国就不能叫有重要影响的大国，就没有现在这样的国际地位。

（一）中国卫星

20 世纪 50 年代，中国开始踏上卫星发展的征程。1958 年，毛泽东主席发出“我们也要搞人造卫星”的号召，人造卫星项目“581”启动，钱学森受命担任项目组组长。然而，当时科研条件有限，研制工作曾一度中断。

1965 年，国家批准相关规划方案，确定于 1970 年至 1971 年发射我国第一颗人造卫星“东方红一号”。经过科研人员的努力，1970 年 4 月 24 日，“东方红一号”成功发射，中国成为世界上第五个自行研制和发射人造卫星的国家。它的主要任务是进行卫星技术试验，探测电离层和大气密度。该卫星采用自旋姿态稳定方式，以 20. 009 MHz 频率播放《东方红》乐曲，设计寿命为 20 天，实际工作寿命 28 天。“东方红一号”的成功研制为后续航天发展奠定了技术基础，培养了人才队伍，建立起一套完整的体系。

随后，中国卫星事业进入技术试验阶段。1971 年，“实践一号”卫星发射，它在空间科学和技术方面作出开创性贡献，首次直接探测到宇宙空间环境，其长寿命卫星技术试验为后续设计制造提供了经验。1975 年，我国成功发射首颗返回式卫星，标志着成为世界上第三个掌握卫星回收技术的国家。1984 年，试验通信卫星“东方红二号”发射成功，迈出了中国通信卫星的第一步，开始了用我国自主研发通信卫星进行电视广播信号传输的历史，大大改善了边远地区的收视和通信状况。

20 世纪 80 年代后期，中国卫星发展迈向工程应用阶段。“风云一号”气象卫星、“东方红二号”甲实用通信卫星、“资源一号”传输型遥感卫星、“实践四号”等卫星相继成功发射，实现了卫星应用领域拓展和实用化水平的跃升。

1997 年，“东方红三号”卫星发射，装载 24 台 C 频段转发器，采用诸多前沿技术，使中国通信卫星水平大幅提升，还带动了多型通信卫星的发展。至 1999 年，中国在科学实验卫星、返回式遥感卫星、地球静止轨道通信卫星、太阳同步轨道气象卫星等应用卫星领域全面发展，并在一些重要卫星技术领域达到较高水平。

进入 21 世纪，中国卫星技术进入全面发展阶段。载人航天、北斗、探月等重大工程相继实施。如今，我国在重大工程方面取得了显著成就，如载人航天工程即将进入空间站任务飞行阶段，北斗全球卫星导航系统即将完成组网，“嫦娥五号”探测器完成月球采样返回任务等。在通信卫星领域，“东方红五号”卫星平台首发卫星成功定点，将带动我国大型卫星公用平台升级换代。在遥感卫星领域，“高分”系列卫星推动我国空间分辨率迈进亚米级时代；“风云”“海洋”系列卫星技术指标达到世界先进水平。此外，“悟空”暗物质粒子探测卫星、“墨子号”量子科学实验卫星、“慧眼”硬 X 射线调制望远镜、“太极一号”空间引力波探测技术实验卫星等“科学新星”也不断涌现。

中国卫星事业的发展，不仅彰显了我国在航天领域的实力和成就，也为国家的经济建设、国防安全、科学研究和社会发展等方面提供了重要支撑和保障。

（二）中国运载火箭

中国的长征系列运载火箭是完全依靠自己的力量，从理论探索到工程实践，从小到大，从弱到强，逐步发展起来的，颇具中国特色，取得了较大成就与相应的国际地位。这些成就归纳起来主要有形成了长征系列火箭群体，基本满足了各种应用卫星发射的需要。到目前为止，已经发射成功的长征火箭有12种，完成了飞行试验前的全部研制工作，只待飞行验证的还有两种。值得指出的是20世纪80年代后期研制的长征二号E捆绑式火箭是中国运载火箭技术发展的一大飞跃，使中国运载火箭近地轨道运载能力达到9.5 t，为中国实现载人航天的目标打下了坚实的基础。而20世纪90年代中期研制成功的长征三号乙捆绑火箭则使中国运载火箭地球同步转移轨道的运载能力达到了5.1 t，火箭运载能力跃居世界第四位，中国是世界上第三个掌握低温高能推进剂技术和第二个掌握发动机高空二次点火技术的国家。长征三号甲和长征三号乙火箭成为世界上高轨道运载能力较大的著名火箭，中国航天运载技术的巨大进步有力地推动了中国卫星技术及卫星应用技术的发展，带动了中国载人航天的起步，还为新一代大型运载火箭的研制打下了良好的基础，同时对扩大中国航天领域对外合作，增强中国的科技实力、国防实力和民族凝聚力发挥了不可低估的重要作用。

(三) 发射场和测控网

中国已建成了3个卫星发射中心，它们是主要用于发射低轨道卫星的酒泉卫星发射中心、用于发射太阳同步轨道卫星的太原卫星发射中心和用于发射地球静止轨道卫星的西昌卫星发射中心。中国已建成了以西安卫星测控中心为龙头的航天测控网，测控网站主要分布于内陆地区，并具有万吨级的远洋航天测量船。

上述事实表明，中国的空间技术体系不仅能圆满地完成各类人造卫星的研制发射任务，而且具备了研制发射更复杂的空间飞行器的能力。中国依靠自己的力量建设起来的酒泉、西昌、太原三个卫星发射中心，已成为世界知名的现代化航天发射场。以北京航天指挥控制中心、西安卫星测控中心和远洋航天测量船组成的航天测控网，已具备测控能力，处于世界先进水平。

拓展资源
中国航天之父——钱学森

实践与探索

实践任务

航天技术极大地方便了人类的生产生活，但也给地球带来了重大污染——“太空垃圾”，请以小组为单位，结合教材了解太空垃圾种类及危害，列举出治理“太空垃圾”方面的举措，讨论清理“太空垃圾”的意义，并提出你的合理可行方案。

拓展资源

空间科技（上）　　空间科技（中）　　空间科技（下）

思考与讨论：

1. 名词解释：第一宇宙速度、航天器、载人飞船、人造卫星。
2. 已探明的空间资源有哪些？
3. 什么是空间站，用途是什么？

第二节　新能源技术和可再生能源技术

情景导入

党的十八大以来，我国坚定实施积极应对气候变化国家战略，宣布碳达峰、碳中和目标，构建完成碳达峰、碳中和“1+N”政策体系，推动产业、能源、交通运输结构调整，采取节能提高能效、建立完善市场机制、增加森林碳汇等一系列措施。

生态环境部发布了《中国应对气候变化的政策与行动2023年度报告》（以下简称《报告》）。《报告》显示，2022年，我国碳排放强度较2005年下降超过51%，非化石能源占能源消费比重达到17.5%。到2023年上半年，可再生能源装机容量达到13.22亿kW，约占总装机的48.8%，历史性地超过煤电。《巴黎协定》是全球气候治理进程中的重要里程碑，中国政府为《巴黎协定》的达成、签署、生效和实施作出了历史性突出贡献，得到国际社会普遍认可和高度赞赏。

我国在新能源技术和可再生能源技术方面取得了哪些成绩？让我们一起来学习一下吧！

学习任务

1. 为什么说太阳能是取之不尽，用之不竭的？
2. 氢能有哪些优点？
3. 为什么“由目前的主要依赖非再生能源向依赖可再生能源过渡已是当务之急”？

章节内容

随着全球经济的发展和人民生活水平的提高，对能源的需求越来越大。然而，传统的能源资源如煤炭、石油和天然气等已渐渐枯竭，其使用还给地球环境带来了严重的污染问题。因此，新能源与可再生能源的开发和利用逐渐成为全球关注的焦点。新能源是指传统能源之外的各种能源形式，它的概念是相对于煤、石油、天然气等传统化石能源而提出的。新能源以新技术和新材料为基础，使非传统能源得到现代化的开发和利用，包括太阳能、风能、生物质能、潮汐能、地热能等，以及油页岩、核能、氢能等。这些能源形式都在大力发展和研发中，是未来能源发展的重要方向。

可再生能源是指在自然界中可以不断利用、循环再生的一种能源，它主要包括太阳能、风能、水能、生物质能、海洋能、潮汐能等。可再生能源具有巨大的潜力，随着世界石油能源危机的出现，人们开始认识到可再生能源的重要性。与化石能源相比，可再生能源具有清洁、环保、可持续等优点，是未来能源发展的主要趋势。

虽然新能源和可再生能源有所区别，但它们都是未来能源发展的重要方向，具有广阔的应用前景和巨大的经济价值。在实际应用中，新能源和可再生能源也存在一定的交叉和重叠，例如太阳能、风能等既是新能源也是可再生能源。因此，我们应该全面认识和理解新能源和可再生能源的概念和特点，积极推动它们的开发和应用，为实现可持续发展作出贡献。

一、核能技术

核能技术是利用核反应释放出的能量来发电或者制造核武器的一种技术，它主要包括核裂变技术和核聚变技术两种。核裂变技术是指利用核反应中的中子撞击轻核原子时，原子核分裂为两个中子、两个小核和释放出大量能量的过程。核能电站就是采用核裂变技术，通过控制中子产生、控制核反应速度等方式来获得能量。

核聚变是一种具有巨大潜力的能源获取方式。它通过轻原子核聚合形成较重原子核，过程中释放出大量能量。其原料通常是氢的同位素氘和氚，在极高的温度和压力下发生反应。

核能作为一种清洁能源，在降低煤炭消费、有效减少温室气体排放、缓解能源输送压力等方面具有独特的优势和发展潜力，是实现碳达峰、碳中和目标的重要能源组成。近年来，核能发电以安全、高效、清洁的方式供应电力，同时又解决环境和气候变化问题，提供了极其现实的选择。

此外，核能也能够现实可靠地供应可调度电力，与发电波动性强、不易调度以适应电力需求的可再生能源（如风能或太阳能）形成很好的补充。核电站既可作为基荷供应可调度电力，又可参与调峰响应电能需求，在没有风和阳光时，与间断性的可再生能源（如风能或太阳能）形成很好的补充和支撑。

目前，核能技术已经得到了广泛的应用。核能发电是利用核裂变能将水加热并推动涡轮机发电的一种发电方式。目前全球已经有超过400座核电站正在运行，提供的电力占全球总电力的10%左右。此外，核能技术还应用于供热、海水淡化、医学等领域。

核能技术的起源可以追溯到20世纪初。1905年，爱因斯坦提出了著名的质能方程 $E=mc^2$，其中 E 为能量，m 为质量，c 为光速常量。核裂变能是打开原子核的结合力，释放出的巨大能量，揭示了原子核内所蕴含的巨大能量。1938年由德国科学家哈恩和斯特拉斯曼发现了核裂变现象，这是人类历史上第一次实现对原子核的分裂，开启了人类对核能的认识和应用。

在随后的几十年里，核能技术经历了从实验室研究到商业化应用的快速发展。1942年，美国科学家费米领导的研究团队在芝加哥大学建立了人类历史上第一台可控核反应堆——芝加哥一号堆（Chicago Pile-1），为核能技术的发展奠定了基础。1954年，苏联建成了世界上第一座压力壳式低温核反应堆，标志着核能技术进入实际应用阶段。中国的核电起步较晚，20世纪80年代才动工兴建核电站。中国自行设计建造的30万kW（电）秦山核电站在1991年年底投入运行。

在核能技术的发展过程中，出现了不同类型的核反应堆，如轻水堆、重水堆、压力壳堆等。这些反应堆在安全性、效率和可持续性等方面不断得到改进和提高。同时，核燃料循环和核废料处理等问题也逐渐得到了重视和解决。

核反应堆类型

思考与讨论： 小组分析讨论核能技术存在的一些问题和挑战？

（一）核能的优点

核能应用作为缓和世界能源危机的一种经济有效的措施有许多的优点。

（1）核燃料具有许多优点，如体积小而能量大，核能比化学能大几百万倍；1 000g铀释放的能量相当于2 400t标准煤释放的能量；一座100万kW的大型烧煤电站，每年需原煤300万~400万t，运这些煤需要2 760列火车，相当于每天8列火车，还要运走4 000万t灰渣。同功率的压水堆核电站，一年仅耗铀含量为3%的低浓缩铀燃料28 t；每一磅铀的成本，约为20美元，换算成1 kW发电经费是0.001美元左右，这和目前的传统发电成本比较，便宜许多；而且，由于核燃料的运输量小，所以核电站就可建在最需要的工业区附近。核电站的基本建设投资一般是同等火电站的一倍半到两倍，不过它的核燃料费用却要比煤便宜得多，运行维修费用也比火电站少，如果掌握了核聚变反应技术，使用海水作燃料，则更是取之不尽，用之方便。

（2）污染少。火电站不断地向大气里排放二氧化硫和氧化氮等有害物质，同时煤里的少量铀、钛和镭等放射性物质，也会随着烟尘飘落到火电站的周围，污染环境。而核电站设置了层层屏障，基本上不排放污染环境的物质，就是放射性污染也比烧煤电站少得多。据统计，核电站正常运行的时候，一年给居民带来的放射性影响，还不到一次X光透视所受的剂量。

（3）安全性强。从第一座核电站建成以来，全世界投入运行的核电站达400多座，30多年来基本上是安全正常的。虽然有1979年美国三英里岛压水堆核电站事故和1986年苏联切尔诺贝利石墨沸水堆核电站事故，但这两次事故都是由于人为因素造成的。2011年3月12日日本宣布，受“3·11”日本地震影响，福岛第一核电站的放射性物质发生泄漏。日本福岛核电站用的是沸水堆技术，而中国在建的核电站均使用压水堆技术。随着压水堆技术的进一步改进，核电站有可能会变得更加安全。

（二）中国在核能方面的成就

1. 核电技术

中国自主研发的“华龙一号”和“华龙二号”核电技术，具有国际先进水平，并已成功出口到巴基斯坦等国家。

2. 核燃料循环

中国已经建立了完整的核燃料循环体系，包括铀矿开采、铀浓缩、核燃料制造、乏燃料处理和放射性废物处理等。

3. 核能科研

中国拥有世界上最大的核能科研团队，不断推动核能技术的创新和发展。中科院合肥物质科学研究院研制的有“人造太阳”之称的世界首个全超导托卡马克EAST装置获重大成功，也让我们看到了中国实现“无限能源”的脚步更加快了。

（三）核能技术的应用领域

核能技术的应用领域非常广泛，主要包括以下几个方面。

1. 核能发电

核能发电是目前应用最广泛的领域之一。利用核反应堆产生热能来驱动汽轮机发电是一种高效、清洁的能源供应方式。目前全球有多个国家和地区都在建设和运营核电站，以满足能源需求和减少碳排放。

2. 工业供热

利用核反应堆产生的热能可以为工业供热提供稳定的热源。这种供热方式可以替代传统的化石燃料供热方式，减少碳排放和改善环境质量。

3. 核磁共振成像

核磁共振成像也称磁共振成像，是利用核磁共振原理，依据所释放的能量在物质内部不同结构环境中不同的衰减，通过外加梯度磁场检测所发射出的电磁波，即可得知构成这一物体原子核的位置和种类，据此可以绘制成物体内部的结构图像。

将这种技术用于人体内部结构的成像，就产生出一种革命性的医学诊断工具。快速变化的梯度磁场的应用，大大加快了核磁共振成像的速度，使该技术在临床诊断、科学研究的应用成为现实，极大地推动了医学、神经生理学和认知神经科学的迅速发展。

从核磁共振现象发现到 MRI 技术成熟这几十年期间，有关核磁共振的研究曾在三个领域（物理学、化学、生理学或医学）内获得了 6 次诺贝尔奖，足以说明此领域及其衍生技术的重要性。

2023 年 1 月，安徽理工大学张弓教授科研团队研发出“核磁兼容型脑 PET”及“新一代术中磁共振成像（iMRI）系统”两项高端脑部成像医疗设备，两款设备融合了新型无液氦磁体、新型线圈以及新型晶体等多种新型技术，打破了国外对相关成像技术的垄断，解决了中国大型脑部影像医疗设备被“卡脖子”的问题。

中国核事业的著名人物

二、太阳能技术

（一）太阳能技术简介

太阳能技术主要利用太阳辐射能，通过一系列的技术手段将其转化为电能或其他形式的能源。目前，太阳能技术主要分为两种：太阳能光伏发电技术和光热技术。图 3-2 是光伏发电站。

图 3-2　光伏发电站

1. 太阳能光伏发电技术

该技术主要利用半导体材料的光生伏打效应，将太阳辐射能转化为电能。当太阳光照射到半导体材料上时，会在材料内部产生电势差，从而驱动电流产生。太阳能电池板就是将多个半导体材料组合在一起，形成大面积的光电转换器件。太阳能光伏发电技术具有环保、无噪声、维护成本低等优点，因此在家庭、工业、农业等领域得到了广泛应用。

2. 光热技术

该技术则是一个间接的过程，先将收集到的太阳能转化为热能，再将热能转化为电能或其他形式。太阳能热水器就是一个典型的光热技术应用，通过集热器将太阳光转化为热能，然后将热能传递给水或其他介质，从而实现加热的目的。光热技术还可以用于发电、空调、海水淡化等领域。

太阳能技术的特点主要有三点：易获得、无污染和能量巨大。太阳能相对于地球是永久存在的，几乎可以照射到各个地方、各个角落，没有地域的限制，没有高度的限制，所以采集到太阳能是比较容易的。并且太阳能可以直接利用，无需烦琐的加工过程，减少了损耗。太阳能在利用过程中不会产生废弃物及有害气体，也无副产物生成，是最清洁的能源之一。每年到达地球表面上的太阳辐射能就相当于 130 万亿 t 煤所蕴含的能量，十分巨大。

随着科技的不断发展，太阳能技术也在不断进步和创新。未来，太阳能技术将在能源领域发挥更加重要的作用，为人类创造更加清洁、可持续的能源未来。

（二）太阳能的特点

太阳能作为一种可再生能源，具有以下特点。

（1）可再生性。太阳能来源于太阳的光热辐射能，它是一种无限且持久的能源，每天都可以从太阳中获取能量，不会耗尽。

（2）清洁性。太阳能使用过程中不产生污染物，不会对周围环境造成影响，是一种环保的能源选择。

（3）广泛的应用前景。太阳能不仅用于发电，还广泛应用于热水供应和其他加热需求，甚至在一些地区被用来实现冬季取暖。

（4）资源的充足性与分布的广泛性。太阳能资源丰富，几乎遍布全球，可以在任何地区使用，不需要管道和输电线路，这使得它成为一个重要且易于普及的能源来源。

（5）稳定性和适应性强。太阳能的获取相对稳定，不受季节或天气条件的影响，同时其设备也具有良好的适应性，可以在不同的地理环境中应用。可以灵活地根据需要进行扩展和升级，适应不同需求。太阳能可以与其他能源进行混合使用，形成更加完善的能源系统。

（6）经济效益。太阳能系统的寿命较长，一般可以使用 20 年以上。尽管初期投资可能较高，一旦安装完成后，仅需定期清洗和检查。维护成本相对较低，但随着技术的进步和市场的发展，太阳能的成本正在逐渐降低，使其变得更加经济实惠。

综上所述，太阳能是一种绿色、清洁、可再生的能源，具有广泛的应用前景、良好的稳定性和适应性，并且随着时间的推移和经济的发展，它的使用将会持续增加。

（三）太阳能的应用

1. 太阳能热利用

太阳能热利用是太阳能利用中的重要领域，主要涉及将太阳能转化为热能进行利用的技术和应用。太阳能热利用主要依赖太阳辐射的热能。当太阳光照射到物体上时，部分光能会被转化为热能，使物体温度升高。这一过程可以通过集热器、吸收器等设备来增强和收集。太阳能热利用技术广泛应用于多个领域，包括家庭热水、供暖、工业热加工、太阳灶、太阳房、农业温室加热等。其中，太阳能热水器是太阳能热利用中最常见和成熟的应用之一。根据集热方式的不同，太阳能热利用技术可以分为平板型集热器、真空管集热器和聚焦型集热器等。平板型集热器结构简单、成本低，适用于低温热水领域；真空管集热器热效率高、抗冻性强，适用于中高温热水领域；聚焦型集热器则能将太阳光聚焦到小面积上产生高温，适用于热发电、热化学等领域。太阳能热利用技术具有环保、节能、可再生等优点。然而，其也存在一些缺点，如受天气、地理位置、安装角度等因素影响，以及初期投资成本较高等。

2. 太阳能制冷

在太阳能的利用中，太阳能制冷空调是一个极具发展前景的领域，也是当前制冷技术研究中的热点。太阳能制冷具有以下三个优点：节能、环保、热量的供给和冷量的需求在季节和数量上能够高度匹配。太阳辐射越强，气温越高，冷量需求也越大。太阳能制冷还可以设计成多能源系统，充分利用余热、废气、天然气等其他能源。

3. 建筑光电一体式系统

在发达国家，一些公用事业公司通过大型中心光电场以增加它们的电能，而另一些电力公司则通过建立靠近用户的小型光电场达到这个目的。有的光电阵列集电板布置在毗邻建筑的地方，有的布置在屋顶上，或者干脆整个结合到建筑的围护结构中。在这种情况下，建筑光电一体式系统就应运而生，简称为 BIPV。这种 BIPV 光电设备可以充当建筑的屋顶、外壁板、幕墙、玻璃窗或者雨篷等特殊元件。建筑光电一体式系统作为一项新领域具有以下优点。

（1）能够减少电量输送过程的费用，而这部分费用有时高达总电价的 50%。

（2）能够减少电量输送过程的能耗。

（3）避免了放置光电阵板的额外占用空间。

（4）可以省去建筑围护结构的部分费用。

（5）与建筑结构合二为一，可以省去单独为光电设备提供的支撑结构。

（6）使用新型建筑围护材料，发挥美学潜力。

（7）以不破坏环境的方式生产全部或部分的建筑所需电力。

（四）中国太阳能技术成果

我国在新能源领域的发展，如今可以说是走在了世界前面，新能源领域的弯道超车，也是我国打破西方产业垄断重新崛起的关键一环。光伏产业作为新能源的一部分，如今已经被越来越多的国家所接受，已经由一个小行业变成了全球性的大产业，而我国的光伏产业发展水平则是全球光伏产业的领航者，无论是技术还是规模均遥遥领先。根据 PVBL 光伏品牌实验室最新发布的“2023 年全球光伏 100 强品牌榜单”，其中排名前十的光伏品牌为：隆基、通威、正泰、特变电工、协鑫、TCL 中环、华为、晶科、天合光能、大全能源，全球十大光伏品牌全部来自中国。

“十四五”规划首年，我国光伏发电建设实现新突破，年度新增装机 5 488 万 kW，同比提升 13.9%，为历年以来年投产最多，连续 9 年稳居世界首位；累计装机容量突破 3 亿 kW 大关，达到 3.06 亿 kW，连续 7 年位居全球首位。

2023 年 6 月 30 日，我国首个万吨级光伏绿氢示范项目——库车绿氢示范项目顺利产氢，标志着我国首次实现了规模化光伏发电直接制氢工艺与工程成套技术的工业应用。

思考与讨论：

1. 太阳能可以通过多种方式进行转换和利用，如太阳能电力、太阳能热能和太阳能燃料等。请思考这些利用方式在能源领域的应用前景和挑战是什么？

2. 太阳能光伏发电技术已经得到广泛应用，但其转换效率仍然有限。请思考如何提高太阳能光伏电池的转换效率，以进一步推动太阳能电力的发展？

3. 太阳能光热转换技术可以将太阳能转化为热能，用于供暖和热水等领域。请思考太阳能光热转换技术在建筑领域的应用，以及如何提高其在建筑能源供应中的比例？

三、氢能技术

提到氢，可能我们都会感觉既陌生又熟悉，很多人记忆中的对于氢气的印象还停留在小时候玩的氢气球或者是化学课本里的分子式。氢在地球上主要以化合态的形式出现，是宇宙中分布最广泛的物质，由于氢气必须从水、化石燃料等含氢物质中制得，因此是二次能源。

氢是一种清洁能源，在“碳中和”时代，氢会被大量应用，根据氢能的形成过程，我们一般将氢能分为灰氢、蓝氢与绿氢。灰氢主要是通过煤炭、天然气等化石燃料燃烧产生的氢气，在生产过程中会有二氧化碳等排放。目前，市面上绝大多数氢气是灰氢，约占当今全球氢气产量的95%。蓝氢是指采用了碳捕集措施的化石能源制得的氢气，碳排放强度大幅度降低。绿氢则是指利用可再生能源分解水得到的氢气。随着储氢合金的发展，这也给氢气的利用开辟了更加广阔的前景。科技工作者们一直在研发新的金属储氢材料，希望储氢量更大，吸放速度更快，效率更高，循环寿命更长。

（一）氢能技术的历程

氢能技术的起源可以追溯到19世纪初。19世纪末，科学家们开始研究氢气的能量释放和储存，探索其作为能源的可能性。然而，早期的氢能技术发展受到技术和成本等因素的限制，进展缓慢。

直到20世纪70年代的石油危机发生，氢能技术的发展才受到重视。为了寻找替代能源，各国政府和企业开始加大对氢能技术的研发投入。随着技术的不断进步和成本的不断降低，氢能技术在21世纪初开始进入商业化应用阶段。目前，全球许多国家和地区都在积极推动氢能技术的发展，制定相关政策和规划，加大投资力度，推动氢能技术的广泛应用。

（二）氢能技术的发展前景

氢能技术作为一种清洁、高效的能源技术，具有广阔的发展前景。未来，氢能技术的发展将主要集中在以下几个方面。

1. 提高技术成熟度

目前氢能技术尚未完全成熟，需要进一步研究和开发，提高技术的可靠性和稳定性。例如，提高氢气的储存和运输效率，降低成本等。

2. 拓展应用领域

目前氢能技术的应用主要集中在燃料电池汽车和工业用途等领域。未来，随着技术的进步和成本的降低，氢能技术有望在更多领域得到应用，如电力、建筑、航空等。

3. 建立完善的产业链

氢能技术的发展需要建立完整的产业链，包括氢气的生产、储存、运输和利用等环节。

未来，随着氢能技术的广泛应用，将需要建立完善的产业链来支持其发展。

4. 加强国际合作

氢能技术的发展是一个全球性的问题，需要各国政府和企业加强合作，共同推动技术的发展和应用。例如，共享技术成果、共同制定标准和规范等。

（三）氢能技术的应用

尽管目前氢能技术仍处在发展阶段，但其巨大的潜力和优势已经使得它成为一种被广泛研究的能源解决方案。以下是一些当前的主要应用领域。

1. 燃料电池汽车

燃料电池汽车使用氢气作为燃料，通过化学反应产生电能来驱动车辆前进。与传统的电动汽车相比，燃料电池汽车具有更长的续航里程和更快的加油时间。目前全球各大汽车制造商都在积极研发燃料电池汽车，推动其商业化应用。

2. 工业用途

在工业领域中，氢气被广泛用于合成氨、甲醇等化学品的生产以及石油精炼等领域。此外，由于氢气具有高热值和清洁燃烧的特点，它也被用作工业炉窑和加热炉的燃料。

3. 电力储存

利用氢气进行电力储存是一种可行的解决方案。通过将电能转化为氢气并存储起来，可以在需要时再将其转化回电能进行供电。这种方式可以有效地解决可再生能源发电的间歇性问题以及电网调峰等问题。

氢能应用中的技术困难

4. 航空航天

在航空航天领域中，氢气被用作火箭推进剂和飞机的燃料。与其他燃料相比，氢气具有更高的燃烧效率和更低的污染排放等特点。

（四）中国氢能技术成果

2023 年 6 月 15 日，中国中车首台“宁东号”氢动力机车（图 3-3）正式下线。这是我国首台由内燃机车改造而来的氢动力机车，也是全球装机功率最大的氢动力机车。

图 3-3　“宁东号”氢动力机车

该机车搭载全球轨道交通领域最大功率燃料电池系统，装车功率高达 800kW，通过动力系统模块化配置可满足 2 000kW 以下不同轮周功率需求。该机车的交付下线将成功搭建起内燃机车新能源改造升级、模块化、标准化平台，开创了新能源技术在轨道交通装备领域应用的又一新模式。

2023 年 3 月 25 日，国家重点研发计划中的固态储氢开发项目率先在广州和昆明实现并网发电。这是我国首次将光伏发电制成固态氢能并成功应用于电力系统。

该项目的固态储氢装置通过氢气与新型合金材料发生化学反应，实现了在常温下以固态形式存储氢气。其原理是让氢原子进入金属的空隙中存储，需要时升高合金的环境温度即可释放氢气。相比传统的气态和液态储氢方式，固态储氢具有储氢密度高、充放氢压力低、安全性好等优点。它可以把光伏、风电等不稳定的可再生能源高密度存储起来，解决了风光发电波动性强、利用难的问题，也改变了目前过度依赖煤炭、石油等化石能源制氢的现状。例如在昆明的光伏制氢与电网氢储能项目中，存储有 165 kg 氢能，可在用电高峰时持续稳定出力 23 h、发供电 2 300 kW · h。在广州，该技术还可升温释放高压氢气，为新能源汽车加氢。

（稳定出力 23 小时，这个说法是对的。）

四、生物质能利用技术

生物质能是自然界中有生命的植物提供的能量，这些植物以生物质作为媒介储存太阳能，属再生能源。

生物质能利用技术的起源可以追溯到古代，人们通过燃烧木材等生物质来获取能源。然而，真正的生物质能利用技术的快速发展则是在 20 世纪后半叶。生物质能是可再生能源领域唯一可以转化为液体燃料的能源。如甘蔗、玉米，不仅可以通过能量转换替代化石液体燃料，保障能源安全，同时还能保障粮食安全，而且还能吸收二氧化碳，加工过程中无污染，原料得以物尽其用。

（一）生物质能的特点

生物质能作为一种可再生能源，具有广阔的发展前景。随着技术的不断进步和全球环保意识的提高，生物质能利用技术的前景将更加光明。生物能源作为可再生、污染极小的能源，具有无可比拟的优越性，必将为 21 世纪的经济发展和环境保护注入强大的推动力。与石油、煤炭等能源相比，生物质能源具有以下特点。

1. 生物质能源在燃放过程中对环境污染小

生物质能源在燃放过程中产生二氧化碳，二氧化碳可被等量生长的植物光合作用吸收，实现二氧化碳零排放，这对减少大气中的二氧化碳含量及降低“温室效应”极为有利。生物质能源蕴含量巨大，而且属于可再生能源。只要有阳光存在，绿色植物的光合作用就不会停止，生物质能源就不会枯竭。植物不但会源源不断地供给生物质能源原材料，而且还能改善生态环境。生物质能源具有普遍性、易取性特点。生物质能源存在于世界上所有国家和地区，而且廉价、易取，生产过程十分简单。生物质能源可储存和运输。在可再生能源中，生物质能源是唯一可以储存与运输的能源，为其加工转换与连续使用提供了方便。

2. 生物质能源挥发组分高，碳活性高，易燃

在 400℃左右的温度下，生物质能源大部分挥发组分可释出，将其转化为气体燃料比较容易实现。生物质能源燃烧后灰分少，并且不易黏结，可简化除灰设备。从生物质能的资源总体构成来看，我国农村中生物质能约占全部生物质能的 70%以上，其他主要是城镇生活、污水和林业废弃物，而从先进国家的生物质资源和利用来看，其主要构成均是以林业废弃物和薪炭林为主。我国随着薪炭林技术的发展和工业水平的提高，这方面的比例也会越来越高，所以这方面的开发利用量也是不容忽视的。

（二）我国生物能技术取得的成就

自 2006 年《可再生能源法》实施以来，我国生物质能利用主要集中在电力生产应用方面。我国生物质发电主要包括农林生物质发电、垃圾焚烧发电、热解气化发电和沼气发电等。以农林生物质为例，用于发电时，其碳排放强度仅相当于燃煤、燃油和燃气的 1.8%、2.1% 和 3.8%。因此，合理并充分利用生物质能源，是降低地区化石能源消耗、改善能源利用结构、降低温室气体排放的重要途径。通过生物质能的利用，我国发电已经达到 30 亿 kW·h/年。我国的研究机构也在提高生物质质量和生产工艺上投入了大量精力，加快了生物质能的产业化进程。在生物质气化发电、燃料乙醇技术、生物柴油技术、纤维素水解乙醇发酵及合成燃料生产技术等方面均取得突破。适合我国国情的生物质中小型气化发电及余热发电优化系统，以谷壳、木屑、稻草等多种生物质作原料，可以在不同的负荷下运行。图 3-4 是生物质发电站。

图 3-4　生物质发电站

拓展资源

新能源——太阳能

核能

实践与探索

实践任务 1

研究新能源充电宝的充电速度与不同设备的适配性

学生准备一款新能源充电宝，对多种电子设备进行充电测试。记录充电时间和电量变化，分析不同设备的充电需求和适配情况，探讨如何提升充电宝的通用性和充电效率。

实践任务 2

探究新能源路灯在不同天气条件下的照明效果。

学生选择一处安装有新能源路灯的区域，在晴天、阴天、雨天等不同天气状况下，观察路灯的亮度变化。测量照明范围和光照强度，分析天气对新能源路灯性能的影响，提出优化建议。

思考与讨论：

1. 随着全球对可再生能源的需求不断增加，新能源技术也在不断发展。未来新能源的发展趋势是什么？哪些技术将成为主流？

2. 新能源技术在哪些领域得到了广泛应用？在这些领域中，新能源技术发挥了哪些作用？未来新能源技术的应用领域还将扩大吗？

3. 新能源技术的发展对于环境有何影响？如何减少新能源技术对环境的负面影响？同时，新能源技术的发展又能带来哪些环境效益？

第三节　新材料技术

情景导入

在党的二十大报告中，关于新材料技术的发展被赋予了重大战略意义。报告强调，新材料是创新驱动发展的重要支撑，对于推动产业结构优化、提升国家核心竞争力具有深远影响。报告指出，应加强前沿材料研究，突破关键核心技术，推进高性能复合材料、纳米材料等的研发与应用，构建完善的产业链体系。此外，还鼓励企业、高校及科研机构协同创新，形成强大的技术创新能力，以满足经济社会发展的迫切需求。

《流浪地球》是影迷所喜爱的国产科幻电影，影片中的航天服既符合目前宇航员航天服的质感，同时还结合了未来的科技感。真正的航天服（图3–5）是由哪些材料组成的呢？为什么宇航员需要穿上这一身特制的航天服才能上天？一起来学习一下吧！

图3–5　航天服

学习任务

1. 在生活中你认识哪些材料，请选择其中的1~2种，介绍这些材料的组成、分类、特点和应用。

2. 新材料技术作为当前高新技术领域三大支柱之一，谈谈这种技术对现代生活的影响。
3. 谈谈你对垃圾分类的认识。

章节内容

新材料（或称先进材料）是指那些新近发展或正在发展之中的具有比传统材料的性能更为优异的一类材料。新材料技术是按照人的意志，通过物理研究、材料设计、材料加工、试验评价等一系列研究过程，创造出能满足各种需要的新型材料的技术。可用于制造物品、器件、构件、机器或其他产品的物质，是人类赖以生存和发展的基础。根据属性划分，材料可以分为金属材料、无机非金属材料、有机高分子材料、复合材料等。

一、金属材料

人类在 4 500 多年前就开始使用铁器，20 世纪铝合金成为用量仅次于铁的金属材料。现在，种类繁多的金属材料已成为人类社会发展的重要物质基础。

自青铜时代至今，金属一直是人类制造生产工具和兵器的重要材料，无论民生还是国防都有广泛应用。辽宁舰是我国第一艘服役的航空母舰，建造航空母舰要用到大量的金属材料，如钢用于建造航空母舰舰体的甲板。

思考与讨论： 金属晶体的特殊结构，决定了金属具有共同的物理性质。请结合生活实际，观察生活中的金属制品（图 3–6），小组讨论分析它们有哪些共性。

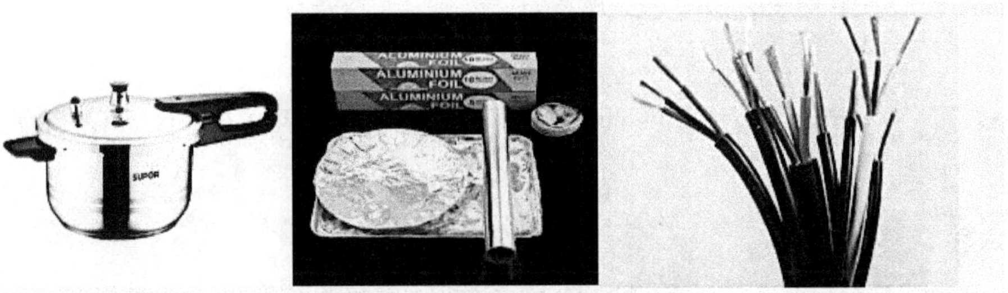

（a）高压锅　　（b）铝箔　　（c）电缆

图 3–6　生活中的金属制品

金属材料具有以下共性。

（1）大多数金属为银白色（铜：紫红色，金：黄色）固体（汞：液体）。

（2）有金属光泽。

（3）具有导电性、导热性和延展性，可以抽成细丝，也可以压成薄片。

思考与讨论：

（1）金属材料包括纯金属和它们的合金。日常生活中使用的金属材料，大多数属于纯金属还是合金？其原因是什么？

（2）为什么在纯金属内加入其他元素形成合金以后，它的性能与纯金属有很大的差异？

（一）铁合金

生铁和钢是含碳量不同的两种铁碳合金。由于含碳量不同，它们在性能上有很大差异。

钢是用量最大、用途最广的合金。生铁和钢对比表见表 3-1。

表 3-1　生铁和钢对比表

铁合金	含碳量	性能
生铁	2%~4.3%	硬度大，抗压，性脆，可铸造
钢	0.03%~2%	良好的延展性，机械性能好，可锻造

根据化学成分的不同，钢可以分为碳素钢和合金钢两大类。根据含碳量不同，碳素钢可分为低碳钢中碳钢、高碳钢。不锈钢是最常见的一种合金钢。查阅资料，并与同学交流完成表 3-2 的填写。

表 3-2　钢的成分、性能及用途

分类	碳素钢			合金钢
	低碳钢	中碳钢	高碳钢	
成分				
性能				
用途				

各种形式的合金钢制品如图 3-7 所示。

（a）不锈钢炊具

（b）锰钢铁轨

（c）钨钢钻头

图 3-7　各种形式的合金钢制品

（二）新型合金

随着社会的高速发展，人们对材料的要求越来越高，一些具有特殊功能的新型合金材料也相继出现，如钛合金、储氢合金、形状记忆合金和石墨烯合金等。

1. 形状记忆合金简介

形状记忆合金是由两种以上金属元素所构成的材料，通过热弹性与马氏体相变及其逆变而具有形状记忆效应。它产生形状记忆的原理是改变外界条件如温度，使材料由一种晶体结构变成另一种晶体结构，材料的力学性能和物理或化学性能也随之改变。当温度恢复时，材料的晶体结构恢复到原来的状态，性质也随之复原。

2. 形状记忆合金的发现过程

1932 年，瑞典人奥兰德在金镉合金中首次观察到“记忆”效应，即合金的形状被改变之后，一旦加热到一定的跃变温度时，它又可以魔术般地变回到原来的形状，人们把具有这种特殊功能的合金称为形状记忆合金。1962 年，美国海军实验室在开发新型舰船材料时，在镍-钛合金中发现把直条形的材料加工成弯曲形状，经加热后它的形状又恢复到原来的直条形。从此形状记忆合金引起了极大的关注。

3. 形状记忆合金的特性

（1）机械性质优良，能恢复的形变可高达 10%，而一般金属材料只有 0.1%以下。

（2）有确定的转变温度，比如镍-钛合金的转变温度为 50℃。

（3）在加热时产生的回复应力非常大，可达 500 MPa。

（4）对环境适应能力强，不受温度以外的其他因素影响。

（5）无振动噪声，无污染。

（6）抗疲劳，回忆变形 500 万次不疲劳变形。

4. 形状记忆合金的应用

形状记忆合金由于具有许多优异的性能，因而广泛应用于航空航天、机械电子、生物医疗、桥梁建筑、汽车工业及日常生活等多个领域。

1）形状记忆合金广泛应用于航空航天中

宇宙飞船登月之后，为了将月球上收集到的各种信息发回地球，必须在月球上架设直径为好几米的半月面天线。要把这个庞然大物直接放入宇宙飞船的船舱中几乎是不可能的。但利用形状记忆合金则能使其成为可能。先用镍-钛合金在高温下制成半球形的月面天线（这种合金非常强硬，刚度很好），再让天线冷却到 28℃ 以下。这时，合金内部发生了结晶构造转变，变得非常柔软，所以很容易把天线折叠成小球似的一团，放进宇宙飞船的船舱里。到达月球后，宇航员把变软的天线放在月面上，借助于阳光照射或其他热源的加热使环境温度超过奥氏体相变温度，这时天线犹如一把折叠伞那样自动张开，成为原先定形的抛物状天线，迅速投入正常的工作（图 3-8）。1969 年 7 月 20 日，美国宇航员乘坐“阿波罗”11 号登月舱在月球上首次留下了人类的脚印，并通过一个直径数米的半球形天线向地球传输信息，这个庞然大物般的天线就是用一种形状记忆合金材料制成的。

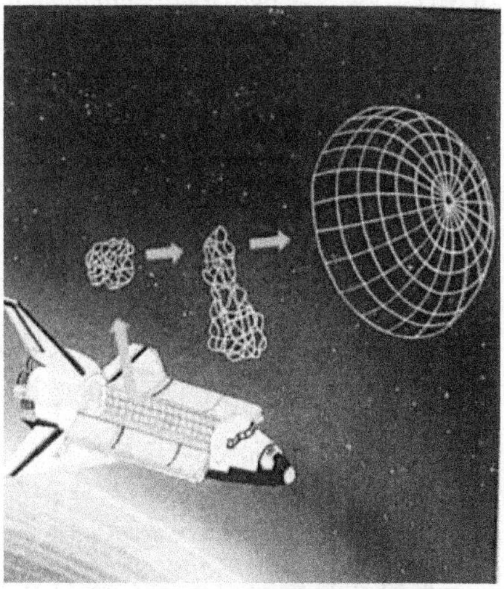

图 3-8　形状记忆合金在太空自然恢复原状

2）形状记忆合金在医学中的应用

用于医学领域的镍-钛形状记忆合金，除了利用其形状记忆效应或超弹性，还应满足化学和生物学等方面的要求，即良好的生物相容性。

（1）牙齿矫形丝。通常牙齿矫形用不锈钢丝 Co-Cr 合金丝，但这些材料有弹性模量高、弹性应变小的缺点。为了给出适宜的矫正力，在矫正前就要加工成弓形，而且结扎固定要求熟练。如果用镍-钛合金作牙齿矫形丝，即使应变高达10%也不会产生塑性变形，而且应力诱发马氏体相变使弹性模量呈现非线性特性，即应变增大时矫正力波动很少。这种材料不仅操作简单，疗效好，也可减轻患者不适感。

（2）脊柱侧弯矫形。各种脊柱侧弯症（先天性、习惯性、神经性、佝偻病性、特发性等）疾病，不仅患者身心受到严重损伤，而且内脏也受到压迫，所以有必要进行外科手术矫形。这种手术采用不锈钢制哈伦敦棒矫形，在手术中安放矫形棒时，要求固定后脊柱受到的矫正力保持在30~40 kg以下，一旦受力过大，矫形棒就会破坏，结果不仅是脊柱，而且连神经也有受损伤的危险。同时存在矫形棒安放后矫正力会随时间变化，大约矫正力降到初始时的30%时，就需要再进行手术调整矫正力，这样给患者在精神和肉体上都造成极大痛苦。采用形状记忆合金制作的哈伦敦棒，只需要进行一次安放矫形棒固定。如果矫形棒的矫正力有变化，以通过体外加热形状记忆合金，把温度升高到比体温约高5℃，就能恢复足够的矫正力。此外，形状记忆合金还可制成各类心脏修补器、血栓过滤器、伤骨固定器、手术缝合线、人造骨骼等。

形状记忆合金在日常生活中应用于以下各个方面。

储氢合金

（1）记忆眼镜框。利用形状记忆效应可以制成记忆眼镜框，如果不小心眼镜框被碰弯了，只要将其放在热水中加热，就可以恢复原状。而且这种眼镜框具有超弹性，使人佩戴后感到非常舒适。

（2）移动电话天线和火灾检查阀门。使用超弹性镍-钛金属丝做蜂窝状电话天线是形状记忆合金的另一个应用。过去使用不锈钢天线，由于弯曲常常出现损坏问题。使用镍-钛形状记忆合金丝移动电话天线，具有高抗破坏性，受到人们普遍欢迎，因此常用来制作蜂窝状电话天线和火灾检查阀门。

中国技术：中国脊梁——港珠澳大桥

图 3-9 港珠澳大桥

港珠澳大桥（图 3-9）是中国建设史上里程最长、投资最多、施工难度最大的跨海大桥。大桥项目包括三个部分：一是总长约29.6 km的海中桥隧主体工程；二是香港、珠海、澳门三地口岸；三是香港、珠海、澳门三地的连接线。为了避让伶仃洋国际航道上的巨型邮轮以及香港国际机场起降的飞机，需要在大桥之间修建一条海底隧道。为了实现桥与隧的转换衔接，就要在隧道两端修建两座人工岛，但在伶仃洋中建人工岛是很不容易的事情，因为伶仃洋海域存在大量的海底淤泥，传统的人工岛建法是行不通的。工程师们采用了深插式钢圆筒技术快速成岛。一个个巨型钢圆筒被插入海底并固定在海床上，然后在中间填入沙土形成人工岛。先用挖泥船进行海底挖泥清淤，整理好基槽。然后将钢圆筒插入泥面21m深，接着就是往钢圆筒中注沙；注完沙后钢圆筒之间会有空隙，需要插入排水板进行隔水处理；另外人工岛填充的是沙水混合物，整个地基是软弱的，需要通过两端的挤密砂桩加固地基。最后是岛屿的整平和相关设施建设。港珠澳大桥隧道是世界上第一条深埋沉管隧道，隧道的建设也是一个难点。在深海中建隧道，工程师们首先想到的便是盾构技术，但因地质复杂及为了降低大桥阻水率等因素，工程师们不得不放弃盾构法，而采用沉管法建造隧道。沉管隧道是指在海床上挖出沟槽，将预制好的管道沉放到沟槽中，然后进行水下对接。沉管隧道铺设在海底软土上，为保证地基平整和结实，需要在 40 多 m 深的海底开挖一条误差不能超过 2 cm 的基槽。每节沉管长 180 m，宽 33 m，高 11 m，由两个三车通道和两个工程通道组成，重量达到76 000 t，相当于一艘航空母舰。现在的港珠澳大桥成为新中国交通强国的典范，是拥有 400 多项新专利、新技术的创新实践代表。

国家体育场

二、无机非金属材料

无机非金属材料根据组成、性能和应用的不同可分为传统无机非金属材料和新型无机非金属材料。

（一）硅酸盐材料

陶瓷、玻璃、建筑用的水泥等都是硅酸盐材料。其原料、主要成分及用途如表 3–3 所示。

表 3–3　陶瓷、玻璃、水泥的原料、主要成分及用途

产品	原料	主要成分	用途
陶瓷	黏土	—	生产建筑材料、绝缘材料、日用器皿、卫生洁具等
玻璃	纯碱、石灰石、石英砂	Na_2SiO_3、$CaSiO_3$、SiO_2	生产建筑材料、光学仪器和各种器皿、还可制造玻璃纤维用于高强度复合材料等
水泥	黏土、石灰石、石膏	$3CaO \cdot SiO_2$、$2CaO \cdot SiO_2$ $3CaO \cdot Al_2O_3$	水泥、沙子和碎石等与水混合可以得到混凝土

思考与讨论：

许多无机非金属材料含有硅、氧等元素，其结构如图 3–10 所示，具有耐高温、抗腐蚀、硬度高等特点。为什么会有这些特点呢（提示：根据结构考虑）？

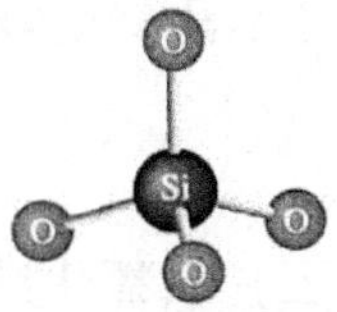

图 3–10　硅氧正四面体结构

（二）新型无机非金属材料

1. 硅

1）硅的制备

根据高纯硅的制备流程，相应的化学方程式如下。

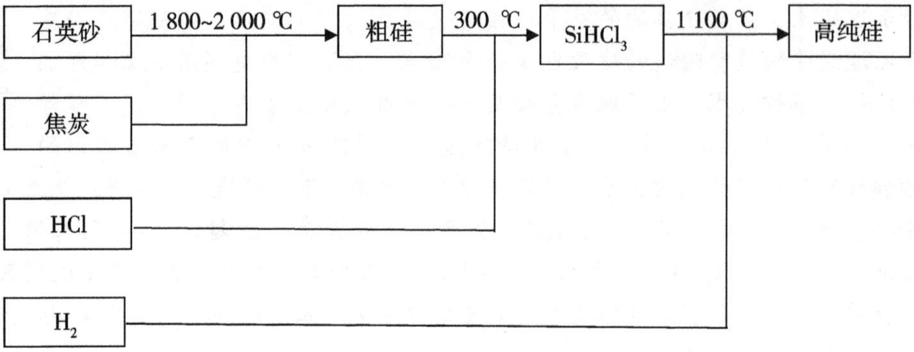

$$SiO_2+2C \xlongequal{1\ 800\sim2\ 000°C} Si+2CO\uparrow$$

$$Si+3HCl \xlongequal{300°C} SiHCl_3+H_2$$

$$SiHCl_3+H_2 \xlongequal{1\ 100°C} Si+3HCl$$

2）硅的用途

高纯的单晶硅是重要的半导体材料。在单晶硅中掺入微量的第 IIIA 族元素，形成 p 型硅半导体；掺入微量的第 VA 族元素，形成 n 型半导体。p 型半导体和 n 型半导体结合在一起形成 p-n 结，就可做成太阳能电池，将辐射能转变为电能。另外，广泛应用的二极管、三极管、晶闸管、场效应管和各种集成电路（包括计算机内的芯片和 CPU）都是用硅做的原材料（图 3-11）。

非晶硅太阳能电池是一种转换效率高、稳定性好的太阳能电池材料。它由硅钼棒制成，非晶硅太阳能电池研究进展很快，最高使用温度可达 1 700℃，转换率达到了 8%以上，具有电阻不易老化和良好的抗氧化性能。因此，非晶硅太阳能电池在太阳能电池领域得到了广泛应用。

（a）计算机芯片　　（b）光伏电站　　（c）硅太阳能电池

图 3-11　硅的应用

（三）二氧化硅

二氧化硅的存在形态有结晶形和无定形两大类。石英晶体是结晶的二氧化硅，具有不同的晶形和色彩，其中无色透明的晶体就是玛瑙。二氧化硅晶体中，硅原子位于正四面体的中心，四个氧原子位于正四面体的四个顶角上，许多个这样的四面体又通过顶角的氧原子相连，每个氧原子为两个四面体共有，即每个氧原子与两个硅原子相结合。

二氧化硅的用途如下（图 3-12）。

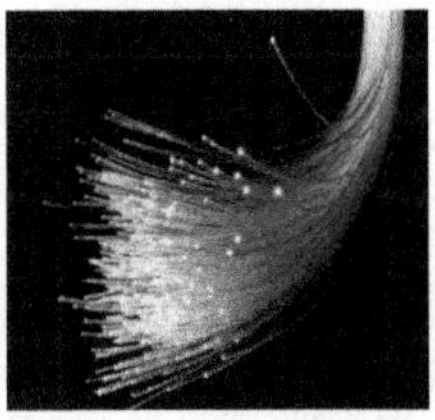

（a）光导纤维

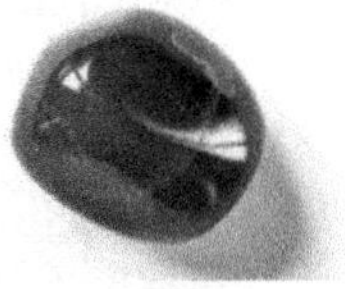

（b）玻璃器皿

图 3-12　二氧化硅的用途

（1）制造光导纤维是二氧化硅在通信、激光等领域的重要用途。通过拉制高透明度的玻璃纤维，可以实现激光的多次全反射传输，代替笨重的电缆。同时，二氧化硅的拉制可以生产高强度的玻璃纤维，具有高度的保密性和安全性。

（2）二氧化硅还可以用于制造玻璃，玻璃是一种透明的固体，由硅酸盐组成，它可以把外界的光线传入室内，硅酸盐玻璃也可以用于制造各种容器、玻璃窗框等。此外，二氧化硅还可以用于制造各种光学器件，如红外线探测器、激光器等。

（3）二氧化硅还可以用于制造各种医药产品，如抗生素、抗病毒剂等。这些产品中都含有二氧化硅，可以有效地抑制病毒和细菌的活动，减少疾病的发生率。

此外，二氧化硅还可以用于生产水泥，水泥由硅酸盐、铝、石灰石、石膏等组成，可以用于建筑结构的加固，或者用于建筑表面的装饰。

（四）新型陶瓷碳化硅

碳化硅俗称金刚砂，化学式为 SiC，用石英砂、石油焦（或煤焦）、木屑（生产绿色碳化硅时需要加食盐）等原料通过电阻炉高温冶炼而成。碳化硅是一种半导体材料，在自然界中以极其罕见的矿物莫桑石的形式存在。1893 年，莫桑首次在亚利桑那州的陨石中发现自然存在形式的碳化硅，1905 年，将这种材料命名为莫桑石。目前世界范围内出售的碳化硅，包括莫桑石珠宝，大多都是合成的。其中碳原子和硅原子通过共价键连接，具有类似金刚石的结构，硬度很大，还具有优异的抗氧化性能。

碳化硅由于化学性能稳定、导热系数高、热膨胀系数小、耐磨性能好，主要有四大应用领域，即：功能陶瓷、高级耐火材料、磨料及冶金原料。

中国技术：国产 4.03 m 口径碳化硅反射镜研制成功

2018 年 8 月，中科院长春光机所完成 4.03 m 口径碳化硅反射镜（图 3-13）的研制并通过验收，这是公开报告的世界最大口径碳化硅单体反射镜。这标志着我国光学系统制造能力跻身国际先进水平，不再受制于人。

图 3-13　碳化硅反射镜

（五）碳纳米材料

碳纳米材料（图 3-14）是指分散相尺度至少有一维小于 100 nm 的碳材料。分散相既可以由碳原子组成，也可以由异种原子（非碳原子）组成，甚至可以是纳米孔。碳纳米材料主要包括三种类型：碳纳米管、碳纳米纤维、纳米碳球。它们的结构、性质和用途如表 3-4 所示。

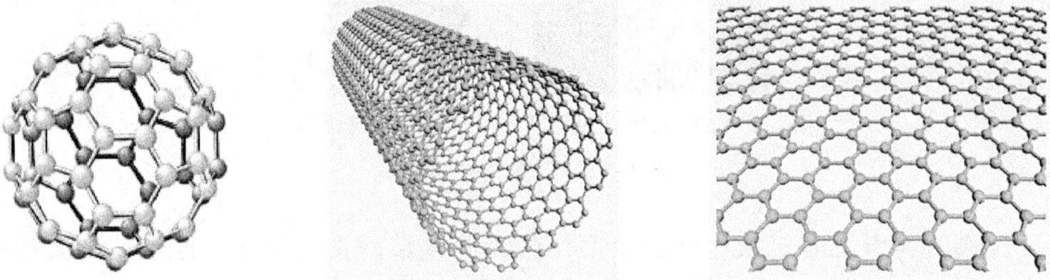

（a）C_{60}　（b）碳纳米管　（c）石墨烯

图 3-14　碳纳米材料的类型

表 3-4　碳纳米材料的结构、性质和用途

物质	结构	性质	用途
富勒烯	由碳原子构成的一系列笼形分子的总称（代表物 C_{60}）	具有超导性	在电学、磁学、光学等方面都有重要应用
碳纳米管	可看成是由石墨片层卷成的管状物	比表面积大，有相当高的强度和优良的电学性能	用于生产复合材料、电池和传感器等
石墨烯	只有一个碳原子直径厚度的单层石墨	电阻率低、热导率高，具有很高的强度	在光电器件、超级电容器、电池和复合材料等方面的应用正在不断深入

三、有机高分子材料

有机高分子材料又称聚合物或高聚物材料，是一类由一种或几种分子或分子团（结构单元或单体）以共价键结合成具有多个重复单体单元的大分子，其分子量高达 10^4～10^6。聚合物的特点是种类多、密度小（仅为钢铁的 1/7～1/8），比强度大，电绝缘性、耐腐蚀性好，加工容易，可满足多种特种用途的要求，包括塑料、纤维、橡胶、涂料、黏合剂等领域，可部分取代金属、非金属材料。有机高分子材料可以分为天然有机高分子材料（图 3-15）和合成有机高分子材料（图 3-16）。天然有机高分子材料主要有棉花、羊毛、天然橡胶等；而合成有机高分子材料种类比较多，塑料、合成纤维、合成橡胶、黏合剂、涂料等都属于合成有机高分子材料。

（a）棉花　（b）羊毛　（c）天然橡胶

图 3-15　天然有机高分子材料

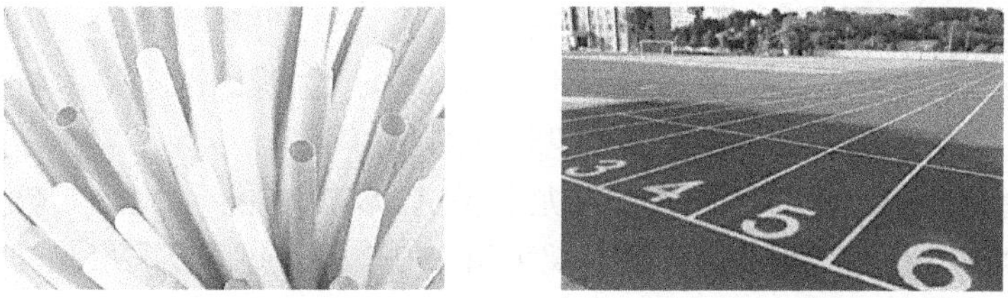

（a）塑料　　（b）合成橡胶

图 3-16　合成有机高分子材料

合成有机高分子材料通常分为通用高分子材料（图 3-17）、功能高分子材料和复合高分子材料。通用高分子材料主要包括应用最为广泛的“三大合成材料”——塑料、合成橡胶和合成纤维，以及离子交换树脂、油漆涂料、高分子黏合剂等。

（a）塑料　　（b）合成橡胶　　（c）合成纤维

图 3-17　通用高分子材料

（一）塑料

塑料是以单体为原料，通过加聚或缩聚反应聚合而成的高分子化合物，其抗形变能力中等，介于纤维和橡胶之间，由合成树脂及填料、增塑剂、稳定剂、润滑剂、色料等添加剂组成。

思考与讨论：

1. 塑料的成分有哪些？
2. 塑料的主要性能是什么？
3. 生活中食品袋以及其他包装袋等大都是塑料制品，了解这些塑料制品分别是由哪种塑料制成的，不同的塑料各有什么特点和应用。

1. 塑料的分类

根据各种塑料不同的理化特性，可以把塑料分为热塑性塑料和热固性塑料两种类型。

具有线形或支链形结构的塑料称为热塑性塑料，加热时可注塑成形，冷却后能定形，且此过程可以反复多次。

具有体形结构的塑料称为热固性塑料，初次受热变软，可塑成一定形状，冷却后固化成形，再次加热时就不再软化，不能重新成形。

塑料是重要的有机合成高分子材料，应用非常广泛。但是废弃塑料带来的“白色污染”也越来越严重，如果我们能详细了解塑料的组成及分类，不仅能帮助我们科学地使用塑料制品，也有利于塑料的分类回收，并有效控制和减少“白色污染”。

2. 塑料的性质

（1）绝缘性。塑料的绝缘性是指塑料分子链以共价键结合，分子不能电离也不能传递电子，因此具有较好的绝缘性能。塑料可用来制造电线、电器和电缆等。

（2）耐腐蚀性。塑料具有耐腐蚀性，不像金属那样生锈，也不像木材那样腐烂。塑料耐酸碱的腐蚀，可用于输水和输液管道，建筑物的门窗等。

（3）热学性能。PVC 的热学性能差，尤其是纯 PVC 树脂，在 140℃就开始分解，难以加工。PVC 树脂的短期耐热性不高，但长期可耐 160℃，因此需要采取相应的耐热措施来保证使用寿命和性能。

（4）耐磨性好。塑料的耐磨性好主要体现在以下几个方面。首先，塑料具有自润滑性能，可以有效减少摩擦力，增加使用寿命。其次，塑料不易被磨损，不易出现表面划痕或损坏。此外，塑料的耐磨性还与其成分和处理方式有关，例如，使用高分散聚乙烯（HDPE）的塑料更容易形成微小的颗粒，从而提高其耐磨性。最后，塑料的耐磨性可以保证其具有长期的使用寿命，并且减少对环境的污染。因此，塑料的耐磨性是一种重要的性能指标。

3. 塑料的用途

（1）包装材料方面。塑料广泛应用于制造各种包装材料，如薄膜、包装瓶、包装盒、包装箱、杯子以及包装袋等。

（2）日用品方面。塑料也被广泛用于日常生活用品的生产，包括日杂用品（如桌椅、凳子、箱包、盆、桶、盒、盘等）、厨房用品（如餐具、菜板等）、服装用品（如人造革、鞋底、纽扣、发夹、拉链、雨衣等）和文体用品（如文具盒、笔、尺子、球类制品等）。

（3）农业方面。塑料在地膜、大棚膜、滴灌管、喷雾器、渔网等方面也有着重要的作用。

（4）工业方面。塑料在电子电气、机械制品、汽车配件、建筑工程、化学产业等领域有着广泛的用途。例如，在电子电气行业中，塑料可用于制造绝缘材料和封装材料；在机械设备中，塑料可以制成齿轮轴、轴承、活塞销等零部件；在建筑工程中，塑料可以用于制造管材管件、型材、板材、其他装饰材料等。

（5）建筑方面。塑料在建筑领域中也扮演着重要角色，如用于制造窗户、楼梯护栏、地砖、天花板、隔热隔音板、墙纸、排水管件、坑管、装饰板和洁具等。

辩论活动

生活当中塑料制品越来越常见，你是否支持塑料的使用，谈谈你对塑料使用的看法。

（二）橡胶

1. 橡胶简介

橡胶是指具有可逆形变的高弹性聚合物材料，在室温下富有弹性，在很小的外力作用下能产生较大形变，除去外力后能恢复原状。橡胶一词来源于印第安语 cau-uchu，意为“流泪的树”。1770 年，英国化学家 J. 普里斯特利发现橡胶可用来擦去铅笔字迹，当时将这种用途的材料称为 rubber，此词一直沿用至今。橡胶分为天然橡胶与合成橡胶二种。天然橡胶是从橡胶树、橡胶草等植物中提取胶质后加工制成，合成橡胶则由各种单体经聚合反应而得。天然橡胶是由胶乳制造的，胶乳中所含的非橡胶成分有一部分就留在固体的天然橡胶中。一般天然橡胶中含橡胶烃 92%~95%，而非橡胶烃占 5%~8%。由于制法不同，产地不同乃至采胶季节不同，这些成分的比例可能有差异，但基本上都在范围以内。合成橡胶又称为合成弹性体，是由人工合成的高弹性聚合物，为三大合成材料之一。合成橡胶具有高弹性、绝缘性，以及耐油、耐酸碱、耐高温或低温等特性。

2. 橡胶的特性

（1）黏弹性。橡胶具有黏弹性，即在外力作用下，橡胶会变形并保持形状不变。这是因为橡胶分子间的相互作用力很强，可以随着外力作用而产生形变。橡胶的弹性模量约为3~6 MPa，具有良好的弹性和伸长能力。这种性质使得橡胶在车辆轮胎中能够提供更好的操控性和稳定性。

（2）耐热性。橡胶耐热性是橡胶在高温受热情况下抵抗其物理性能变化的能力，可用于制作耐热器具和材料。

（3）电绝缘性。橡胶具有很好的电绝缘性，并且和塑料一样是电绝缘材料。

（4）耐老化性。橡胶具有耐老化性，即在受到外力冲击或长时间使用后仍能保持形状和性能的特点，这种耐老化性是由于橡胶材料中的化学组成和物理特性决定的。

3. 橡胶的用途

橡胶的主要用途如下。

（1）汽车轮胎。汽车轮胎是汽车的一个重要组成部分，它直接影响到车辆的安全性和性能。由于轮胎长时间保持充气状态，可以保证车辆在行驶过程中有足够的稳定性。此外，轮胎的柔软性和弹性可以提供更好的操控性能，而坚硬的外层可以保护车辆免受地面的冲击和磨损。因此，汽车轮胎在汽车工业中起着至关重要的作用。

（2）建筑材料。橡胶在建筑材料中应用广泛，包括屋顶和地板密封剂。此外，氯丁橡胶具有柔韧性和防水性，被广泛用于医疗和建筑领域。

（3）医疗。医疗领域中，橡胶手套可用于防止交叉感染，特别是在手术过程中使用。橡胶的部分应用领域如图 3-18 所示。

（a）汽车轮胎　　（b）建筑材料　　（c）医疗

图 3-18　橡胶的部分应用领域

（三）纤维

1. 纤维简介

把具有一定长度、强度、能吸湿又不溶于水的柔软而细长的丝状物质称为纤维。纤维可以分为天然纤维和化学纤维，天然纤维是在动物、植物和地质过程中形成的，比如棉花、羊毛、蚕丝和麻等。化学纤维又可以分为再生纤维和合成纤维，再生纤维是由纤维素、蛋白质等通过化学方法加工成的黏胶纤维、大豆蛋白纤维等；合成纤维是以石油、天然气和煤等为原料制成有机小分子单体，再经聚合反应生产的“六大纶”等。在合成纤维中，最重要的是聚酰胺纤维（锦纶）、聚酯纤维（涤纶）和聚丙烯腈纤维（腈纶），这三种纤维被称为三大合成纤维（图 3-19），它们的总产量占全部合成纤维产量的 90%左右。

（a）棉纶　　（b）涤纶　　（c）腈纶

图 3-19　三大合成纤维

2. 纤维的特性

纤维拥有众多独特的特性。物理特性上，强度和伸长率差别显著，像尼龙纤维强度高、伸长率大，而麻纤维则强度较高但伸长率较小。纤维的柔软度和粗糙度也不同，羊毛柔软，苎麻相对粗糙。在化学特性方面，对酸、碱、氧化剂等化学物质的反应各异。有的纤维耐酸，有的耐碱。吸湿性上，棉纤维吸湿能力强，能保持舒适的触感；而聚酯纤维吸湿差，更适合制作防水衣物。

此外，纤维的保暖性、透气性、耐磨性以及静电产生情况等也各有特点。这些特性决定了纤维在服装、家居用品、工业材料等领域的不同用途。

3. 纤维的应用

（1）纺织。穿得舒服，御寒防晒，是对衣服的最初要求，如今这个要求已很容易达到。海藻碳纤维做成衣服后，穿着时能长期使人体分子摩擦产生热反应，促进身体血液循环，因此能蓄热保温，而防紫外线辐射的纤维制成衣服便可减少夏日撑伞的麻烦。不过人们不仅要求穿得暖和，还增加了许多新要求，纤维都能一一满足：过去的年代曾经流行过“涤盖棉”“丙盖棉”，面料外涤里棉，是因为棉和肌肤的亲和性好，而涤与丙纶结实耐磨，方便洗涤。新材料有了颠覆性的转变，可以“棉盖涤”“棉盖丙”，新型的抗菌导湿纤维织成的面料可以使汗液透过，却不附着，这样汗液便被排到外层的棉布层，衣服贴身面便可随时保持干爽。

（2）医药。纤维在医药方面的应用已非常广泛。甲壳素纤维做成医用纺织品，具有抑菌除臭、消炎止痒、保湿防燥、护理肌肤等功能，因此可以制成各种止血棉、绷带和纱布，废弃后还会自然降解，不污染环境；聚丙烯酰胺类水凝胶可能控制药物释放；聚乳酸或者脱乙酰甲壳素纤维制成的外科缝合线，在伤口愈合后自动降解并吸收，病人就不用再动手术拆线了。

（3）建筑。防渗防裂纤维可以增强混凝土的强度和防渗性能，纤维技术与混凝土技术相结合，可研制出能改善混凝土性能、提高土建工程质量的钢纤维以及合成纤维，前者对于大坝、机场、高速公路等工程可起到防裂、抗渗、抗冲击和抗折性能，后者可以起到预防混凝土早期开裂，在混凝土材料制造初期起到表面保护作用。

（4）环保。聚乳酸作为可完全生物降解性塑料，越来越受到人们的重视。可将聚乳酸制成农用薄膜、纸代用品、纸张塑膜、包装薄膜、食品容器、生活垃圾袋、农药化肥缓释材料、化妆品的添加成分等。

中国技术：高分子材料的研发和应用

我国对高分子材料的研究和应用发展迅速。具有自主知识产权的干线民用大型客机C919的机体、座椅等使用了大量高分子材料；载人飞船进入太空，航天员穿着的航天服也包含了合成纤维等多种高分子材料；国产航母、高铁和动车、载人深潜器等这些大国重器的制作都是集高分子材料及各行各业最新科研成果于一身。

拓展资源
高分子材料的应用——水立方

四、小结与展望

材料是当前世界新技术革命的三大支柱（材料、信息、能源）之一，与信息技术、生物技术一同构成了21世纪世界最重要和最具发展潜力的三大领域之一。对材料的认识与利用能力，往往决定着社会的形态和人类生活的质量。人类的历史已经证明，材料是人类社会发展的物质基础和先导，而新材料则是人类社会进步的里程碑。新材料在发展高超技术、改造和提升传统产业、增强综合国力和国防实力方面起着重要的作用，而且在自然科学和工程技术领域中的发展也越来越快，地位日趋重要。

拓展阅读 航天服

航天服（图3-20）要提供稳定的氧气并设法吸收二氧化碳，要加压来防止组织异常膨胀，要为航天员的身体散热，要应对外表面的剧烈温度变化。航天服的基础结构是用带有氯丁橡胶涂层的纤维做成的、不透气的“气球”，可以充气加压。气球里有三层以上尼龙、氯丁橡胶、涤纶等做成的织物负责隔热。航天服的头盔面罩通常是透明塑料或聚碳酸酯，上面一般有反射阳光的涂层。

图3-20　航天服

拓展资源

高分子材料——塑料　　超导材料　　纳米材料

实践与探索

塑料制品极大地方便了人类的生产生活，但也给地球带来了重大危机——“白色污染”，请以小组为单位，结合教材认识塑料制品标识及常见塑料的性质和用途，了解我国在治理“白色污染”方面的举措，讨论实行垃圾分类的意义，并提出你的环保方案。

思考与讨论：

1. 为什么铁合金、铝合金是生活、生产中使用最广泛的金属材料？能否从原料来源的角度进行解释？

2. 被称为合成纤维“六大纶”的锦纶、腈纶、涤纶、氯纶、丙纶和维纶，由于具有强度高、弹性好、耐腐蚀、不缩水、质轻保暖等优点而广受消费者欢迎。思考以下问题：

（1）如何分辨羊毛与“人造羊毛”？

（2）航天服中的高性能化学纤维是什么？

（3）真丝与涤纶衬衫的优劣对比。

第四节　现代生物技术

情景导入

生物技术作为新时代科技创新的关键领域得到了高度关注与重视。党的二十大报告中指出，“加强原创性、引领性科技攻关，实施生物技术创新行动”，强调了生物技术对于国家发展的重要战略意义。首先，党对生物技术的关注体现了对未来产业发展方向的深刻洞察。随着基因编辑、合成生物学等前沿技术的日臻成熟，全球正迎来一场生物科技革命。抓住这一机遇，将有助于我国抢占未来产业制高点，并为健康中国建设提供强大支撑。其次，报告中的“创新”二字凸显推进生物技术研发的核心要义。

学习任务

1. 随着 CRISPR 等基因编辑技术的出现，人们可以精确地修改生物体的基因组。但是，这引发了许多关于设计婴儿、基因歧视和生态平衡的伦理问题。例如，是否应该允许父母编辑他们未来孩子的基因以消除遗传疾病？如果允许，这可能会带来哪些意想不到的后果？

2. 现代生物技术为医疗领域带来了许多突破，如基因疗法、组织工程和个性化医疗。然而，这些技术也面临着许多挑战，包括成本、安全性和监管问题。如何在确保安全和有效性的同时，使这些技术惠及更多人？

3. 随着全球人口的增长和气候变化的影响，粮食生产面临着巨大的挑战。现代生物技术，如基因工程作物，可以提高作物的产量和耐受性。然而，这也引发了一些关于基因污染、知识产权和农民权利的担忧。如何平衡生物技术的潜力和风险，以确保全球粮食安全？

章节内容

传统生物科学技术的起源，可以追溯到古人的酿酒工艺，其历史几乎与人类的文明史一样源远流长。纵观人类文明的长河，生物科学技术的发展过程浓缩着人类生活的智慧精华。从公元前原始的酿造技术，到20世纪70年代的分子克隆技术、20世纪90年代的高等哺乳动物无性繁殖的成功和21世纪初人类基因组序列的公布，生物科学技术掀起了一次次人类生活革命的浪潮，而且频率有加快的趋势。现代生物科技革命的一个重要特征是：对生物材料的结构进行拆分、修改、增删、重组，探讨生物结构与功能的关系，并以此满足人类在生存、健康、发展上的需求。现代生物科技革命从20世纪70年代开始走向成熟。作为生物工程的主体——基因工程已经成为当代产业革命的重要组成部分。随着基因工程的发展，细胞工程、胚胎工程等方面技术的创新势如破竹。与人类生存环境、生活质量密切相关的另一项生物科技工程是生态工程，这是利用生态学原理，在人工辅助能量和物质的参与下，以生物种群为基本组分的生产工艺系统，目前在生态农业、生态林业以及环保工程方面已经取得了突出成就。目前，在分子生物学时代发展壮大起来的生物科技，经历了微观和宏观两方面的发展，加上人工智能技术的融入，正在服务于人类，造福于人类。

一、基因工程

基因工程是狭义的遗传工程。广义的遗传工程泛指把一种生物的遗传物质（细胞核、染色体脱氧核糖核酸等）移到另一种生物的细胞中去，并使这种遗传物质所带的遗传信息在受体细胞中表达。基因工程的核心是构建重组DNA分子，因此，早期也将基因工程称为重组DNA技术。基因工程不仅在基因的结构、功能和表达调控等基础理论研究方面具有重要意义，而且在生产实践中开拓了广阔的应用前景，它给生命科学的研究及应用注入了无限生机和希望。

（一）基因工程简介

DNA重组或基因重组是生物体的细胞内经常发生的生命活动过程，它在生物体的遗传变异和进化过程中具有重要意义。广义的基因重组可分为3个水平：其一是整体水平，如生物的有性杂交；其二是细胞水平，如细胞融合等；其三是分子水平，如一个生物体的基因插入另一生物体的DNA中。早在1972年，保罗·伯格（Paul Berg）和他的同事将λ噬菌体基因和大肠杆菌乳糖操纵子插入猴病毒SV40 DNA中，首次构建出同时含有SV40和λ噬菌体的DNA的重组体。狭义的或人们目前所普遍接受的基因重组概念主要指后者。

随着生命科学，尤其是生物化学和遗传学的发展，在20世纪70年代诞生了重组DNA技术。由于该技术包括用分离纯化或人工合成的DNA（目的基因）在体外与载体DNA连接成重组体，并将重组体转化宿主细胞（细菌或其他细胞），进而筛选出能表达重组DNA的活性宿主细胞，再使之繁殖和扩增，直至表达出目的基因所编码的多肽等一系列操作过程，该过程类似一个连续的和复杂的工程，故将DNA重组技术称为基因工程，又可称为基因克隆或分子克隆。克隆是指无性繁殖系，即由一个细胞经过无性繁殖后所形成的子代群体。在基因工程中，克隆即指含有单一 DNA 重组体的无性系或指将 DNA 重组体引入宿主细胞中建立无性系的过程。所以，将 DNA 的限制酶切片段（或一个基因）插入克隆载体，导入宿主细胞，经过无性繁殖，获得相同的 DNA 扩增分子的过程即为 DNA 克隆（或基因克隆）。

基因工程技术的重要步骤之一是构建 DNA 重组体，之二是 DNA 重组体的扩增和表达。基因工程的目的是按人们的意图生产基因产物，制取某些 DNA 片段和 DNA 探针用于基因诊断和基因治疗；通过插入、替换等方法改造基因，探讨基因的结构和功能。基因工程的蓬勃发展标志着人类已经进入设计和创造新基因、新蛋白质和生物新性状的时代。

（二）基因工程发现过程

基因工程诞生于 20 世纪 70 年代，它的问世是几十年来许多科学家不断探索和研究的结果，其中包括 DNA 是生物遗传物质的发现、DNA 双螺旋结构的确立以及遗传信息传递方式的认定，它们是基因工程诞生的理论基础。而限制性核酸内切酶、DNA 连接酶和质粒载体的发现与应用，又为基因工程的创建提供了技术上的保障。限制性核酸内切酶和 DNA 连接酶基因的分离和重组提供了必要的手段，而载体能够将外源基因运送到细胞中，从而实现基因工程的目的。

1972 年，美国斯坦福大学的科学家首次用一种限制性核酸内切酶切割猿猴病毒 SV40 的 DNA 和λ噬菌体 DNA 分子，然后用 DNA 连接酶对被切开的猿猴病毒 DNA 与λ噬菌体 DNA 进行连接，形成了重组 DNA 分子。这是世界首次成功的 DNA 体外重组实验，猿猴病毒 DNA 与噬菌体 DNA 连接物是第一个人工 DNA 重组产物。1973 年，斯坦福大学的科学家进一步实现了细菌之间的性状转移。他们将来自两种大肠杆菌的含四环素抗性基因的质粒和含卡那霉素抗性基因的质粒，分别用同一种限制性核酸内切酶切割，然后用 DNA 连接酶连接，形成了重组的 DNA 分子，最后把它转入大肠杆菌中，结果某些接受了重组 DNA 分子的大肠杆菌同时具有抗四环素和抗卡那霉素的性状。这是基因工程发展史上第一个成功的基因克隆实验，它标志着基因工程的诞生。

限制性核酸内切酶

DNA 连接酶

质粒

拓展资源
基因工程的载体

（三）基因工程的应用

自 20 世纪 70 年代初期重组 DNA 技术问世以来，基因工程的诞生带动了现代生物技术的迅猛发展，无论在基础研究领域，还是在生产实际应用方面，都已取得了令人瞩目的成就。它不仅使整个生命科学的研究发生了前所未有的深刻变化，而且也为工、农业生产和医学研究带来了不可估量的影响，在农牧业、医药和医学、环境保护等领域有着广泛应用。

1. 基因工程与遗传育种

基因工程已经应用于农业，改变了传统的育种方法，取得了优异的成绩。20 世纪 80 年代，转基因植物和转基因动物分别获得成功。转基因植物培育高产、优质的农作物一直是科学家追求的目标，科学家利用传统的育种方法已经培育出了许多农作物的新品种。传统育种方法的应用和推广提高了农作物的产量，但是，这种方法的不足之处是培育新品种所需时间较长，而且远缘亲本难以杂交。植物基因工程的应用解决了传统育种的缺陷。科学家利用基因工程技术已经培育出了多种转基因农作物，如抗除草剂的转基因烟草、番茄和马铃薯，抗害虫的转基因棉、番茄、烟草、马铃薯、水稻和杨树，抗植物病毒的转基因烟草、番茄、苜蓿和马铃薯，耐储存的转基因番茄等。这些高产、优质农作物的问世，为解决人类面临的粮食短缺问题做出了贡献。除此之外，利用基因工程培育抗盐碱、抗寒、抗干旱和提高作物营养价值的转基因农作物的工作也正在研究之中。用基因工程的方法还能够改变花卉的花色。目前，科学家已经将外源基因转入矮牵牛，培育出了开橙色花的矮牵牛新品种。随着研究的不断深入，科学家还将会培育出各种珍贵颜色的玫瑰、康乃馨和郁金香。我们相信，基因工程在花卉优良品种的培育方面必将发挥出越来越大的作用，以满足人们对花卉日益增长的需求。

转基因动物是指转入了外源基因的动物。多年以来，传统的动物育种方法一直是改良家畜遗传性状的主要途径，并已经选育出许多家畜和家禽品种，但这种传统的杂交育种方法费时、费力。20 世纪 80 年代，科学家开始利用以基因工程为主的现代生物技术进行动物育种，并已取得一定的经济效益。具有多种优良遗传性状的转基因鼠、牛、羊、猪、鸡和鱼已经问世。例如，生长速度加快的转基因鼠、鱼和猪以及具有抗病能力的转基因鸡和牛等。目前，科学家正在研究培育能生产彩色羊毛的转基因羊，这项成果将会更加美化我们的生活。动物基因工程的应用一方面是从育种角度出发用于改造畜、禽的品质；另一方面是作为动物的生物“反应器”，用于生产人们所需要的活性物质，如动物生长激素、抗体等。

转基因动物

拓展资源
转基因食品

2. 基因工程与疾病治疗

基因工程在医药工业和医学领域的应用主要包括基因工程药物和基因治疗。

（1）基因工程药物。1977 年，科学家在大肠杆菌中生产了生长素释放抑制激素。此后，基因工程药物如胰岛素、人生长激素、干扰素和乙型肝炎疫苗等相继问世，并已投放市场，这为疾病的治疗带来了新的希望。胰岛素是在胰脏的胰岛中产生的一种小分子蛋白质，它能提高组织摄取葡萄糖的能力，具有降低血糖的作用，可用于治疗人的糖尿病。它是一种蛋白质激素，存在于人和动物的胰脏中。胰岛素是治疗胰岛素依赖型（IDDM）糖尿病的有效药物，传统方法生产胰岛素只能从猪和羊的胰腺中提取，获得 1 g 胰岛素大约需要 100 kg 的猪胰脏，因此生产成本高，患者难以支付昂贵的药费。1977 年 6 月，美国哈佛大学、波士顿 Joslin 公司的 Gilbert 等科学家在大肠杆菌中成功地表达了人胰岛素，并于 1982 年被美国正式批准生产和销售。1985 年，日本也研制出了表达胰岛素的技术并有产品投放市场。用基因工程方法生产胰岛素的产量可达 100 mg，它的问世和上市为众多的糖尿病患者带来了福音。目前，用 2 000 L 细菌培养液就能提取 100 g 胰岛素。这种产量相当于从 1 t 猪胰脏中提取的产量，而前者比后者便宜 50%，这项技术的应用为全世界数千万糖尿病患者带来了福音。

基因工程技术的应用替代了费用昂贵且常有危险性的传统工艺，生产更有效且安全的，可防治人、畜共患的传染性疾病的新型疫苗，其中，用酵母菌生产的乙型肝炎病毒疫苗就是第一个真核细胞基因工程的商业化产品。HBV 的被膜中所含的主要病毒抗原称为乙肝表面抗原，20 世纪 80 年代初 P. Valenzuela 等将 s 基因的一个片段克隆到一种表达载体上，结果在酵母中合成了 HBsAg 颗粒。经纯化后，注射

干扰素

到黑猩猩体内，可使其对有活性的乙肝病毒的感染产生完全的抗性。我国也采用哺乳动物表达系统和重组疫苗表达系统进行了乙肝疫苗的研制，其免疫效果已超过血源疫苗的效果。乙型肝炎是全球性传染病，全世界乙型肝炎病毒携带者约有2亿人。这一疾病在我国尤为突出，目前还没有特效药物治疗此病，因此，研制乙肝疫苗迫在眉睫。1982年，乙肝抗原在酵母菌中表达成功。1986年，美国的酵母乙肝疫苗正式投放市场；1988年，法国的哺乳动物细胞乙肝疫苗开始批量生产，为预防乙型肝炎作出了重要贡献。近年来，我国在乙型肝炎疫苗的研制和乙型肝炎的防治中也取得了显著成绩。

（2）基因治疗。基因治疗是指向受体细胞中引入具有正常功能的基因，用以纠正或补偿基因的缺陷，或是利用引入基因以杀死体内的病原体或恶性细胞。将基因导入体细胞称为体细胞基因治疗。1990年，美国正式开始首例重度免疫缺陷症的临床基因治疗，患者是一个小女孩，因为她编码的腺苷酸脱氨酶（简称ADA）基因发生了突变。研究人员首先克隆了人体正常的腺苷酸脱氨酶基因（aa），然后将其转入患者有缺陷的T淋巴细胞中，经过培养、转化后的T淋巴细胞可以产生ADA，最后将成千上万的这种转基因的T淋巴细胞注射到患者骨髓组织中。3年后，这个女孩体内50%的T淋巴细胞出现了新的ada，并能合成ADA，患者的免疫功能得到修复，症状明显缓解，治疗取得成功。自此之后，许多国家都开始了基因治疗实验。其后，在囊性纤维化、肿瘤、艾滋病等疾病的基因治疗中也进行了有益探索，我国1991年首例血友病B的基因治疗也获得了满意的结果。基因工程的诞生，使得基因治疗成为可能。然而目前基因治疗的技术还不成熟，许多试验尚未成功，许多理论和技术问题有待解决，基因治疗还处在初级阶段。尽管如此，人类对基因治疗仍寄予很大希望，尤其是对一些目前尚无有效治疗方法的人类重要疾病，如遗传疾病、心脑血管疾病、老年痴呆症和肿瘤等，希望通过基因治疗，对这些疾病的防治能取得重大突破。

（四）人类基因组计划

人类基因组计划

“人类基因组计划”是由美国科学家于1985年率先提出，美国、英国、法国、德国、日本和中国等六国科学家共同参与。该计划的宗旨在于测定组成人类染色体（指单倍体）中所包含的30亿个碱基对组成的核苷酸序列，从而绘制人类基因组图谱，并且辨识其载有的基因及其序列，达到破译人类遗传信息的最终目的。1984年12月，美国能源部资助召开的环境诱变物和致癌物防护的国际会议上，第一次提出测定人体基因和全部DNA序列，以便精确地计算出遭原子弹轰炸后在幸存者及其子女的群体中的基因突变率。1989年，美国成立了国家人类基因组研究中心，由DNA双螺旋的发现者之一沃森担任总负责人，美国政府决定投资30亿美元作为专用基金，原计划到2005年完成人类所有基因的测绘和排序。通过绘制人类基因图谱，可以了解人类几万个基因的全部档案，详细了解哪个基因在染色体的哪一段上，还可以知道这个基因“长相”如何，它的职能是什么。这样，人类对自身就会有一个比较全面的了解，了解自己为什么和别人不一样。了解了基因，遗传病的医治就不愁没办法了。

二、克隆技术

克隆是指无性繁殖系，即个体通过无性繁殖可连续传代并形成群体，这样的群体称为无性繁殖系。克隆技术是指从众多的基因或细胞群体中通过无性繁殖和选择获得目的基因或特定类型细胞的操作技术。当用于个体水平的描述时，克隆就是一种通过单个细胞，特别是来自特定个体的单个体细胞进行无性繁殖，从而产生新个体的过程或技术。

（一）克隆技术简介

克隆技术是一种无性繁殖手段，旨在复制具有相同基因的生物个体。该技术通过提取一个生物体细胞的细胞核，将其植入已去核的卵细胞中，促使卵细胞发育成新个体。克隆过程依靠细胞的全能性，即单个细胞具有发育成完整生物体的潜能。克隆技术自诞生以来便备受关注。尽管它能复制出基因相同的个体，但面临诸多技术难题，如成功率较低、克隆个体易出现生理缺陷等。同时，克隆技术也引发了关于生命本质、伦理道德等方面的深刻思考。

（二）植物的克隆技术

植物的克隆离不开植物组织培养技术。20 世纪初到 30 年代中期，是植物组织培养和克隆的萌芽阶段。1904 年，辣根菜胚离体培养成功；1922 年，离体根尖培养成功；1925—1929 年，利用人工培养基培养亚麻种间杂种离体胚，证明了远缘杂交的可行性。

植物组织培养技术

20 世纪 60 年代，植物组织培养和克隆进入成熟阶段。1960 年，用真菌纤维素酶分离植物原生质体成功；1971 年，烟草原生质体再生植株培育成功；1972 年，运用原生质体融合获得烟草体细胞杂种培养成功。此后，各种组培和克隆体系不断创立，例如，我国的科学家尝试在低能离子的诱导下，向西瓜中转入银杏基因，希望培育出具有保健作用的西瓜品种。现在，基因工程、辐射技术、航天工程等多个领域与植物组织培养技术结合，使得植物克隆在创造高产、优质作物和基础科研等方面取得了惊人的成就。

拓展资源
植物体细胞杂交

（三）动物的克隆技术

动物的克隆离不开动物细胞培养技术。动物细胞培养是将动物体内的一部分组织取出，经过机械消化或胰酶消化，使其分散成单个的细胞；然后，在人工控制的培养条件下，使这些细胞得以生存，并保持生长、分裂（繁殖）乃至接触抑制和有规律的衰老、死亡等生命活动现象。由于细胞培养中，细胞之间并非彼此独立而是在生命活动中相互依存，所以在某种程度上也像在动物体内一样呈现一定的组织特性。动物组织培养是动物组织在体外及人工条件下维持生活状态或生长特性。动物组织培养过程中可以伴随组织分化。不管采用什么手段和培养条件，组织培养中主要的生命活动成分仍然是以细胞为单位的。由于细胞的运动、变化，使得培养物的组织成分也发生结构和功能变异，结果长期的培养经常只能使单一类型的细胞保存下来，最终成了简单的细胞培养。

动物组织培养

单克隆抗体技术就是在细胞培养和细胞融合基础上取得的巨大成就。细胞融合指两个或多个细胞融合成一个细胞的现象。细胞融合可以在基因型相同或不同的细胞间进行，其中基因型不同的细胞间的融合就是细胞杂交。动物体通过免疫系统抵抗外来致病原的侵袭，清除内部衰老细胞，监控突变的细胞。动物体内的 B 淋巴细胞在抗原物质的刺激下能够合成抗体。抗体结合相应的抗原，促进白细胞吞噬、清除抗原或去除其致病物质，使机体得到保护。利用抗原抗体反应，可以诊断和防治各种疾病，可以研究抗原物质在细胞中的定位及其功能等。由于抗原抗体反应的高度特异性，制备高纯度的抗体十分必要，杂交瘤技术的发明，使得这一目标得以实现。

单克隆抗体

动物的克隆繁殖离不开动物核移植技术。所谓核移植，就是利用一个细胞的细胞核（供体核）来取代另一细胞中的细胞核，形成一个重建的“合子”。早在1952年，科学家就将豹蛙的囊胚细胞核移植到去核的卵母细胞中，使重组细胞发育成了蝌蚪，甚至有几例变态发育为成蛙。1978年，我国著名生物学家童第周将黑斑蛙的成体红细胞核移植到去核未受精卵中，也使重组细胞发育成了正常的蝌蚪。实验证明，胚胎细胞核的移植成功率远高于成体细胞。哺乳动物的卵细胞体积小（人的卵细胞直径约0.2 mm），核移植需要借助精密的显微操作仪和高效率的细胞融合法。1981年，科学家首次完成了小鼠卵移核实验，共分两步：第一步，将小鼠囊胚内细胞团的细胞核移植到去核受精卵中，将重组细胞培养到发育为囊胚；第二步，将此早期胚胎植入同步孕鼠子宫中。结果诞生了由重组细胞克隆而来的鼠仔，而且发育为能生育的成年小鼠。

克隆动植物表现出特定的遗传表型，为遗传疾病的治疗、优良品种的培育等提供了重要途径；对物种的优化、濒危动物的保存和对转基因动物的扩群也有重要意义；丰富了人们的物质生活（如通过转基因动植物大量生产目前昂贵的抗胰蛋白酶、血清蛋白等），可以降低畜牧业的成本，缩短育种年限，提高生产效率。例如罗斯林研究所就曾培育出一只奶中含治疗血友病药物原料的转基因羊，被一家公司以50万英镑的高价买去。如果利用体细胞大批“复制”这只羊，就可挽救更多血友病患者的生命。因此，克隆技术具有不可估量的发展前景。

三、生态工程

生态工程

生态工程是既古老又年轻，既通俗又深奥的一门科学，像鱼类混合放养、桑基鱼塘等许多朴素的、自发的生态工程，在中国实施已经3 000多年了，源远流长。自20世纪60年代以来，美国学者H. T. Odum和我国的马世骏教授等分别提出了生态工程的概念。特别是马世骏教授，根据中国大量的、朴素的生态工程实践，归纳出“整体、协调、循环、再生”的生态工程原理，并明确生态工程学的研究对象是社会—经济—自然复合生态系统，为生态工程学成为一门新兴学科奠定了基础。生态工程是从系统思想出发，按照生态学、经济学和工程学的原理，运用现代科学技术成果、现代管理手段和专业技术经验组装起来的，以期获得较高的经济、社会、生态效益的现代生产工艺系统。现代生态工程经过几十年的发展，已经有了一定的理论和丰富的实践经验。生态工程的研究对象由自然生态系统扩展为“社会—经济—自然复合生态系统”。社会—经济—自然复合生态系统是由异质性的多个系统组成的，比自然生态系统要高一个层次。生态工程所研究或处理的对象是这个复合生态系统的整体，而不仅仅是其中某个组成部分或某种生物或某种无机成分。该复合系统由三个子系统组成，即社会系统、经济系统和自然系统，它们之间相互联系、相互制约、互为因果。例如，在农业生态工程中不能只顾经济效益而忽视农村自然生态效益，也不能一味地保护农村生态环境而不顾农民生活质量的提高。

生态学在全球环境变化及其他环境问题的推动下，在全球生态监测、生物多样性保护、生态系统管理以及生态系统恢复等领域都取得了长足的进展，生态学与工程学结合产生的生态工程学为可持续发展提供了理论基础和技术支持，是实现可持续发展的出路之一。为了解决人类面临的危机，世界自然基金会提出了“一个地球”的理念，呼吁我们在地球限度内管理、使用和分享自然资源，确保人人享有食物、水和安全能源。事实上，早在 1971 年联合国就制定了“人与生物圈”的研究计划，谋求协调人与生物圈的关系，合理地开发和利用生物资源，维护和改善自然环境，化害为利，逐步创造出一个适合人类和各种生物生存的美好环境。在目前条件下人类还无法模拟出类似地球，可供人类长期生存的生态环境，地球仍是人类唯一的家园，因此保护地球环境是我们每个人的责任。

四、小结与展望

随着科技突飞猛进的发展，以基因工程为核心的现代生物技术为人类生活带来了巨大的变化。在农业方面，抗病、抗虫、抗逆和品质优良的现代农业生物技术产品发展惊人；在医药方面，各种基因工程药物、疫苗和注射用单克隆抗体广泛使用。另外，生物技术在轻工业、环保、海洋科学及能源工业等方面的应用也越来越受到人们的重视。它为解决人类社会在健康、食品、环保、能源等方面所面临的一系列重大问题带来了新的希望，对农牧业、制药业及其他相关产业的发展有着深刻的影响，成为全世界发展最快的高科技之一。但是，生物技术的进步使医学、生物学、社会学等相关学科也面临许多前所未有的新难题，并对传统的伦理观念提出了新的挑战。如何对待生物技术，是我们每个人都要面临的问题。对于生物技术，我们应看到，人类社会的可持续发展对生物技术的需求是存在的，这也是生物技术赖以存在与发展的意义所在。我们应该在世界范围内达成一些共识，合理规范地使用生物技术。

拓展阅读 多莉羊

1997 年 2 月 23 日，苏格兰罗斯林研究所在英国的《自然》杂志上刊登论文，宣布世界上首例来源于哺乳动物体细胞的克隆羊“多莉”问世。事实上，早在体细胞克隆动物——绵羊“多莉”诞生之前的几十年前，多种胚胎细胞克隆动物就培养成功了。科学家花了很多年的时间进行核移植操作尝试，他们除去哺乳动物卵细胞里面的遗传物质，引入一个供体细胞核，然后将重建的“合子”植入一个“代孕母亲”的子宫内。虽然克服了许多技术操作难题，实现了以胚胎细胞为供体的核移植，并发育得到了新一代生物个体，哺乳动物体细胞的克隆（即以哺乳动物体细胞为核供体来重建合子并发育成原供体动物的“拷贝”）直到克隆羊“多莉”的问世才算成功。这一体细胞克隆过程如下：选取 3 只母羊，将一只母羊（苏格兰黑面母羊）的卵细胞的核吸出，取出第二只母羊（芬兰白面母羊）的乳腺上皮细胞的核与去核的卵细胞融合，形成重组细胞，并促使其分裂发育成早期胚胎，胚胎发育到一定程度时再将它植入第三只母羊（苏格兰黑面母羊）的子宫中，由它孕育并产下克隆羊“多莉”。“多莉”的性状酷似提供乳腺上皮细胞的 6 岁母羊（芬兰白面母羊）。

拓展资源

基因工程　　细胞工程　　蛋白质工程

实践与探索

实践任务

地球是我们人类共有的家园。保护生态环境、生物多样性和自然资源是我们每个人的责任。我们的校园是我们在学校日常生活中应该共同维护好的环境，撰写保护校园环境调查报告，在班级分享调查结果。

思考与讨论：

1. 合成生物学旨在重新设计和构建生物系统，从简单的分子到复杂的生态系统。这个领域的发展可能带来哪些创新？它可能对人类和环境产生哪些潜在的风险和好处？

2. 基因编辑技术可以用于恢复濒危物种的基因库，而合成生物学则可能创造新的生态系统。然而，这些技术也可能导致基因污染、生物入侵等风险。如何平衡生物技术的创新与保护生物多样性？

3. 谈谈你对转基因食品的看法。

第五节　电子信息技术

情景导入

在党的二十大报告中，对于电子信息技术的发展与应用给予了高度关注，并明确指出其对国家发展和社会进步的重要推动作用。报告强调了加强信息基础设施建设，推进互联网、大数据、人工智能同实体经济深度融合的重要性。同时，也提出要增强自主创新能力，突破核心关键技术瓶颈，构建安全可控的信息技术体系。

电子信息技术的发展对人类生活方式产生了深远影响。从最初的电报、电话，到后来的电视、计算机，再到如今的智能手机、物联网，电子信息技术的每次飞跃都极大地改变了人们的生活方式。例如，互联网的出现使得信息传播的速度和范围得到了空前的扩大，人们可以在家中轻松获取世界各地的信息。我们在研究电子信息技术时，应该关注技术进步对人类生活方式的影响，并探讨如何在享受技术带来的便利的同时，保护好自身的权益。

学习任务

1. 电子信息技术包括哪几个方面的技术？

2. 谈谈电子信息技术对人类生活的影响。

3. 电子信息技术的发展也带来了一些负面影响，如网络安全问题、个人隐私泄露等。

请谈谈你对此问题的看法。

章节内容

电子信息技术是一门前沿且关键的技术。它主要研究电子设备、电路、系统以及信息的处理、传输与应用。其依托先进的集成电路技术，让电子设备性能日益强大、体积愈发小巧。在通信领域，电子信息技术实现了信息的高效、稳定传输，从传统的有线通信到如今的无线通信，不断突破。在计算机领域，硬件不断升级，软件持续创新，极大提升了信息处理和存储的能力。同时，该技术广泛应用于智能交通、医疗设备、工业控制等众多领域，深刻改变了人们的生活和工作方式，有力推动着社会的进步与发展。

一、微电子技术

微电子技术是现代科技发展的重要支柱之一，微电子技术的出现无疑是一场革命性的变革。自20世纪60年代以来，微电子技术的飞速发展为我们的生活带来了前所未有的便利，从计算机、手机到互联网，这一领域的突破性成就不仅改变了我们的生活方式，更在全球范围内引发了深刻的社会变革。今天，微电子技术已经成为驱动未来发展的关键引擎。

智能交通技术

（一）微电子技术简介

微电子技术是一种将电子技术和微米级加工技术相结合的高科技，其核心是集成电路（IC）技术。微电子技术是指在微小尺寸下，利用半导体材料的特性，设计、制造和应用电子器件、电路和系统的一门科学技术。它的核心是集成电路，将数以亿计的晶体管和电阻、电容等元器件集成在一块小小的芯片上，实现各种功能。

微电子技术的发展离不开一系列关键技术的突破。其中包括：①制程技术，通过光刻、刻蚀、薄膜沉积等工艺，实现元器件的微小化和高集成度；②器件模型与仿真技术，通过建立精确的器件模型，实现对电路和系统性能的预测和优化；③低功耗设计技术，通过优化电路结构和工作电压，降低功耗，满足便携设备和物联网设备的需求；④三维集成技术，通过将多层芯片堆叠在一起，实现更高密度的集成和更快的传输速度。

（二）微电子技术发展史

自20世纪60年代以来，微电子技术经历了从无到有、从小到大的发展历程，逐渐成为信息产业的基础和核心。从真空管、晶体管到集成电路、微处理器，以及如今的纳米技术，每一步都代表着人类对信息世界的探索和征服。

第一代微电子技术是以硅（Si）为基础的半导体技术。20世纪50年代，美国贝尔实验室成功研制出第一块硅晶体管，标志着微电子技术的诞生。此后，通过不断优化晶体管结构和制造工艺，半导体技术得到了飞速发展。1965年，美国英特尔公司创始人戈登·摩尔提出了著名的“摩尔定律”，即集成电路的晶体管数量每18~24个月会翻一番，计算能力也将随之提高。这一规律在过去的几十年里得到了很好的验证，推动了微电子技术的持续创新和发展。

第二代微电子技术是以金属氧化物半导体（MOS）为基础的集成电路技术。MOS技术具有结构简单、功耗低、集成度高等优点，逐渐取代了第一代的双极型晶体管，成为微电子技术的主流。在 MOS 技术的推动下，微电子技术进一步发展，实现了在计算机、通信、消费电子等领域的广泛应用。

第三代微电子技术是以互补金属氧化物半导体（CMOS）为基础的集成系统技术。CMOS 技术通过互补的 N 轨道和 P 轨道 MOS 晶体管，实现了逻辑电路的高集成度和低功耗。在 CMOS 技术的推动下，微电子技术进一步发展，实现了微处理器、数字信号处理器、存储器等核心芯片的高速、高效、低功耗性能。

(三) 微电子技术的应用

微电子技术在现代产业中的应用越来越广泛，为各行各业带来了前所未有的变革。微电子技术作为信息技术的重要支撑，其在集成电路、通信设备、计算机、网络技术等领域的广泛应用，极大地推动了人类社会的进步。

微电子技术在集成电路领域的应用，使得芯片的集成度和性能得到了极大的提升。集成电路是微电子技术的核心，它将大量的晶体管、电阻、电容等元器件集成在一块芯片上，大大减小了电子设备的体积和功耗，提高了其性能。如今，集成电路已经广泛应用于家电、手机、计算机等各种电子产品中，为人们的生活带来了极大的便利。

微电子技术在通信设备领域的应用，使得信息传输的速度和质量得到了显著的提高。通过微电子技术，通信设备中的核心部件——通信芯片得以实现高度集成，从而提高了通信设备的性能和稳定性。此外，微电子技术还为通信设备提供了更丰富的功能，如无线通信、数据传输等，为人们的生活带来了更多的便利。

微电子技术在计算机领域的应用，使得计算机的计算能力和存储能力得到了极大的提升。微电子技术使得计算机中的中央处理器（CPU）、内存、硬盘等核心部件得以实现高度集成，从而提高了计算机的性能。此外，微电子技术还为计算机提供了更丰富的功能，如多媒体、虚拟现实等，为人们的生活带来了更多的便利。

此外，微电子技术在生物医疗、汽车电子、航空航天等领域也得到了广泛的应用。在生物医疗领域，微电子技术为基因测序、药物研发等提供了强大的技术支持；在汽车电子领域，微电子技术为智能汽车、无人驾驶等提供了可靠的硬件支持；在航空航天领域，微电子技术为卫星导航、空间探测等提供了关键的元器件和系统。

微电子技术的应用已经深入现代产业的各个领域，成为驱动产业发展的关键引擎。然而，微电子技术的发展也面临着一些挑战，如功耗、散热、可靠性等问题。因此，我们需要继续深入研究微电子技术，不断推动其创新和发展，以应对未来的挑战，为人类社会的进步作出更大的贡献。

(四) 微电子技术的发展趋势

微电子技术的优势主要体现在以下几个方面。

(1) 提高了系统的集成度和性能。微电子技术可以将大量的电子元件集成在一颗芯片上，大大提高了系统的性能和可靠性。

(2) 降低了系统的成本和功耗。通过微电子技术，可以实现更小的尺寸、更低的功耗和更高的集成度，从而降低系统的成本。

(3) 促进了技术的创新和发展。微电子技术的发展推动了许多新技术的产生和发展，如物联网、人工智能等。然而，微电子技术也存在一些不足。一是面临物理极限。随着摩尔定律的不断演进，微电子技术在向更高集成度发展的过程中，逐渐遇到了物理极限。如何突破这一极限，是当前微电子技术面临的重要挑战。二是存在安全隐患。微电子技术的高度集成使得芯片上的元件数量庞大，这给安全带来了很大的隐患。如何确保微电子技术的安全，是当前微电子技术面临的重要问题。

未来微电子技术的发展趋势主要体现在以下几个方面。

（1）向更高集成度、更高速度、更低功耗的方向发展。随着摩尔定律的不断演进，微电子技术的集成度越来越高，性能越来越强大。同时，降低功耗也成为微电子技术发展的重要目标。

（2）向系统级集成发展。未来的微电子技术将不仅仅是单一的芯片，而是将多种功能集成在同一芯片上，形成系统级的解决方案。

（3）向绿色化、智能化发展。随着环保意识的提高，微电子技术的发展将更加注重环保和节能。同时，智能化也将成为微电子技术发展的重要趋势。

（五）中国微电子技术的发展

微电子技术作为现代信息技术的基石，对我国的科技进步和经济发展起着至关重要的作用。

20 世纪中叶以来，我国微电子技术从无到有，逐步发展。早期，面临着技术封锁和资源匮乏的困境，但我国科研人员凭借坚定的信念和不懈的努力，开始了艰难的探索。改革开放后，我国加大了对微电子技术的投入和支持。引进国外先进技术和设备，同时积极培养专业人才，逐步建立起自己的微电子产业基础。一些科研院所和企业在芯片设计、制造工艺等方面取得了一定的成果。

进入 21 世纪，随着国家政策的大力扶持和市场需求的不断增长，中国微电子技术迎来了快速发展期。在芯片制造领域，不断缩小与国际先进水平的差距，先进制程工艺逐渐取得突破。同时，在集成电路设计方面，涌现出一批具有创新能力的企业，在通信、计算机、消费电子等领域推出了具有竞争力的产品。

然而，我国微电子技术仍面临一些挑战，如高端芯片制造设备依赖进口、核心技术自主创新能力有待提高等。但随着国家对集成电路产业的重视和持续投入，以及产学研各界的协同创新，相信中国微电子技术必将实现更大的突破，为我国的科技自强和产业升级提供强大支撑。

二、通信技术

通信技术作为人类社会进步的重要推动力，自古以来就承载着人们传递信息、沟通情感的重任。从最初的信号火、鸽子传书，到电话、电报，再到如今的 5G、物联网，通信技术的发展不仅改变了人们的生活方式，更推动了整个社会的进步。

（一）通信技术简介

通信技术是指利用各种传输媒介，将信息从一处传递到另一处的技术。通信系统主要由信源、编码器、传输媒介、解码器和信宿五个部分组成。信源是信息的产生地，编码器负责将信源产生的信息转换为适合传输的信号，传输媒介负责将信号从发送端传递到接收端，解码器负责将接收到的信号还原为原始信息，信宿则是信息的接收方。在这个过程中，通信技术需要解决信号的编码、解码、调制、解调等一系列问题，以确保信息的准确传输。

通信技术具有以下几个方面的特点。

（1）速度快。通信技术的发展使得信息传递的速度越来越快，从过去的几天甚至几周，缩短到了如今的几秒钟甚至实时传递。

（2）覆盖广。现代通信技术可以覆盖全球范围，使得人们可以在地球的任何一个角落进行信息交流。

（3）容量大。通信技术的发展使得信息传输的容量越来越大，可以满足人们日益增长的信息需求。

（4）成本低。随着通信技术的进步，传输信息的成本越来越低，使得信息传递更加普及和便捷。

（5）抗干扰能力强。现代通信技术采用了各种抗干扰和纠错技术，使得信息在传输过程中能够抵抗各种干扰，保证信息的准确传输。

（6）安全性高。通信技术在保证信息安全方面也做了很多工作，如加密技术、数字签名等，确保信息在传输过程中的安全性。

（二）通信技术发展史

人类的祖先们通过简单的信号传递，实现了最原始的信息交流。例如，古罗马的信号塔、中国的烽火台等，然而，这些通信方式受限于距离和传输速度，无法满足日益增长的信息交流需求。

1. 古代通信技术

在人类社会的早期阶段，通信技术相对较为原始。人们通过喊叫、击鼓等方式传递信息。随着文明的演进，人类逐渐发明了文字，从而开启了书写通信的时代。古埃及的象形文字、古罗马的拉丁字母、古中国的甲骨文等，都是这一时期的代表。此外，人们还利用信鸽、烽火台等手段进行远程通信。

2. 近代通信技术

（1）电报。19 世纪 30 年代，电报的发明标志着通信技术的一次重大飞跃。电报利用电线传输莫尔斯电码，实现了信息的快速传输。电报的出现极大地缩短了通信时间，为人类社会的发展带来了极大的便利。

（2）电话。1876 年，贝尔发明了电话，这是通信技术的又一次革命。电话利用声波通过电线传输，实现了人与人之间的直接语音通信。电话的出现使得人们可以实时地进行远距离交流，极大地促进了社会的交流与合作。

3. 现代通信技术

（1）无线电通信。20 世纪初，无线电通信技术的出现使得通信技术迈上了一个新台阶。无线电通信利用电磁波进行无线传输，无需依赖线路，大大提高了通信的便捷性。无线电通信技术的发展为后来的移动通信奠定了基础。

（2）电视。1927 年，美国发明了电视，开启了视听通信的新时代。电视利用电磁波传输图像和声音，使得人们可以在家中观看远方的景象，极大地丰富了人们的娱乐生活，同时也为新闻传播、远程教育等领域带来了新的可能。

（3）移动通信。20 世纪 80 年代，随着微电子技术的发展，移动通信技术应运而生。移动通信技术利用无线电波进行传输，使人们可以随时随地进行通信。从 1G 到 5G，移动通信技术的飞速发展为人类社会带来了巨大的变革，智能手机、移动互联网等应运而生。

（三）通信技术的应用

通信技术已经渗透到人们生活的各个领域，成为现代社会不可或缺的一部分。通信技术不仅改变了人们的生活方式，而且对社会经济发展产生了深远的影响。

1. 无线通信

无线通信技术的发展，使得人们可以随时随地进行通信。从早期的无线电报、对讲机，到如今的手机、无线网络，无线通信技术在人们的生活中扮演着越来越重要的角色。特别是在移动互联网时代，无线通信技术使得人们可以在出行、工作、娱乐等场景中，轻松获取信息、进行社交和购物等。

2. 有线通信

有线通信技术通过电线、光纤等传输媒介进行信息传输。从早期的电话，到现代的互联网、数字电视，有线通信技术为人们提供了稳定、高速的信息传输服务。在家庭、企业、政府等场景中，有线通信技术起着至关重要的作用。

3. 卫星通信

卫星通信技术通过人造卫星作为中继站，实现地球站之间的通信。卫星通信技术的应用范围非常广泛，包括国际电话、电视直播、全球定位系统（GPS）等。卫星通信技术的发展，使得地球变得越来越像一个“地球村”，人们可以轻松地跨越国界，进行信息交流。

4. 数据通信

数据通信技术是指以数据为基础，进行信息传输的技术。从早期的电传打字机，到现代的互联网、物联网，数据通信技术在人们的生活中发挥着越来越重要的作用。特别是在大数据时代，数据通信技术为人们提供了海量的信息资源，为社会经济发展提供了强大的支持。

（四）通信技术未来发展趋势

未来，通信技术将继续沿着高速、智能、安全的方向发展。5G 通信技术的出现，将为人类社会带来更高速度、更低时延的网络体验。物联网技术的广泛应用，将实现人与人、人与物、物与物之间的智能连接。此外，网络安全、大数据、人工智能等技术也将与通信技术深度融合，为人类社会带来更多便利和机遇。

拓展资源
5G 通信技术

1. 6G 通信技术

6G 通信技术将在 5G 的基础上进一步提升网络性能，实现更高速率、更低时延、更大连接数等目标。6G 将深度融合人工智能、大数据、云计算等技术，为人类社会带来更多创新和机遇。

2. 量子通信技术

量子通信技术利用量子力学原理进行信息传输，具有极高的安全性。量子通信技术的发展将为信息安全、军事通信等领域提供更加可靠的保障，有望引领通信技术的下一次革命。

3. 天地一体化通信网络

天地一体化通信网络将融合卫星通信、地面基站等多种通信手段，实现全球无缝覆盖。这一网络将为偏远地区、海洋、航空等领域提供更加便捷的通信服务，促进全球信息化的均衡发展。

（五）中国通信技术的发展

在当今世界，通信技术的发展已经成为衡量一个国家科技实力的重要指标。作为世界第二大经济体，中国在通信技术领域的发展现状备受关注。

中国通信技术的发展现状可谓日新月异。在过去的几十年里，中国的通信技术从最初的电报、电话，发展到如今的4G、5G，甚至已经开始研发6G技术。这一发展过程不仅反映了通信技术的进步，更体现了中国科学家们的不懈努力和追求。如今，中国已经成为全球通信技术的重要参与者，华为、中兴等中国企业在全球通信市场中扮演着举足轻重的角色。

在这一过程中，无数科学家为中国的通信技术发展做出了巨大贡献。被誉为“中国光纤之父”的赵梓森院士，他在光纤通信领域的研究为中国的通信事业奠定了坚实的基础。华为创始人任正非，他带领团队自主研发通信设备，使华为成为全球领先的通信设备制造商。20世纪70年代，中国自主研发的第一代通信系统“748工程”成功上线，这是中国通信技术发展的一个重要里程碑。2019年，中国商用5G网络正式投入使用，标志着中国通信技术在全球范围内处于领先地位。

中国科学家们在通信技术领域做出了许多突出贡献。他们不仅在技术研发方面取得了显著成果，还在推动通信技术的普及和应用方面发挥了重要作用。中国自主研发的TD-SCDMA技术成为全球三大3G标准之一，为中国通信技术的发展赢得了国际声誉。此外，中国科学家们还在无线局域网、物联网等领域取得了突出成果，为全球通信技术的发展做出了贡献。

中国通信技术的发展现状令人瞩目，科学家们的努力和科学精神为这一发展提供了强大的动力。然而，在取得成绩的同时，我们也要清醒地认识到，中国通信技术的发展仍面临诸多挑战。未来，我们需要继续发扬科学精神，努力拼搏，为实现中国通信技术的更高水平而不懈努力。

拓展资源
北斗卫星导航系统

三、计算机及网络技术

计算机及网络技术的应用已经深入到人们生活的各个领域，从生产到生活，从工作到学习，它们都在发挥着不可替代的作用。

（一）计算机及网络技术简介

计算机技术是指利用计算机硬件和软件资源，对各种信息进行处理的技术。它包括数据采集、数据处理、数据存储、数据传输和数据安全等多个方面。网络技术是指将计算机和其他信息处理设备通过通信线路连接起来，实现资源共享和信息传递的技术。网络技术的核心是互联网，它将全球的计算机网络连接在一起，形成了一个庞大的信息交互系统。计算机工作的基本原理是存储程序和程序控制。存储程序是指将程序和数据存储在计算机的存储器中，程序控制是指计算机按照存储的程序自动执行。网络技术的原理主要包括数据通信、网络协议和网络服务三个方面。数据通信是指通过通信线路实现计算机之间的数据传输；网络协议是计算机网络中数据传输的规则，包括 TCP/IP、HTTP、FTP 等；网络服务是指通过网络提供给用户的各种服务，如网页浏览、文件传输、邮件收发等。计算机技术具有处理速度快、精度高、存储量大和自动化程度高等特点。网络技术则具有资源共享、信息传递、协同工作和分布处理等特点。计算机及网络技术的发展还呈现出以下几个趋势：①向高速、大容量、智能化方向发展；②向网络化、信息化、数字化方向发展；③向个性化、人文化、生态化方向发展。

（二）计算机及网络技术发展史

自 20 世纪中叶以来，计算机和网络技术的发展经历了翻天覆地的变化。从早期的巨型机到如今的智能手机，从拨号上网到光纤宽带，计算机和网络技术的进步不仅改变了人类的生活方式，更推动了全球经济社会的飞速发展。

1. 早期计算机技术的发展

计算机技术的起源可以追溯到 20 世纪 40 年代。那时，电子管和继电器等元器件的出现，为计算机的诞生奠定了基础。世界上第一台通用电子计算机“ENIAC”的问世标志着计算机技术的诞生。

2. 网络技术的起源与发展

计算机技术的发展催生了网络技术的诞生。1969 年，美国国防部高级研究计划局（ARPA）发起了一个名为 ARPANET 的项目，旨在实现多台计算机之间联网。ARPANET 是世界上第一个广域网，也是今天互联网的雏形。1972 年，ARPANET 向公众开放，标志着网络技术的正式起步。随着个人计算机的普及和局域网技术的发展，网络技术逐渐进入寻常百姓家。1989 年，英国科学家蒂姆·伯纳斯-李在欧洲核子研究中心（CERN）提出了万维网（WWW）的概念，为互联网带来了全新的面貌。1990 年，第一个网页浏览器 Mosaic 问世，使得互联网内容的呈现方式发生了革命性的变化。

3. 移动通信与无线网络的崛起

20 世纪 90 年代，随着移动通信技术的发展，无线网络逐渐崭露头角。1994 年，第一台搭载 Windows 操作系统的智能手机 IBM Simon 面世，开启了移动通信与计算机技术融合的新篇章。随后，以诺基亚、摩托罗拉为代表的手机厂商推出了多款功能强大的智能手机，为移动互联网的发展奠定了基础。2007 年，苹果公司推出了第一代 iPhone，将触屏技术与智能手机完美结合，引领了移动互联网的新潮流。与此同时，Android 操作系统应运而生，为智能手机市场提供了更加开放的平台。移动互联网的崛起，使得网络技术进一步渗透到人们的日常生活中。

4. 云计算与物联网的兴起

21 世纪初，云计算技术的出现，使得数据存储和处理的方式发生了根本性的变化。云计算将数据存储在远程服务器上，并通过互联网提供给用户使用，大大提高了数据处理的效率和安全性。谷歌、亚马逊、微软等科技巨头纷纷投身云计算领域，推动了这一技术的快速发展。物联网是指通过网络将各种物品连接起来，实现信息的交互和共享。随着传感器技术和无线通信技术的进步，物联网逐渐成为现实。智能家居、智能交通、智能制造等领域的发展，使得物联网的应用越来越广泛。

总结回顾计算机及网络技术的发展历史，我们可以看到科技创新的力量。从 ENIAC 到 iPhone，从 ARPANET 到云计算，计算机及网络技术的进步改变了人类的生产方式和生活方式。然而，在欣喜于技术进步的同时，我们也应关注技术发展带来的挑战，如网络安全、数据隐私等问题。只有在正视挑战的过程中，我们才能更好地利用计算机及网络技术，推动人类社会的进步。

（三）计算机及网络技术的应用

计算机及网络技术的发展与应用已经渗透到人们生活的方方面面，它们在不断地改变着我们的生活方式，推动着社会的进步。

计算机及网络技术在生产领域的应用为企业带来了巨大的效益。通过计算机辅助设计（CAD）和计算机辅助制造（CAM），企业可以提高产品设计和生产效率，降低生产成本，提高产品质量。此外，计算机集成制造（CIM）系统可以实现企业内部生产过程的自动化，进一步提高生产效率。在供应链管理方面，企业资源规划（ERP）系统可以帮助企业实现资源的合理配置和调度，提高企业的市场竞争力。

计算机及网络技术在教育领域的应用为教学带来了诸多便利。在线教育平台的出现，使得学生可以随时随地进行学习，突破了时间和空间的限制。此外，虚拟现实（VR）技术的应用可以使学生在虚拟环境中进行实践操作，提高学习效果。教师也可以通过网络平台对学生进行远程辅导，实现个性化教学。

计算机及网络技术在医疗领域的应用为医疗服务提供了新的途径。远程医疗技术可以让患者在家中就能接受医生的诊疗，节省了时间和精力。此外，电子病历系统的应用可以提高医生的工作效率，减少医疗差错。医疗影像技术的发展，如计算机断层扫描（CT）和磁共振成像（MRI），为疾病的诊断提供了更加准确的依据。

然而，计算机及网络技术的应用也面临着一些挑战。一方面，随着数据量的不断增长，数据安全和隐私保护问题日益突出。另一方面，技术的快速发展使得人们对于技术的依赖程度越来越高，这也给人们的生活带来了一定的压力。因此，在推广计算机及网络技术的应用的同时，我们也需要关注这些问题，寻求合理的解决方案。

（四）中国计算机及网络技术的发展

中国的计算机及网络技术发展始于 20 世纪 50 年代。当时，为了打破西方国家的技术封锁，以钱学森为代表的科学家们迎难而上，自主研发计算机技术。正是他们的艰辛努力，才让中国在计算机领域迈出了坚实的一步。

在计算机及网络技术的发展过程中，科学家们始终秉持科学精神，勇攀科技高峰。例如陈景润，为了研究“哥德巴赫猜想”，不顾身体病痛，夜以继日地工作，最终取得了突破性成果。这种坚韧不拔的精神，为后来的科研工作者树立了榜样。又如“两弹一星”元勋朱光亚，在艰苦的科研条件下，带领团队成功研发出中国的第一台大型计算机。

近年来，中国计算机及网络技术的发展现状更是令人瞩目。在云计算、大数据、人工智能等领域，中国科学家取得了众多创新性成果。例如，阿里巴巴、腾讯、华为等企业已经成为全球科技领域的佼佼者，为推动世界科技发展做出了突出贡献。

中国计算机及网络技术的发展取得了举世瞩目的成就，离不开科学家们的辛勤付出和突出贡献。当然，中国计算机及网络技术的发展仍面临诸多挑战。例如，核心技术受制于人、创新能力不足等问题亟待解决。这就需要我们继续发扬科学精神，为实现中华民族伟大复兴的中国梦贡献力量。

广播电视技术

四、小结与展望

我们应该认识到，电子信息技术的发展仍然任重道远。虽然人类已经在电子信息技术领域取得了举世瞩目的成就，但仍然有许多问题亟待解决。例如，如何提高电子设备的能效、如何实现无线传输的高效稳定、如何保障网络安全等。这些问题的解决需要我们继续深入研究电子信息技术，推动技术的不断创新与进步。总之，电子信息技术是一门博大精深的技术，需要我们从多角度、多层次进行思考与探讨。通过学习电子信息技术，可以更好地理解技术进步对人类社会的影响，为未来的科技发展提供有益的借鉴与启示。

拓展阅读 光电子技术

光电子技术的发展与未来

自古以来，人类对光的探索从未停止。从古希腊哲学家对光的反射和折射的研究，到19世纪电磁波理论的建立，光一直是科学家们关注的焦点。20世纪60年代，随着半导体技术的飞速发展，光电子技术应运而生，将光和电子结合在一起，开启了全新的科技领域。

光电子技术起源于20世纪60年代的激光器和光探测器的发明。这一时期，人们发现半导体材料具有优异的光电子特性，从而研发出了多种光电子设备，如发光二极管（LED）和光电二极管。这些设备在通信、测量和医疗等领域得到了广泛应用。20世纪70年代，光电子技术进一步发展，出现了光纤通信系统。光纤具有低损耗、高带宽的特点，使得长距离、高速率的通信成为可能。此后，光电子技术在通信领域的应用逐渐扩大，如光纤接入网、海底光缆等。20世纪80年代，随着集成光学和微纳技术的发展，光电子技术进入了一个新的阶段。人们开始研究光子集成芯片，将多种光电子元件集成在芯片上，实现光信号的处理和传输。这一技术的发展为光电子技术在信息处理、计算和存储等领域打开了新的应用前景。

光电子技术在各个领域都有广泛的应用。在通信领域，光电子技术已经成为长距离、高速率通信的主要手段。光纤通信系统已经在全球范围内得到广泛应用，为人们提供了高质量的通信服务。在医疗领域，光电子技术也有广泛应用。例如，利用光电子技术可以实现精确的肿瘤切除手术，减少对正常组织的损伤；利用光学相干断层扫描技术

(OCT)可以对眼底进行无损检查，早期发现和治疗眼科疾病。此外，在能源领域，光电子技术也发挥着重要作用。太阳能电池是光电子技术的一个重要应用，可以将太阳光转化为电能。随着光电子技术的不断发展，太阳能电池的转换效率不断提高，为可再生能源的发展提供了技术支持。

光电子技术的发展和应用已经深刻改变了人类社会的方方面面。然而，这一领域的研究仍在继续深入。例如，人们正在研究更高效的发光材料、更先进的光子集成技术以及更广泛的光电子应用领域。未来，光电子技术将继续发展，为人类创造更多的便利和价值。我们有理由相信，在光电子技术的引领下，人类社会将迈向一个更加光明的未来。

拓展资源

5G技术　　大数据

实践与探索

实践任务

以电子信息技术在现代生活中的应用为主题开展调研，了解电子信息技术对现代生活的影响。查阅资料，了解电子信息技术的未来发展趋势。撰写调研报告，并在班级分享。

思考与讨论：

1. 集成电路是电子信息技术的核心部件，其设计和制造水平直接决定了电子产品的性能和成本。如何提高集成电路的设计和制造水平，降低成本，提高性能？这将如何推动电子信息技术的进一步发展？

2. 随着5G技术的商用，通信技术正朝着更高的速度、更低的延迟和更大的连接密度发展。未来通信技术将如何进一步改变我们的生活和工作方式？

3. 随着电子信息技术的广泛应用，网络安全和隐私保护问题日益突出。如何保障电子信息系统的网络安全和用户隐私？

4. 半导体技术是电子信息技术的基础，其发展水平直接影响着整个行业的发展。当前，随着芯片尺寸的不断缩小和性能要求的不断提高，半导体技术面临着诸多挑战。如何突破这些挑战，实现半导体技术的持续创新和发展？

第六节　海洋技术

情景导入

党的二十大报告指出要发展海洋经济，保护海洋生态环境，加快建设海洋强国。海洋资源的开发与利用，海洋与全球变化、海洋环境与生态的研究是人类维持自身的生存与发展，拓展生存空间，充分利用地球上这块最后的、资源丰富的宝地最为切实可行的途径。海洋开发，需要获取大范围、精确的海洋环境数据，需要进行海底勘探、取样、水下施工等。要完成上述任务，需要一系列的海洋技术。向海洋要淡水已成定势。数十年前，淡水资源奇缺的中东地区就把海水淡化作为获取淡水资源的有效途径。我国正在积极建造海水淡化厂，以满足人们目前与将来对淡水的需求。

学习任务

1. 海洋技术包括哪些方面的技术？
2. 海洋资源有哪些？请列举出来。
3. 海洋环境保护是人类面临的问题，请谈谈你对这个问题的看法。

章节内容

海洋技术是指利用科学技术手段研究海洋资源、环境和生态，以及开发海洋资源的一门综合性学科。它涵盖了海洋资源调查、海洋环境监测、海洋资源开发与利用、海洋环境保护等多个领域。海洋技术的发展不仅有助于人类更好地认识和开发海洋资源，还有助于保护海洋生态环境，实现可持续发展。

一、海洋资源开发技术

随着人类对资源需求的日益增长。在这个背景下，海洋资源开发技术应运而生，成为一个备受关注的领域。这项技术是一个复杂而创新的领域，它的发展不仅能满足人类对资源的需求，还能保护海洋生态环境，实现可持续发展。

（一）海洋资源开发技术简介

海洋资源开发技术是指利用科学技术手段，开发和利用海洋资源，以满足人类生产和生活需要的一种综合性技术。海洋资源包括生物资源、矿产资源、能源资源、海洋化学资源等。海洋资源开发技术涵盖了从资源调查、开发、加工、利用到环境保护的全过程，是一个系统工程。海洋资源开发技术主要包括以下几个方面。

（1）资源调查。通过现代科技手段，如卫星遥感、声呐探测等，对海洋资源进行探测、评估和分类。

（2）资源开发。利用各种工程技术手段，如深海采矿、海洋油气开采、海洋能开发等，对海洋资源进行开采和利用。

（3）资源加工。将开采出的海洋资源进行加工处理，转化为人类可以直接利用的形式，如海洋食品加工、海洋药物提取等。

（4）资源利用。将海洋资源应用于各个领域，如海洋交通、海洋旅游、海洋科研等，发挥其最大价值。

（5）环境保护。在开发和利用海洋资源的过程中，采取相应的环保措施，保护海洋生态环境，实现可持续发展。海洋资源开发技术具有以下几个特点。

（1）复杂性。海洋资源开发技术涉及多个学科领域，包括海洋科学、地质学、生物学、化学等，具有高度的复杂性。

（2）创新性。海洋资源开发技术不断发展创新，新的技术和方法不断涌现，如深海采矿技术、海洋能开发技术等。

（3）环保性。海洋资源开发技术注重环保，采取各种措施减少对海洋环境的破坏，实现人与自然和谐共生。

（4）可持续性。海洋资源开发技术以可持续发展为目标，合理开发和利用海洋资源，保障人类长期利益。

（二）海洋资源开发技术的发展过程

海洋一直是人类探索和开发的神秘领域。随着科学技术的不断进步，海洋资源开发技术也经历了从无到有、由浅入深的发展历程。

1. 早期的海洋资源开发技术

在人类历史的长河中，海洋资源的开发可追溯到古代。早期的海洋资源开发技术主要以捕鱼、采盐、采集海草等为主。在这一阶段，人类对海洋资源的认识和利用尚处于初级阶段，技术手段相对较为落后。

2. 海洋资源开发技术的发展

（1）海洋探测技术的突破。科学家们对海洋的探索始于 16 世纪的地理大发现。随着航海技术的发展，人类开始逐步深入了解海洋。19 世纪末，声呐技术的发明使得海洋探测技术取得了重大突破。20 世纪 60 年代，随着载人潜水器的问世，人类终于能够深入海底，对海洋资源进行更为深入的开发。

（2）海洋资源的开发利用。在海洋资源开发方面，20 世纪 50 年代，人类开始尝试开发近海石油和天然气资源。随着钻井技术和海上平台建设技术的不断发展，近海油气资源的开发取得了显著成效。此外，海洋矿产资源的开发也取得了重要突破。例如，深海采矿技术和海底矿产资源的勘查技术等。图 3-21 是我国智能深水钻井平台“深蓝探索”。

图 3-21　我国智能深水钻井平台“深蓝探索”

（3）海洋能源的开发利用。随着能源需求的不断增长，人类开始关注海洋能源的开发。

20 世纪 70 年代，随着海洋风能、潮汐能、波浪能等可再生能源技术的发展，海洋能源的开发取得了重要进展。此外，海洋温差能、海洋盐差能等新型海洋能源技术也在不断研究和开发中。

从早期的海洋资源开发技术到现代的深海探测技术和能源开发技术，海洋资源开发技术在不断进步。在未来，人类将会更加深入地了解和利用海洋资源，为人类社会的发展做出更大的贡献。

（三）海洋资源开发技术的应用

海洋资源是地球上最宝贵的资源之一，包括海洋矿产资源、海洋生物资源、海洋能源资源和海洋化学资源等。

1. 海洋矿产资源

海洋矿产资源的开发技术已经取得了显著的进展。海洋矿产资源主要包括海滨砂矿、海滨泥矿、深海铁锰结核（图 3-22）、海底富钴结壳等。随着深海采矿技术的不断进步，人类已经可以开采深海中的矿产资源。例如，深海采矿机器人可以深入海底数千米，采集深海锰结核和海底富钴结壳等矿产资源。此外，海滨砂矿和海滨泥矿的开采技术也日趋成熟，为人类提供了丰富的矿产资源。

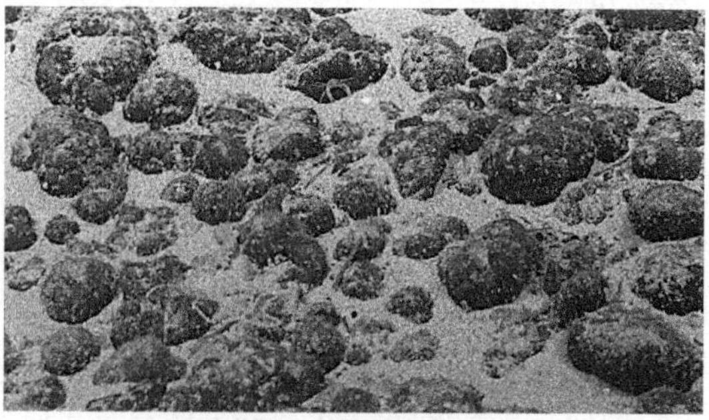

图 3-22 深海铁锰结核

2. 海洋生物资源

海洋生物资源的开发技术也在不断进步。海洋生物资源包括海洋动植物和微生物等。海洋生物资源的开发技术主要包括选育、养殖和提取等。选育技术可以提高海洋生物的生长速度和繁殖能力，提高其经济价值。养殖技术可以使海洋生物在人工环境中生长繁殖，为人类提供丰富的食品和药物。提取技术可以从海洋生物中提取有用成分，如鱼油、海藻酸盐和壳聚糖等。这些技术的应用为人类提供了丰富的海洋生物资源。

3. 海洋能源资源

海洋能源资源的开发技术也在不断发展。海洋能源资源主要包括潮汐能、波浪能、海流能、海温能和海洋生物质能等。海洋能源资源的开发技术主要包括发电、转化和储存等。发电技术可以将海洋能源转化为电能，如潮汐能发电、波浪能发电和海流能发电等。转化技术可以将海洋能源转化为其他形式的能量，如海温能发电和海洋生物质能转化等。储存技术可以将海洋能源储存起来，供人类随时使用。这些技术的应用为人类提供了清洁的能源，有利于环境保护和可持续发展。

4. 海洋化学资源

海洋化学资源的开发技术也在不断进步。海洋化学资源主要包括海水、海盐、海藻和海洋微生物等。海洋化学资源的开发技术主要包括提取、合成和转化等。提取技术可以从海洋资源中提取有用成分，如海水淡化、海盐提取和海藻提取等。合成技术可以利用海洋资源合成有用的化学品，如利用海洋微生物合成生物药物等。转化技术可以将海洋资源转化为其他形式的化学品，如将海藻转化为生物燃料等。这些技术的应用为人类提供了丰富的化学资源，有利于人类的生活和发展。

思考与讨论：海洋资源开发利用对于人类的生存和发展具有重要意义。请谈谈人类在这方面应该注意的问题有哪些？

(四) 中国海洋资源开发技术的发展与贡献

作为海洋大国，中国在海洋资源开发技术方面取得了显著的成就，为全球海洋资源的可持续利用作出了突出贡献。近年来，中国在海洋资源开发技术方面取得了令人瞩目的成就。在海洋油气资源开发领域，中国科学家成功研发了海洋石油 981 深水半潜式钻井平台（图 3-23）、深水导向钻井系统等关键技术，打破了国外技术垄断，为我国深水油气资源的开发提供了有力的技术支撑。在海洋矿产资源开发领域，中国已成功研发了多金属结核、稀土元素等海洋矿产资源的开采技术，为我国海洋矿产资源的开发利用奠定了坚实的基础。此外，在海洋生物资源开发领域，中国科学家已成功研发了海洋生物育种、海洋生物活性物质提取等关键技术，为我国海洋生物资源的开发利用提供了新的途径。在海洋能源资源开发领域，中国已成功研发了潮汐能、波浪能等海洋能源的开发利用技术，为我国海洋能源资源的开发利用提供了新的选择。

在海洋资源开发技术的发展过程中，众多科学家作出了突出贡献。例如，中国工程院院士、海洋石油工程专家曾恒一教授，他长期致力于海洋石油工程领域的研究与实践，成功研发了我国首套深水半潜式钻井平台，为我国深水油气资源的开发作出了突出贡献。又如中国科学院院士、海洋地质学家汪品先教授，他在海洋地质学领域取得了卓越的成就，为我国海洋矿产资源的开发利用提供了重要的理论支撑。

拓展资源
中国深水半潜式钻井平台

图 3-23　海洋石油 981 深水半潜式钻井平台

二、海洋生物技术

海洋生物技术是指利用海洋生物资源，通过生物技术手段，开发具有经济价值的产品和工艺的一门科学技术。它涵盖了海洋生物资源的开发、利用和保护等多个方面，旨在实现海洋资源的可持续利用，为人类生活和发展提供新的可能。

（一）海洋生物技术原理

海洋生物技术主要依托生物学、生态学、遗传学等学科的基本原理，结合现代工程技术、信息技术等手段，实现对海洋生物资源的高效开发和利用，具体包括以下几个方面内容。

1. 生物多样性

海洋生物种类繁多，形态各异，具有丰富的生物资源。通过对这些生物资源的研究和开发，可以发掘具有潜在价值的生物活性物质和基因资源。

2. 生物反应工程

利用生物反应器和生物加工设备，实现对海洋生物的高效培养和生产。通过优化生物反应条件，提高生物产品的产量和质量。

3. 生物信息学

利用现代信息技术手段，对海洋生物的基因组、蛋白质组等信息进行分析和挖掘，为海洋生物资源的开发和利用提供理论支持。

（二）海洋生物技术发展过程

海洋生物技术起源于20世纪60年代，当时的科研工作者开始关注海洋生物资源的开发与利用。随着对海洋生物资源的深入研究，科研工作者发现海洋生物具有丰富的生物活性物质，这些物质在医药、食品、环保等领域具有广泛的应用前景。因此，海洋生物技术应运而生，成为一门集生物学、化学、工程学等多学科于一身的新兴学科。在海洋生物技术的发展过程中，科研工作者不断探索新的研究方法和技术手段。例如，通过基因工程技术对海洋生物基因进行改造，以获得具有特定功能的海洋生物产品；通过酶工程技术对海洋生物中的酶进行改造和利用，以实现对海洋生物资源的高效开发与利用。这些技术手段的不断创新，为海洋生物技术的发展提供了强大的动力。

（三）海洋生物技术的应用和发展前景

1. 海洋生物技术的应用

海洋生物技术的应用领域非常广泛，包括医药、食品、环保、能源等多个领域。①药物开发。海洋生物资源具有丰富的生物多样性和独特的生物活性，为药物开发提供了广阔的空间。近年来，以海洋生物为来源的抗肿瘤、抗病毒和镇痛药物不断涌现，如海蛇毒素、海绵素等。随着研究的深入，相信未来会有更多海洋生物成为药物研发的宝库。②生物资源的可持续利用。海洋生物资源具有极高的经济价值，如海产品、海藻、珊瑚等。通过生物技术的应用，可以实现这些资源的可持续利用。例如，利用基因工程技术改良海洋生物种群，提高其生长速度和抗病能力；利用细胞工程技术繁殖珍稀海洋生物，满足市场需求。③环境保护和生态修复。海洋生态环境的保护和修复是当前全球关注的焦点。海洋生物技术可以为这些问题提供解决方案。例如，利用生物技术筛选和培养具有净化水质能力的海洋微生物，用于水体污染治理；利用基因工程技术改良海洋植物，提高其对环境污染物的吸附和降解能力。

2. 海洋生物技术面临的挑战

（1）技术研发难题。海洋生物技术涉及多个学科，技术门槛较高。目前，许多研究领域仍处于初级阶段，如海洋生物基因编辑、海洋微生物资源开发等。未来需要加大研发投入，培养跨学科人才，突破关键技术。

（2）资源保护与利用的平衡。海洋生物资源的开发与保护是一对矛盾。过度开发可能导致资源枯竭，影响生态环境；而过度保护则可能限制产业发展，影响人类福祉。因此，在利用海洋生物技术时，需要寻求资源保护与利用的平衡，实现可持续发展。

（3）法律法规和伦理问题。海洋生物技术的应用涉及诸多法律法规和伦理问题，如生物安全、知识产权、生物多样性保护等。在推进海洋生物技术发展的同时，需要完善相关法律法规，加强伦理审查，确保技术的合规性和伦理性。

（四）中国海洋生物技术的发展及贡献

中国海洋生物技术发展迅速，成果显著。我国高度重视海洋生物医药的发展，将其作为海洋战略性新兴产业重点培育。通过“蓝色药库”等开发计划，汇聚国际一流的海洋药物研发队伍，对海洋药用生物资源进行系统、全面、有序的开发。

在海洋生物资源研究方面，中国科学家发现了许多如海洋细菌、海洋真菌等宝贵的新型生物资源，并广泛应用于医药、农业、环保、工业等领域。海洋药物研发取得重要进展，多种海洋药物获批上市，包括抗病毒、抗凝血、降血脂、免疫调节等多种类型，如阿尔茨海默病新药 GV-971 是我国自主研发并拥有自主知识产权的创新药物。

在海洋生物技术的引领下，海洋生物医药产业崛起，全国范围内已初步形成多个产业集聚区。随着技术进步和政策支持，该产业未来有望迎来更广阔的发展空间，进一步满足人们对高质量、高效能药品的需求，为海洋经济增长和国家发展做出更大贡献。

三、海洋环境保护技术

随着人类社会的发展和工业化进程的加快，海洋环境的保护问题逐渐引起了人们的关注。海洋环境保护技术作为解决海洋环境问题的关键手段。面对日益严重的海洋环境问题，我们需要不断加强海洋环境保护技术的研究和应用，为实现海洋环境的可持续发展贡献力量。

（一）海洋环境保护技术简介

海洋环境保护技术是指针对海洋环境中的污染源、污染物及生态环境问题，采用科学的方法和技术手段，对海洋环境进行保护、修复和管理的一门综合性技术。其目的是保障海洋生态系统的稳定和可持续发展，为人类社会的和谐发展提供有力支持。海洋环境保护技术主要包括以下几个方面。

1. 预防为主，防治结合

海洋环境保护技术强调预防和治理相结合，通过科学的管理和技术手段，减少污染物排放，降低环境风险，防止海洋生态环境的恶化。

2. 综合治理，系统管理

海洋环境保护技术注重对海洋环境的综合管理和治理，包括海洋污染源的控制、海洋生态环境的修复、海洋资源的可持续利用等方面，以实现海洋环境的可持续发展。

3. 适应性管理，动态调整

海洋环境保护技术强调适应性管理，根据海洋环境的变化和人类社会的需求，不断调整和完善管理策略和技术手段，以实现最佳的环境保护效果。这项技术具有以下几个特点。

（1）多学科交叉，综合性强。海洋环境保护技术涉及海洋学、环境科学、生态学、化学等多个学科领域，具有极高的综合性，需要多学科的合作和协同创新。

（2）技术含量高，创新难度大。海洋环境保护技术要求高技术含量，涉及诸多高新技术，如污染物监测技术、污染物处理技术、生态环境修复技术等，其创新难度较大。

（3）环境效益和社会效益显著。海洋环境保护技术能够有效改善海洋环境，保护海洋生态系统的稳定，为人类社会的和谐发展提供有力支持，具有显著的环境效益和社会效益。

（二）海洋环境保护技术的发展过程

海洋环境保护技术也经历了从无到有、从简单到复杂、从低级到高级的发展过程。

1. 海洋环境保护技术的萌芽阶段

在人类社会的早期阶段，人们主要依靠自然环境来维持生存。海洋作为自然环境的一部分，尚未受到人类的过度开发。然而，随着人类社会的发展，海洋资源的开发逐渐增多，海洋环境问题也日益凸显。在这个阶段，人们开始认识到海洋环境保护的重要性，但受制于科技水平的限制，海洋环境保护技术尚处于萌芽阶段。

2. 海洋环境保护技术的初步发展阶段

20 世纪 60 年代，随着科技的飞速发展，海洋环境保护技术也取得了初步突破。在这个阶段，人们开始尝试采用物理、化学和生物等多种手段来保护海洋环境。例如，采用物理方法进行海洋垃圾清理，采用化学方法处理海洋污染，以及采用生物方法恢复海洋生态等。这些初步的海洋环境保护技术虽然取得了一定的成效，但也存在诸多局限性。

3. 海洋环境保护技术的深入发展阶段

21 世纪初，随着全球环境问题的日益严重，海洋环境保护技术也进入了深入发展阶段。在这个阶段，人们开始关注海洋环境保护的全局性、系统性和可持续性。海洋环境保护技术的研究和应用也更加注重科学性、创新性和实用性。例如，人们开始研究海洋污染的源头控制技术、海洋生态修复技术、海洋环境监测技术和海洋资源可持续利用技术等。这些深入发展的海洋环境保护技术为海洋环境保护提供了更加有力的科技支撑。

思考与讨论： 面对未来，海洋环境保护技术的发展仍任重道远。请你谈谈未来这项技术的挑战和发展方向。

（三）海洋环境保护技术的应用

海洋，作为地球上最大的生态系统，是维持全球气候稳定、物种多样性以及人类生存和发展的重要基石。然而，随着人类活动的加剧，海洋环境面临着严重的污染、生物多样性丧失和生态系统功能退化等问题。海洋环境保护技术的应用成为解决这些问题的关键。

1. 海洋污染监测技术

海洋污染监测技术是海洋环境保护的基石。通过卫星遥感、无人机、水下机器人等技术，可以实时监测海洋水质、污染物分布、海洋生物等指标，为海洋环境保护提供科学依据。

2. 海洋垃圾处理技术

海洋垃圾处理技术是解决海洋污染问题的关键。通过机械捕获、生物降解、物理化学处理等技术，可以有效地清理海洋中的塑料垃圾、油污等污染物，减少对海洋生态环境的影响。

3. 海洋生态修复技术

海洋生态修复技术是恢复海洋生态系统功能的重要手段。通过人工繁殖、增殖放流、生态系统重建等技术，可以修复受损的海洋生态环境，提高海洋生物多样性。

4. 海洋保护区建设

海洋保护区的建设是保护海洋生态环境的有效途径。通过科学规划和合理布局，建立海洋保护区，限制人类活动，保护海洋生态环境，维护生态系统稳定。

(四) 中国海洋环境保护技术的发展与贡献

海洋环境保护已经成为全球性的重要议题。作为世界上最大的海洋国家之一，中国在海洋环境保护技术的发展与贡献方面扮演着举足轻重的角色。早在 20 世纪 80 年代，中国政府就开始关注海洋环境保护问题，并制定了一系列相关法律法规和政策。在此基础上，中国海洋环境保护技术得到了长足发展。从最初的海洋环境监测、海洋污染治理，到如今的海洋生态保护、海洋环境修复等领域，中国海洋环境保护技术已经形成了较为完善的体系。

1. 中国海洋环境保护技术的主要成就

(1) 海洋环境监测技术。中国在海洋环境监测技术方面取得了显著成果，包括海洋观测、海洋调查、海洋遥感等技术。这些技术的应用为海洋环境保护提供了科学依据，为海洋环境管理提供了有力支持。

(2) 海洋污染治理技术。在海洋污染治理方面，中国成功研发了一系列先进技术，如海洋油污处理技术、海洋重金属污染治理技术等。这些技术的应用有效减轻了海洋污染，改善了海洋生态环境。

(3) 海洋生态保护技术。中国在海洋生态保护技术方面也取得了突出成绩，包括海洋保护区建设、海洋生态修复等。这些技术的应用对于保护海洋生物多样性、维护海洋生态平衡具有重要意义。

(4) 海洋环境修复技术。中国在海洋环境修复技术方面取得了一系列突破，如海洋沉积物修复、海洋生物资源恢复等。这些技术的应用为修复受损的海洋环境提供了技术支持，为实现海洋可持续发展做出了贡献。

2. 中国海洋环境保护技术对全球的贡献

(1) 推动全球海洋环境保护技术的发展。中国在海洋环境保护技术方面的研究成果不仅为本国的海洋环境保护提供了支持，也为全球海洋环境保护技术的发展做出了贡献。中国积极参与国际海洋环境保护合作，与各国共享研究成果，共同推动全球海洋环境保护事业的发展。

（2）提供海洋环境保护的中国方案。中国在海洋环境保护方面的实践经验为全球提供了可供借鉴的中国方案。例如，中国提出的“蓝色海湾”整治项目已经在多个国家得到推广，为全球海洋环境保护提供了有益借鉴。

（3）助力全球海洋生态保护。中国积极参与全球海洋生态保护工作，通过技术支持、资金援助等方式，帮助发展中国家提高海洋环境保护能力，共同维护全球海洋生态平衡。

中国海洋环境保护技术的发展与贡献不仅为本国的海洋环境保护提供了有力支持，也为全球海洋环境保护事业作出了突出贡献。未来，中国将继续加大海洋环境保护技术研发力度，积极参与全球海洋环境保护合作，为实现全球海洋可持续发展贡献力量。

四、小结与展望

海洋技术作为一门新兴的交叉学科，其概念、原理和应用都与人类对海洋的认识和开发密切相关。随着科技的进步，海洋技术将不断取得新的突破，为人类带来更多的福祉。同时，我们也应认识到保护海洋生态环境的重要性，努力实现海洋资源的可持续开发和利用。

拓展资源

海洋测绘技术　　海洋观测技术

拓展阅读 郑和下西洋

郑和下西洋，这是一个曾经在历史上留下了浓墨重彩的一笔的事件。在这场壮丽的航海行动中，明朝的郑和船队不仅开辟了海上丝绸之路的新篇章，更是将中国的文化传播到了世界的每个角落。今天，让我们一起回顾这段波澜壮阔的历史，审视它对当今世界的重要价值。

郑和下西洋并非一次简单的探险行动，而是一场具有深远历史意义的海上丝绸之路的开辟行动。在郑和的七次航海中，他带领船队跨越了东西方的地理障碍，打通了中国与阿拉伯、印度、东南亚等地区的海上交通线。这些航线的开辟，不仅为中国的商品和文化输出创造了便利条件，更为世界贸易的发展奠定了基础。可以说，郑和下西洋是人类历史上第一次真正意义上的全球化进程。

郑和下西洋的意义在于它所体现的文化传播与交流。在郑和的船队中，有众多的学者、艺术家和工匠，他们在旅途中记录了各地的风土人情、奇花异草、珍禽异兽，并将这些宝贵的文化财富带回中国，极大地丰富了中华文化的内涵。同时，郑和船队也将中国的丝绸、瓷器、茶叶等文化符号带到了世界各地，使中国的文化影响得以广泛传播。这种文化交流与传播，无疑为世界文化的多样性发展作出了巨大贡献。

郑和下西洋的价值还体现在它对航海技术的推动和发展上。在郑和的航海过程中，他和他的船队克服了无数的困难，积累了丰富的航海经验，取得了许多重要的技术突破。例如，在导航技术方面，郑和船队利用指南针、航海图等工具，成功地实现了长距离、大范围的海上航行；在船舶制造方面，郑和船队所使用的宝船，是当时世界上最为先进的大型船只，其建造技术和船舶设计对后世产生了深远的影响。这些技术进步，为后世的航海事业积累了宝贵的经验。

郑和下西洋作为一场具有划时代意义的海上丝绸之路的开辟行动，它所体现的文化传播与交流、航海技术的推动和发展，都具有不可忽视的历史价值。在当今世界日益全球化的背景下，我们更应该从郑和下西洋中汲取智慧，推动东西方文化的交流与融合，为构建一个和谐、繁荣的世界做出我们的贡献。

拓展资源

海底钻探技术　　　　水下机器人技术

实践与探索

实践任务

蓝色星球的海洋，承载着生命的起源与演化，见证着地球的历史与变迁。然而，在人类追求发展的同时，海洋环境正遭受着前所未有的压力。塑料垃圾、重金属污染、油污泄漏等问题屡见不鲜，海洋生物多样性丧失，生态系统功能退化，这些问题不仅影响着海洋生物的生存，也威胁着人类的健康和发展。因此，海洋环境保护迫在眉睫。请制作一份呼吁海洋保护的海报，并在校园张贴宣传。

思考与讨论：

1. 什么是海洋技术？海洋技术包括哪些主要内容？
2. 为什么遥感技术是先进的海洋观察技术？

参考文献

[1] 中外数学简史编写组．中国数学简史[M]．济南：山东教育出版社，1986.
[2] 张红．数学简史[M]．北京：科学出版社，2007.
[3] 吉福德．漫画数学简史：从计数棒到人工智能[M]．广州：广东人民出版社，2022.
[4] 李迪．中国数学史简编[M]．沈阳：辽宁人民出版社，1984.
[5] 张顺燕．数学的美与理[M]．北京：北京大学出版社，2004.
[6] 梁宗臣．世界数学史简编[M]．沈阳：辽宁人民出版社，1980.
[7] 蔡天新．数学简史[M]．北京：中信出版社，2022.
[8] 郭奕玲，沈慧君．物理学史[M]．2 版．北京：清华大学出版社，2005.
[9] 朗盖尔，向守平，郑久仁，等．物理学中的理论概念[J]．物理与工程，2018，28(1)：1.
[10] 贾海燕，张龙．化学：通用类[M]．3 版．北京：高等教育出版社，2020.
[11] 吴相钰，陈守良，葛明德．普通生物学[M]．北京：高等教育出版社，2009.
[12] 吴相钰．普通生物学[M]．2 版．北京：高等教育出版社，2005.
[13] 伏古勒尔．天文学简史[M]．上海：上海科学技术出版社，1959.
[14] 恩格斯．自然辩证法[M]．北京：人民出版社，1995.
[15] 谢宇．天文百科[M]．北京：华龄出版社，2020.
[16] 苏山．天文学基础[M]．北京：北京工业大学出版社，2013.
[17] 人民教育出版社地理社会室．中等师范学校地理教学参考书[M]．北京：人民出版社，2001.
[18] 吴国盛．科学的历程[M]．长沙：湖南科学技术出版社，2018.
[19] 洪志华，韩宝妍，吴振华．科学地理[M]．济南：山东人民出版社，2014.
[20] 樊杰，韦志榕．地理[M]．北京：人民教育出版社，2009.
[21] 徐丕玉．现代自然科学技术概论[M]．北京：首都经济贸易大学出版社，2019.
[22] 吴军．全球科技通史[M]．北京：中信出版社，2019.
[23] 帕克．DK 医学史：从巫术针灸到基因编辑．北京：中信出版社，2019.
[24] 汤伟杰．科技改变世界[M]．北京：商务印书馆，2017.
[25] 余翔，朱圣平．自然科学基础[M]．镇江：江苏大学出版社，2017.
[26] 赵由才．生活垃圾处理与资源化[M]．北京：化学工业出版社，2016.